普通高等教育"十三五"规划教材

应用数学分析基础(第二册)
一元函数积分学

主　编　张　忠
副主编　潘明勇

科学出版社

北　京

内 容 简 介

应用数学分析基础是在重庆大学"高等数学"课程教材体系改革试点工作的配套讲义的基础上历经 20 多年修订而成的,与传统高等数学教材相比,本书不仅注重让学生理解、掌握高等数学的内容,同时也强调培养学生实事求是的科学态度、严谨踏实的科学作风和追根究底的科学精神.

本书分为四册,本册为一元函数积分学. 主要内容包括定积分、定积分的应用、常微分方程 3 章,各节均配有习题,各章末配有总习题.

本书可供普通高等院校工科各专业学生作为教材使用,也可供相关科技人员作为参考资料.

图书在版编目(CIP)数据

应用数学分析基础. 第二册,一元函数积分学 / 张忠主编. —北京:科学出版社,2019.11

普通高等教育"十三五"规划教材

ISBN 978-7-03-063093-3

Ⅰ. ①应… Ⅱ. ①张… Ⅲ. ①一元函数-积分学-高等学校-教材 Ⅳ. ①O17

中国版本图书馆 CIP 数据核字(2019)第 241532 号

责任编辑:王胡权 李 萍 / 责任校对:杨聪敏
责任印制:张 伟 / 封面设计:陈 敬

科 学 出 版 社 出版
北京东黄城根北街 16 号
邮政编码:100717
http://www.sciencep.com

北京凌奇印刷有限责任公司 印刷
科学出版社发行 各地新华书店经销
*
2019 年 11 月第 一 版 开本:720 × 1000 B5
2021 年 1 月第三次印刷 印张:12
字数:241 000
定价:36.00 元
(如有印装质量问题,我社负责调换)

前　言

　　高等数学的教学是大学教育十分重要的组成部分,是大部分专业必修的先期课程.虽然当下已有很多不同的高等数学教材,但经过多年高等数学的教学工作,我们仍然感到,关于高等数学的教材,应该做一些新的探索.

　　我们认为:教育是通过授业、解惑、传道来塑造人的,从而使受教育者获得服务社会的愿望与能力,并具备尽可能完整的人格.授业是指使受教育者获得服务社会的技术与技巧(而不是增强与他人竞争的能力);解惑是指启发受教育者发现新事物并追究事物的真相(而不仅仅是理解前人对事物的认知);传道是指使受教育者理解自然的法则、社会的法则、生命的真谛、做人的道理及如何才能拥有一个幸福的人生.孟子在《大学》的开篇就说:"大学之道,在明明德,在亲民,在止于至善.""明明德"就是具有光明正大的品德,"止于至善"就是具有完整的人格."古之欲明明德于天下者,先治其国;欲治其国者,先齐其家;欲齐其家者,先修其身;欲修其身者,先正其心;欲正其心者,先诚其意;欲诚其意者,先致其知,致知在格物."简单地说,就是:格物以致知,致知后心正,心正才能修身,从而完善自己的人格.

　　我们认为:授业、解惑、传道三者之间是相互关联的,而其中的关键在于解惑.科学的任务就是发现新事物并追究事物的真相,即解惑,是授业、传道的基础.科学教育的任务则是让受教育者了解前人对事物真相的认知,并培养其实事求是的科学态度、严谨踏实的科学作风、追根究底的科学精神,使其在前人的基础上能够不断创新.科学态度、科学作风、科学精神三者之间相互影响、相互促进,它们的培养可以养成受教育者终身学习、向一切事物学习的习惯,既读有字之书,也读无处不在的无字之"书",从而形成科学的世界观、人生观及价值观,对事物有真知灼见,不被假象迷惑、不为谣言左右.所以通过科学的学习培养起学习者实事求是的科学态度、严谨踏实的科学作风、追根究底的科学精神比学习知识本身更加重要.

　　高斯说过:"数学是科学的皇后."众所周知,数学是其他科学的基础,而且高等数学是大多数大学生都必须学习的课程,从这个意义上说高等数学的教育最能够实现"授业、解惑、传道"的目标.至少,编者作为数学教育工作者的看法是这样的.

高等数学作为应用数学的基础, 首先要培养的是学习者掌握数学作为科学语言的功能, 即微积分学, 这是这套《应用数学分析基础》教材第一册到第三册的内容. 同时我们也希望在这套《应用数学分析基础》教材里展示数学解决实际问题的整个过程, 所以在第四册里介绍了数学模型及数学模型的求解问题.

第一册主要内容为一元函数的微分学, 首先介绍研究的对象——函数, 然后介绍研究函数的主要工具——极限理论, 最后利用极限理论来研究函数的性质, 即一元函数的微分学.

第二册研究如何表达及计算分布在一个闭区间上的量, 即一元函数积分学的内容. 另外研究了利用一元函数的微分学建立数学模型并求解的一些例题, 即常微分方程的内容.

第三册为多元函数的微积分学, 前半部分利用多元函数的极限理论来研究多元函数的性质, 即多元函数的微分学. 后半部分研究如何表达及计算分布在比闭区间更复杂的几何体上的量, 即多元函数的积分学.

第四册包括场论、建立数学模型的基本原理、建模的过程、数学模型解的存在范围及求解数学模型的基本思想和方法.

我们编写这套《应用数学分析基础》, 作为高等数学的教材, 是希望实现以下目标的一种尝试.

1. 强调培养学生实事求是的科学态度、严谨踏实的科学作风、追根究底的科学精神, 使学生更好地掌握数学知识, 扩大视野, 进而影响其世界观、人生观、价值观, 真正使数学教育达到育人的目的.

2. 希望学生通过这套教材的学习, 能够了解数学学科在科学研究中的地位、"高等数学"在数学学科中的地位, 了解他们现在学习"高等数学"对今后的学习及工作有极其重要的意义. 让教材与现代数学内容有更好的连接, 使学生有更加广阔的科学视野.

3. 在编写教材的过程中不追求对每一个概念都有严格的定义, 也不追求对每个定理的严格证明, 但对没有严格定义的概念要有交代, 对没有严格证明的定理要指出, 使学生尽量避免"理所当然"的惯性思维, 培养他们追根究底的科学精神. 对于没有证明的定理和没有解决的问题, 适当地介绍相关的书籍, 给对自己有更高要求的学生以引导.

4. 让学生了解数学科学的功能在科学研究中实现的过程, 使学生在以后的工作中敢用数学、会用数学.

5. 将几何、代数、分析学尽量统一起来编写, 让学生更好地了解不同数学分支之间的内在联系, 加深他们对数学概念的理解, 提高教学效率.

由于编者水平有限, 加之时间仓促, 不当及疏漏之处在所难免, 恳请同行及读者不吝赐教!

编　者

2019 年 3 月于重庆大学

目　　录

第四章 定 积 分

本章为一元函数积分学，主要研究如何表达及计算分布在一个闭区间(直线段)上的量. 本章内容包括：在分析实例的基础上建立定积分的概念、存在条件和性质；通过微积分基本定理和牛顿-莱布尼茨公式，阐明微分与积分的联系，将定积分的计算转化为求被积函数的原函数或不定积分；介绍两种基本积分法——换元法与分部积分法；讲解应用定积分解决实际问题的常用方法——微元法. 另外，本章还包含了简单微分方程的解法和应用以及两类广义积分方面的内容.

第一节 定积分的任务与定积分的定义

本节通过几个实例引出定积分的定义、几何意义以及定积分的存在条件，最后介绍定积分的几个常用性质.

一、定积分问题举例

例 1.1 变速直线运动的位移.

假设某个物体做直线运动，已知速度 v 是时间间隔 $[T_1, T_2]$ 上 t 的连续函数 $v(t)$，现在需要计算在这段时间内物体所经过的位移 s.

我们知道对于等速直线运动，有公式

$$\text{位移} = \text{速度} \times \text{时间}. \tag{1.1}$$

但是，现在讨论的问题中，速度不是常量而是随着时间变化的变量，因此，所求位移 s 不能直接按照等速直线运动的位移公式来计算. 然而，物体运动的速度函数 $v = v(t)$ 是连续变化的，在很短的一段时间内，速度的变化很小，近似于等速. 因此，如果把时间间隔分小，在小段时间内，以等速运动代替变速运动，那么，就可以算出部分位移的近似值，再求和，得到整个位移的近似值；最后，当时间间隔越来越小时，这样的近似值将越来越接近变速直线运动的位移的精确值？

具体计算步骤如下.

(1) 对区间 $[T_1, T_2]$ 施以分割：在时间间隔 $[T_1, T_2]$ 内任意插入 $n-1$ 个点

$$T_1 = t_0 < t_1 < t_2 < \cdots < t_{n-1} < t_n = T_2,$$

将 $[T_1, T_2]$ 分成 n 个小的时段

$$[t_0,t_1],[t_1,t_2],\cdots,[t_{n-1},t_n],$$

称为对区间 $[T_1,T_2]$ 的一个"分割"，记为 Δ．各个小的时段的长度依次为

$$\Delta t_1 = t_1 - t_0, \Delta t_2 = t_2 - t_1, \cdots, \Delta t_n = t_n - t_{n-1},$$

记 $\lambda_\Delta = \max\limits_{1 \leqslant i \leqslant n}\{\Delta t_i\}$，称为分割 Δ 的"直径"．

(2) 求位移的近似值：在各个小的时段内物体经过的位移为

$$\Delta s_1, \Delta s_2, \cdots, \Delta s_n.$$

在时间间隔 $[t_{i-1},t_i]$ 上任意取定一个时刻 $\tau_i(t_{i-1} \leqslant \tau_i \leqslant t_i)$，以 τ_i 时刻的速度 $v(\tau_i)$ 来代替 $[t_{i-1},t_i]$ 上的平均速度，得到位移 Δs_i 的近似值，即

$$\Delta s_i \approx v(\tau_i)\Delta t_i \quad (i=1,2,\cdots,n),$$

于是这 n 段部分位移的近似值之和就是所求的变速直线运动位移 s 的近似值，即

$$s \approx v(\tau_1)\Delta t_1 + v(\tau_2)\Delta t_2 + \cdots + v(\tau_n)\Delta t_n = \sum_{i=1}^{n} v(\tau_i)\Delta t_i,$$

称 $\sum\limits_{i=1}^{n} v(\tau_i)\Delta t_i$ 为 $v(t)$ 在区间 $[T_1,T_2]$ 上的一个"黎曼和"．

(3) 让分割越来越细，即令分割的直径 $\lambda_\Delta \to 0$，则可以预期黎曼和 $\sum\limits_{i=1}^{n} v(\tau_i)\Delta t_i$ 将会"趋近"于位移的精确值 s．

例 1.2 质量非均匀分布的细棒质量问题．

设有一质量非均匀分布的细棒，长为 l．若已知细棒上各点的线密度为 ρ，试求该细棒的质量 m．

如果质量在细棒上的分布是均匀的，就是说，细棒上的各点的线密度 ρ 是常数，那么细棒的质量可以用乘法求得，即

$$m = 线密度 \times 棒长 = \rho l. \tag{1.2}$$

问题的困难在于质量是非均匀分布的，即密度 ρ 不是常数，因而细棒的质量不能用上述乘法公式求解．为了解决这个问题，先建立坐标系如图 4.1．

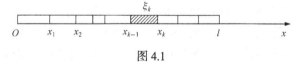

图 4.1

此时 $\rho = \rho(x)$，并设它在 $[0,l]$ 上是连续函数．类似于例 1.1 的思路，将 $[0,l]$ 分成若干个子区间，在每个子区间上 ρ 的变化很小，可以近似地看成常数．就是说，质量的分布可以近似看成是均匀的．从而利用乘法求出在每个子区间内细棒的质量的近似值，相加并通过取"极限"得到质量 m 的精确值．求解步骤与例 1.1 类似．

(1) 对区间 $[0,l]$ 施以分割：在 $[0,l]$ 上任意插入 $n-1$ 个点

$$0 = x_0 < x_1 < x_2 < \cdots < x_{n-1} < x_n = l,$$

则 $[0,l]$ 被分成 n 个子区间，称为对区间 $[0,l]$ 的一个"分割"，记为 Δ. 第 k 个子区间 $[x_{k-1},x_k]$ 的长度为

$$\Delta x_k = x_k - x_{k-1} \quad (k=1,2,\cdots,n),$$

记 $\lambda_\Delta = \max_{1 \le k \le n}\{\Delta x_k\}$，称为分割 Δ 的"直径".

(2) 求细棒质量的近似值：在 $[x_{k-1},x_k]$ 中任取一点 ξ_k，以 $\rho(\xi_k)$ 作为该段的近似平均密度，则该段细棒质量 Δm_k 的近似值为

$$\Delta m_k \approx \rho(\xi_k)\Delta x_k \quad (k=1,2,\cdots,n),$$

将各段细棒质量的近似值相加，得到所求细棒总质量 m 的近似值，即

$$m \approx \sum_{k=1}^{n} \rho(\xi_k)\Delta x_k,$$

称 $\displaystyle\sum_{k=1}^{n} \rho(\xi_k)\Delta x_k$ 为 $\rho(x)$ 在区间 $[0,l]$ 上的"黎曼和".

(3) 让分割越来越细，即令分割的直径 $\lambda_\Delta \to 0$，则可以预期黎曼和 $\displaystyle\sum_{i=1}^{n} \rho(\xi_i)\Delta x_i$ 将会"趋近"于细棒质量的精确值 m.

例 1.3　曲边梯形的面积问题.

如何计算平面上一个区域的面积是一个古老而有实际意义的问题. 大家知道，由平面上任一闭曲线所围成的曲边形都可用一些互相垂直的直线将它划分为若干个如图 4.2 所示的所谓曲边梯形，即由曲线 $y = f(x)$ 与直线 $x = a, x = b$ 及 x 轴所围成的平面图形(其中 f 是 $[a,b]$ 上的非负连续函数). 因此，求曲边形面积的问题就归结为求曲边梯形的面积问题.

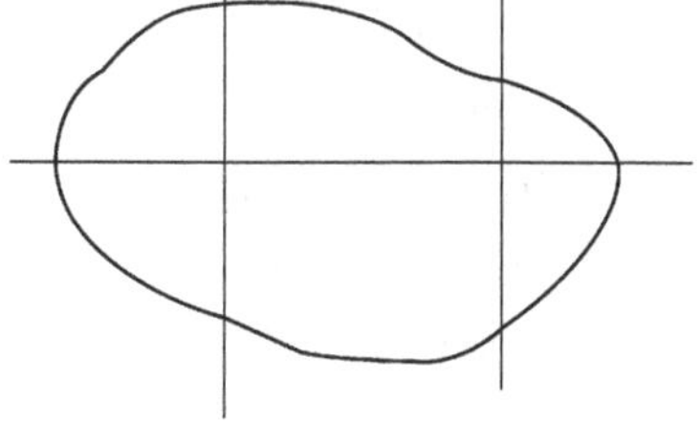

一个首要的问题是，什么是曲边梯形的"面积"？矩形的面积被定义为其长与宽的乘积，即 $S = a \times b$，由此推得平行四边形、三角形、梯形及一般直边平面区域(图形)的面积. 从图 4.3 可以看出，函数值 $f(x)$ 越大的地方，图形所对应的面积就越大，因此 $f(x)$ 就像是面积的"密度". 如此，我们做如下的工作.

图 4.2

(1) 对区间 $[a,b]$ 施以分割：在 $[a,b]$ 上任意插入 $n-1$ 个点

$$a = x_0 < x_1 < x_2 < \cdots < x_{n-1} < x_n = b,$$

则 $[a,b]$ 被分成 n 个子区间, 称为对区间 $[a,b]$ 的一个 "分割", 记为 Δ. 第 k 个子区间 $[x_{k-1}, x_k]$ 的长度为

$$\Delta x_k = x_k - x_{k-1} \quad (k = 1, 2, \cdots, n),$$

记 $\lambda_\Delta = \max_{1 \leqslant k \leqslant n} \{\Delta x_k\}$, 称为分割 Δ 的 "直径".

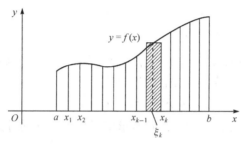

图 4.3

(2) 求曲边梯形的近似值: 在 $[x_{k-1}, x_k]$ 中任取一点 ξ_k, 以 $f(\xi_k)$ 作为该段的近似平均 "高度", 则该段的 "面积" 的近似值为

$$f(\xi_k)\Delta x_k \quad (k = 1, 2, \cdots, n),$$

将各段 "面积" 的近似值相加, 得到所求曲边梯形 "面积" 的近似值, 即

$$S \approx \sum_{k=1}^{n} f(\xi_k)\Delta x_k,$$

称 $\sum_{k=1}^{n} f(\xi_k)\Delta x_k$ 为 $f(x)$ 在区间 $[a,b]$ 上的 "黎曼和".

(3) 让分割越来越细, 即令分割的直径 $\lambda_\Delta \to 0$, 则可以预期黎曼和 $\sum_{i=1}^{n} f(\xi_i)\Delta x_i$ 将会 "趋近" 于曲边梯形 "面积" 的精确值 S.

由于速度可以看成位移的 "密度", 曲边梯形的曲边 $y = f(x)$ 的函数值 $f(x)$ 可以看成曲边梯形面积的 "密度", 所以由以上的三个实例可以看出, 它们都是要解决分别以密度 $v(t), \rho(x), f(x)$ 分布在一个闭区间的量的计算问题. 问题及其解决思路可统一描述如下.

一种量以密度 $f(x)$ 分布在闭区间 $[a,b]$ 上, 则

(1) 对区间 $[a,b]$ 施以分割: 在 $[a,b]$ 上任意插入 $n-1$ 个点

$$a = x_0 < x_1 < x_2 < \cdots < x_{n-1} < x_n = b,$$

$[a,b]$ 被分成 n 个子区间, 称为对区间 $[a,b]$ 的一个 "分割", 记为 Δ. 第 k 个子区间 $[x_{k-1}, x_k]$ 的长度为

$$\Delta x_k = x_k - x_{k-1} \quad (k = 1, 2, \cdots, n),$$

记 $\lambda_\Delta = \max\limits_{1 \le k \le n} \{\Delta x_k\}$ ，称为分割 Δ 的"直径".

(2) 求所求量的近似值：在 $[x_{k-1}, x_k]$ 中任取一点 ξ_k ，以 $f(\xi_k)$ 作为该段的近似平均密度，则该段的量的近似值为

$$f(\xi_k)\Delta x_k \quad (k = 1, 2, \cdots, n),$$

将各段量的近似值相加，得到所求量的近似值，即

$$A \approx \sum_{k=1}^{n} f(\xi_k)\Delta x_k,$$

称 $\sum\limits_{k=1}^{n} f(\xi_k)\Delta x_k$ 为 $f(x)$ 在区间 $[a,b]$ 上的"黎曼和".

(3) 让分割越来越细，即令分割的直径 $\lambda_\Delta \to 0$ ，则可以预期黎曼和 $\sum\limits_{i=1}^{n} f(\xi_i)\Delta x_i$ 将会"趋近"于所求量的精确值 A.

二、定积分的定义

实际上对于一个在闭区间 $[a,b]$ 上有定义的函数 $f(x)$ ，总是可以将区间 $[a,b]$ 施以分割后来构造黎曼和 $\sum\limits_{k=1}^{n} f(\xi_k)\Delta x_k$. 而前面三个实例中问题的解决都归结为黎曼和 $\sum\limits_{k=1}^{n} f(\xi_k)\Delta x_k$ 是否向一个常数无限逼近的问题，也就是黎曼和的"极限"问题.在前面的学习中定义了数列的极限和函数的极限，但仔细分析会发现，黎曼和 $\sum\limits_{k=1}^{n} f(\xi_k)\Delta x_k$ 既不是数列也不是函数，所以黎曼和的"极限"并没有定义. 为解决这一问题，给出如下黎曼和的定义.

定义 1.1 (黎曼和的极限、定积分) 设函数 $f(x)$ 在闭区间 $[a,b]$ 上有定义，

(1) 对区间 $[a,b]$ 施以分割：在 $[a,b]$ 上任意插入 $n-1$ 个点

$$a = x_0 < x_1 < x_2 < \cdots < x_{n-1} < x_n = b,$$

$[a,b]$ 被分成 n 个子区间，称为对区间 $[a,b]$ 的一个"分割"，记为 Δ . 第 k 个子区间 $[x_{k-1}, x_k]$ 的长度为

$$\Delta x_k = x_k - x_{k-1} \quad (k = 1, 2, \cdots, n),$$

记 $\lambda_\Delta = \max\limits_{1 \le k \le n} \{\Delta x_k\}$ ，称为分割 Δ 的"直径".

(2) 在 $[x_{k-1}, x_k]$ 中任取一点 ξ_k，构造黎曼和 $\sum\limits_{k=1}^{n} f(\xi_k)\Delta x_k$.

(3) 若对 $\forall \varepsilon > 0$，存在 $\delta > 0$，只要 $\lambda_\Delta < \delta$，就有

$$\left| \sum_{i=1}^{n} f(\xi_i)\Delta x_i - A \right| < \varepsilon,$$

则称 A 为黎曼和 $\sum\limits_{k=1}^{n} f(\xi_k)\Delta x_k$ 的极限，也称 A 为 f 在闭区间 $[a,b]$ 上的黎曼积分(定积分)，称 f 在闭区间 $[a,b]$ 上是黎曼可积的. f 在闭区间 $[a,b]$ 上的黎曼积分记为 $\int_a^b f(x)\mathrm{d}x$，即

$$A = \int_a^b f(x)\mathrm{d}x,$$

其中 $[a,b]$ 为积分区间，a,b 分别为积分下限、积分上限，f 为被积函数，$f(x)\mathrm{d}x$ 为被积表达式，x 为积分变量.

对这个定义，还应注意以下几点.

(1) 在定义中，只要分割的直径 $\lambda_\Delta \to 0$，就一定有 $n \to +\infty$，但反之不成立.

(2) 在构造定义中的和式时，包含了两个任意性，即对区间 $[a,b]$ 的分割与子区间 $[x_{i-1}, x_i]$ 中 ξ_k 的选取都是任意的. 显然，对于区间的不同分割和 ξ_k 的不同选取，得到的和式一般并非相同. 定义要求无论区间如何分割以及点 ξ_k 怎样选取，最后得到不同和式当 $\lambda_\Delta \to 0$ 时都要趋于同一个数，这样才能够说函数 f 在 $[a,b]$ 上可积. 换句话说，如果对区间的某两种不同分割或 ξ_k 的两种不同选取得到的和式趋近于不同的数，或者存在一个和式不能趋近一个确定的数，那么函数 f 在该区间上必不可积. 例如，狄利克雷(Dirichlet)函数

$$D(x) = \begin{cases} 1, & x\text{为有理数}, \\ 0, & x\text{为无理数} \end{cases}$$

在区间 $[0,1]$ 上不可积. 事实上，将区间 $[0,1]$ 任意分割为 n 个子区间. 若取 ξ_k 为子区间 $[x_{k-1}, x_k]$ 中的有理数，则 $D(\xi_k) = 1$，从而有

$$\sum_{k=1}^{n} D(\xi_k)\Delta x_k = \sum_{k=1}^{n} \Delta x_k = 1.$$

若取 ξ_k 为 $[x_{k-1}, x_k]$ 中的无理数，则 $D(\xi_k) = 0$，从而有

$$\sum_{k=1}^{n} D(\xi_k)\Delta x_k = 0.$$

因此，$D(x)$ 在 $[0,1]$ 上不可积.

(3) 函数 f 在区间 $[a,b]$ 上的定积分 $\int_a^b f(x)\mathrm{d}x$ 是一个确定的数,它的值仅与被积函数 f 和积分区间 $[a,b]$ 有关, 而与积分变量 x 无关. 因此, 若积分变量 x 改用其他字母(例如用 t)表示, 它的值不会改变, 即

$$\int_a^b f(x)\mathrm{d}x = \int_a^b f(t)\mathrm{d}t.$$

根据定积分的定义, 例 1.3 中的曲边梯形的面积与例 1.1 中细棒的质量可分别表示为定积分(若黎曼和的极限存在)

$$A = \int_a^b f(x)\mathrm{d}x, \quad m = \int_0^l \rho(x)\mathrm{d}x.$$

做变速直线运动的物体在时间区间 $[a,b]$ 内通过的位移也可表示为定积分

$$s = \int_a^b v(x)\mathrm{d}x.$$

最后, 对定积分再作两点补充规定:

(1) 当积分上限 b 小于下限 a 时, 规定

$$\int_a^b f(x)\mathrm{d}x = -\int_b^a f(x)\mathrm{d}x.$$

这就是说互换定积分的上、下限, 它的值要改变正负号.

(2) 当 $a=b$ 时, 规定 $\int_b^a f(x)\mathrm{d}x = 0.$

这样, 对定积分上、下限的大小就没有什么限制.

(请思考为什么要作以上两点规定.)

由例 1.3 及定积分的定义看出, 可以由定积分来定义曲边梯形的面积.

定义 1.2 (曲边梯形的面积) 设函数 $f(x) \geqslant 0$ 在 $[a,b]$ 上连续(连续的要求是保证可以由函数的图像形成封闭区域), 若定积分 $\int_a^b f(x)\mathrm{d}x$ 存在, 则定义其为曲线 $y = f(x)$ 与直线 $x=a, x=b$ 及 x 轴围成的曲边梯形的面积.

如果在 $[a,b]$ 上 $f(x) \leqslant 0$, 那么由曲线 $[a,b]$, 直线 $x=a, x=b$ 及 x 轴围成的曲边梯形位于 x 轴下方(图 4.4(b)). 此时 $f(\xi_k)\Delta x_k$ 的值为负, 它的绝对值表示第 k 个子区间上小曲边梯形面积的近似值. 由于曲边梯形的面积总是正的, 所以

$$\int_a^b f(x)\mathrm{d}x = -A.$$

当 $f(x)$ 在子区间 $[a,b]$ 上变号时, 以图 4.4(c)为例, 从直观上不难看出, 定积分 $\int_a^b f(x)\mathrm{d}x$ 的值等于三个曲边梯形面积的代数和, 即

$$\int_a^b f(x)\mathrm{d}x = A_1 - A_2 + A_3.$$

如果函数 f 在区间 $[a,b]$ 上可积，那么在使用定义来计算它的积分时，可以对区间 $[a,b]$ 采用某些特殊的分割方法，也可以选用某些特殊点．

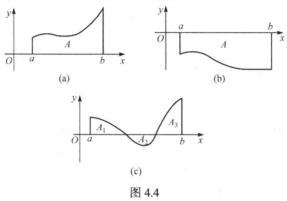

图 4.4

例 1.4　用定义计算定积分 $\int_0^1 x^2\mathrm{d}x$．

解　由于函数 $f(x)=x^2$ 在区间 $[0,1]$ 上连续，因而可积(第四章定理 2.3)．将区间 $[0,1]$ 等分为 n 个子区间 $[x_{k-1},x_k]$，取 ξ_k 为每个子区间的右端点，则有

$$\Delta x_k = \frac{1}{n}, \quad \xi_k = \frac{k}{n}(k=1,2,\cdots,n), \quad \lambda_\Delta = \frac{1}{n}.$$

所以

$$\int_0^1 x^2\mathrm{d}x = \lim_{\lambda_\Delta \to 0}\sum_{k=1}^n \xi_k^2 \Delta x_k = \lim_{n \to +\infty}\sum_{k=1}^n \frac{1}{n}\left(\frac{k}{n}\right)^2$$

$$= \lim_{n \to +\infty}\frac{1}{n^3}(1^2 + 2^2 + \cdots + n^2)$$

$$= \lim_{n \to +\infty}\frac{1}{6n^3}n(n+1)(2n+1) = \frac{1}{3}.$$

在例 1.4 中，尽管被积分函数相当简单，然而计算过程仍然比较复杂．可见，利用定义来计算定积分是相当困难的．

习　题　4.1

1. 利用定积分的定义计算下列积分：

(1) $\int_0^1 f(x)\mathrm{d}x$，其中 $f(x)=ax+b, a,b$ 是常数；

(2) $\int_{-1}^{2} x^2 dx$;　　　　　　　(3) $\int_{0}^{1} a^x dx (a > 0)$;

(4) $\int_{0}^{1} x dx$;　　　　　　　　(5) $\int_{0}^{1} e^x dx$.

2. 设有一直的金属丝位于 x 轴上从 $x = 0$ 到 $x = a$ 处，其上各个点 x 处的密度与 x 成正比，比例系数为 k，求该金属丝的质量.

3. 放置于坐标原点的一个带电量为 Q 的点电荷形成一个静电场，在电场力的作用下，另外一个带电量为 q 的电荷沿着 x 轴从 $x = a$ 移动到 $x = b$ 处，试用积分式表达该电场力所做的功.

第二节　可积性条件与定积分的性质

一、定积分的存在条件

下面讨论定义在区间 $[a,b]$ 上的函数的可积条件.

定理 2.1 (可积的必要条件)　函数 f 在区间 $[a,b]$ 上可积的必要条件是 f 在 $[a,b]$ 上有界.

证明　反证法. 若 f 在 $[a,b]$ 上无界，任意分割 $[a,b]$，则必存在一个子区间 $[x_{k-1}, x_k]$，使得 f 在该子区间上无界. 因此，对无论怎样大的正数 M，总存在 $\xi_k \in [x_{k-1}, x_k]$，使

$$\left| f(\xi_k) \Delta x_k \right| > M,$$

从而可使 $\left| \sum_{i=1}^{n} f(\xi_i) \Delta x_i \right|$ 大于任意给的正数. 故其极限不存在，即 f 在 $[a,b]$ 上不可积.

有界函数是可积的必要条件，但不是充分条件. 例如，上面已经指出，狄利克雷函数在区间 $[0,1]$ 上是有界的，但在 $[0,1]$ 上却不可积，因此，还需要进一步寻找函数可积的条件.

根据定理 2.1，无界函数必不可积，因此，不妨设 f 是定义在区间 $[a,b]$ 上的有界函数. 将 $[a,b]$ 任意分割为 n 个子区间 $[x_{k-1}, x_k] (k = 1, 2, \cdots, n)$，$f$ 在 $[a,b]$ 上的定积分就是形如定积分定义式子中的和式极限. 设 f 在子区间 $[x_{k-1}, x_k]$ 上的上、下确界分别为 M_k 与 m_k，即

$$M_k = \sup\{ f(x) \mid x \in [x_{k-1}, x_k] \}, \quad m_k = \inf\{ f(x) \mid x \in [x_{k-1}, x_k] \},$$

称 $\omega_k = M_k - m_k$ 为 f 在子区间 $[x_{k-1}, x_k]$ 上的振幅，和式

$$S_n = \sum_{k=1}^{n} M_k \Delta x_k, \quad s_n = \sum_{k=1}^{n} m_k \Delta x_k$$

分别称为 f 关于该分割的达布 (Darboux) 大和与达布小和. 如果在 $[a,b]$ 上，

$f(x) \geqslant 0$, 那么达布大和 S_n 在几何上就表示在子区间 $[x_{k-1}, x_k]$ 上以 M_k 为高所作的 n 个小矩形构成的阶梯形的面积, 达布小和则表示在 $[x_{k-1}, x_k]$ 上以 m_k 为高所作的 n 个小矩形构成的阶梯形的面积, 分别是以曲线 $y = f(x)$ 为曲线边的曲边梯形的外包与内含的两个阶梯形的面积. 它们的差就是

$$S_n - s_n = \sum_{k=1}^{n} \omega_k \Delta x_k.$$

黎曼和介于达布大和与达布小和之间, 这两个就是黎曼和的上确界和下确界, 从而可得黎曼和是有界的. 推测达布大和与达布小和当分割的直径趋于零时趋于一致.

如图 4.5 所示, 根据定义 1.1, 函数 f 在 $[a,b]$ 上可积, 在几何上就表示该曲边梯形的面积, 并且当 $[a,b]$ 被无限细分时上述达布大和与达布小和的差值趋于零; 反之也成立, 于是得到如下定理.

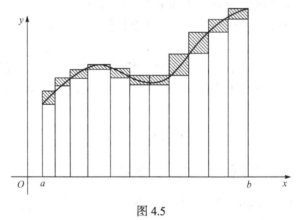

图 4.5

定理 2.2 (可积的充要条件)　设函数 f 在区间 $[a,b]$ 上有界, 则 f 在 $[a,b]$ 上可积的充要条件是: $\forall \varepsilon > 0, \exists \delta > 0$, 当分割 Δ 的直径 $\lambda_\Delta < \delta$ 时, 有

$$\sum_{k=1}^{n} \omega_k \Delta x_k < \varepsilon. \tag{2.1}$$

证明　必要性　如果 $f(x)$ 可积, 则对于任意一对数 $\varepsilon > 0$ 和 $\sigma > 0$ (从而 $\varepsilon\sigma > 0$), 可以找到 $\delta > 0$, 当 $\lambda_\Delta < \delta$ 时, 有

$$\sum_{i=1}^{n} \omega_i \Delta x_i < \sigma\varepsilon.$$

于是

$$\varepsilon \sum_{i_1=1}^{n} \Delta x_{i_1} \leqslant \sum_{i_1=1}^{n} \omega_{i_1} \Delta x_{i_1} \leqslant \sum_{i=1}^{n} \omega_i \Delta x_i < \sigma\varepsilon.$$

所以

$$\sum_{i_1=1}^{n} \Delta x_{i_1} < \sigma,$$

其中 Δx_{i_1} 表示幅度 $\omega_i \geqslant \varepsilon$ 的那些部分区间的长度，$\sum_{i_1}$ 表示对这些部分区间求和.

充分性 假设 Δx_{i_2} 是使得 $\omega_i < \varepsilon$ 的那些部分区间的长度，$\sum_{i_2}$ 表示对这些部分区间求和，以 Ω 记 $f(x)$ 在区间 $[a,b]$ 的幅度，于是

$$\sum_{i=1}^{n} \omega_i \Delta x_i = \sum_{i_1=1}^{n} \omega_i \Delta x_{i_1} + \sum_{i_2=1}^{n} \omega_i \Delta x_{i_2} < \Omega \sum_{i_1=1}^{n} \Delta x_{i_1} + \varepsilon \sum_{i_2=1}^{n} \Delta x_{i_2} < \Omega \sigma + \varepsilon(b-a),$$

由于 ε, σ 的任意性，所以 $\lim\limits_{\lambda_\Delta \to 0} \sum\limits_{i=1}^{n} \omega_i \Delta x_i = 0$. 定理由此得证.

利用这个定理，可以证明如果有界函数在区间 $[a,b]$ 内具有无穷多个不连续点，但是这些不连续点存在一个极限点，那么函数 $f(x)$ 在区间 $[a,b]$ 上可积. 例如，有界函数 $f(x)$ 在区间 $[-2,2]$ 内具有不连续点 $x_n = \dfrac{1}{n}$ $(n=1,2,\cdots)$，则 $f(x)$ 在 $[-2,2]$ 上积分存在.

仔细分析不难发现，当 f 属于下面两种情况之一时(2.1)式成立，从而 f 在 $[a,b]$ 上可积.

第一种情况，任意分割 $[a,b]$ 使最大子区间的长度 λ_Δ 充分小，f 在每个子区间的振幅 ω_k 都能任意小，小于任意给定的 $\varepsilon > 0$. 例如，当 f 是 $[a,b]$ 上的连续函数时就属于这种情况，事实上，我们有如下定理.

定理 2.3 若 $f \in C[a,b]$，则 f 在 $[a,b]$ 上可积.

证明 因为 f 在 $[a,b]$ 上连续，所以它在 $[a,b]$ 上一致连续，从而对 $\forall \varepsilon > 0$，$\exists \delta > 0$，使得 $\forall x^{(1)}, x^{(2)} \in [a,b]$，当 $\left| x^{(1)} - x^{(2)} \right| < \delta$ 时，必有

$$\left| f(x^{(1)}) - f(x^{(2)}) \right| < \varepsilon.$$

任意分割区间为 n 个子区间 $[x_{k-1}, x_k](k=1,2,\cdots,n)$ 使得 $\lambda_\Delta < \delta$. 根据闭区间上连续函数的性质，$\exists \xi_k^{(1)}, \xi_k^{(2)} \in [x_{k-1}, x_k]$ 使得

$$f(\xi_k^{(1)}) = M_k, \quad f(\xi_k^{(2)}) = m_k,$$

从而有 $\omega_k = M_k - m_k < \varepsilon, \forall k=1,2,\cdots,n$. 故当 $\lambda_\Delta < \delta$ 时，必有

$$\sum_{k=1}^{n} \omega_k \Delta x_k < \varepsilon \sum_{k=1}^{n} \Delta x_k = \varepsilon(b-a).$$

由定理 2.2 可知，f 在 $[a,b]$ 上可积.

第二种情况，当 λ_Δ 充分小时，虽然不能保证 f 在每一个子区间上面的振幅

ω_k 都任意小, 但是使得 ω_k 不能任意小的所有子区间长度之和可以小于任意给定的正数. 例如, f 在区间 $[a,b]$ 上只有有限个第一类间断点或者 f 是区间 $[a,b]$ 上的单调函数都属于这种情况. 事实上, 可以证明下面的定理(证明从略).

定理 2.4　如果有界函数 f 在区间 $[a,b]$ 上只有有限个第一类间断点或者在区间 $[a,b]$ 上单调, 则函数 f 在区间 $[a,b]$ 上可积.

上面的讨论表明, 为保证函数 f 在 $[a,b]$ 上可积, f 在 $[a,b]$ 上函数值的变换不能 "太快", 至少使得函数值发生急剧变化的点不能 "太多". 也就是说, 或者 f 是区间 $[a,b]$ 上的连续函数, 或者间断点 "不太多" 的函数. 因而, 研究定积分的性质, 寻求简单可行的积分方法, 就是本章的主要任务之一.

二、定积分的性质

定积分的上述定义是由德国数学家黎曼给出的, 因而称为**黎曼积分**, 简称 R 积分. 为了书写简便起见, 将在区间 $[a,b]$ 上黎曼可积(即黎曼积分存在)的函数全体构成的集合记作 $\Re[a,b]$. 下面介绍 R 积分的几个常用的重要性质.

性质 2.1 (线性性质)　假设 $f,g \in \Re[a,b], \alpha,\beta \in \mathbf{R}$, 则 $\alpha f + \beta g \in \Re[a,b]$, 并且

$$\int_a^b [\alpha f(x) + \beta g(x)]\mathrm{d}x = \alpha \int_a^b f(x)\mathrm{d}x + \beta \int_a^b g(x)\mathrm{d}x. \tag{2.2}$$

这个性质可以由定积分的定义和极限的运算法则直接得到.

性质 2.2 (单调性)　设 $f,g \in \Re[a,b]$, 而且 $f(x) \leqslant g(x), \forall x \in [a,b]$, 则

$$\int_a^b f(x)\mathrm{d}x \leqslant \int_a^b g(x)\mathrm{d}x.$$

这个性质也可以由定积分的定义直接得到, 由此还可以得到下面的推论.

推论　假设 $f \in \Re[a,b]$, 且 $m \leqslant f(x) \leqslant M, \forall x \in [a,b]$, 其中 m,M 是常数, 则

$$m(b-a) \leqslant \int_a^b f(x)\mathrm{d}x \leqslant M(b-a).$$

性质 2.3　假设 $f \in \Re[a,b]$, 则 $|f| \in \Re[a,b]$, 且

$$\left| \int_a^b f(x)\mathrm{d}x \right| \leqslant \int_a^b |f(x)|\mathrm{d}x. \tag{2.3}$$

证明　任意分割区间 $[a,b]$, 用 $\omega_k(f)$ 与 $\omega_k(|f|)$ 分别表示 f 与 $|f|$ 在子区间 $[x_{k-1}, x_k]$ 上的振幅. 由于

$$\big| |f(x)| - |f(y)| \big| \leqslant |f(x) - f(y)|, \quad \forall x,y \in [x_{k-1}, x_k],$$

并且不难证明

$$\omega_k(f) = \sup\{f(x) - f(y) \mid x, y \in [x_{k-1}, x_k]\},$$

所以 $\omega_k(|f|) \leqslant \omega_k(f)$，从而有

$$\sum_{k=1}^{n} \omega_k(|f|) \leqslant \sum_{k=1}^{n} \omega_k(f).$$

又因为 f 在 $[a,b]$ 上可积，由定理 2.2 知，$\forall \varepsilon > 0, \exists \delta > 0$，当 $\lambda_\Delta < \delta$ 时，必有 $\sum_{k=1}^{n} \omega_k(f) \Delta x_k < \varepsilon$，从而

$$\sum_{k=1}^{n} \omega_k(|f|) < \varepsilon,$$

故 $|f|$ 在 $[a,b]$ 上可积.

为证明不等式 (2.3)，只有注意到不等式

$$-|f(x)| \leqslant f(x) \leqslant |f(x)|, \quad \forall x \in [a,b].$$

再利用性质 2.2 即得

$$-\int_a^b |f(x)| \mathrm{d}x \leqslant \int_a^b f(x) \mathrm{d}x \leqslant \int_a^b |f(x)| \mathrm{d}x,$$

从而知 (2.3) 式成立.

性质 2.4 (对区间的可加性)　设 I 是一个有限闭区间，$a, b, c \in I$. 若 f 在 I 上可积，则 f 在 I 的任一闭子区间都可积，且

$$\int_a^b f(x) \mathrm{d}x = \int_a^c f(x) \mathrm{d}x + \int_c^b f(x) \mathrm{d}x. \tag{2.4}$$

证明　利用定理 2.2 不难证明 f 在区间 I 的任一个子区间上可积，下面证明等式 (2.4).

设 c 在 (a,b) 内. 由于 f 在 $[a,b]$ 上可积，根据定义，任意分割区间 $[a,b]$ 所作的积分和式都趋于同一个数. 因此，可以始终把 c 作为一个分点. 这样，f 在 $[a,b]$ 上的和式就等于它在 $[a,c]$ 上的和式与 $[c,b]$ 上的和式之和，即

$$\sum_{[a,b]} f(\xi_k) \Delta x_k = \sum_{[a,c]} f(\xi_k) \Delta x_k + \sum_{[c,b]} f(\xi_k) \Delta x_k.$$

由于 f 在子区间 $[a,c]$ 与 $[c,b]$ 上也可积，所以令 $\lambda_\Delta \to 0$ 就得到等式 (2.4).

若 c 在 $[a,b]$ 外，不妨设 $a < b < c$，则由上面已证明的结论有

$$\int_a^c f(x) \mathrm{d}x = \int_a^b f(x) \mathrm{d}x + \int_b^c f(x) \mathrm{d}x,$$

从而

$$\int_a^b f(x) \mathrm{d}x = \int_a^c f(x) \mathrm{d}x + \int_c^b f(x) \mathrm{d}x.$$

对于其他情况, 可用同样方法证明.

性质 2.5 (乘积性质)　设 $f, g \in \mathfrak{R}[a,b]$, 则 $fg \in \mathfrak{R}[a,b]$.

性质 2.6 (积分中值定理)　设 $f \in C[a,b]$, $g \in \mathfrak{R}[a,b]$, 且 g 在 $[a,b]$ 上不变号. 则至少存在一点 $\xi \in [a,b]$ 使

$$\int_a^b f(x)g(x)\mathrm{d}x = f(\xi)\int_a^b g(x)\mathrm{d}x. \tag{2.5}$$

证明　设在 $[a,b]$ 上 $g(x) \geqslant 0, M = \max\limits_{x \in [a,b]}\{f(x)\}, m = \min\limits_{x \in [a,b]}\{f(x)\}$, 则

$$m \leqslant f(x) \leqslant M, \quad \forall x \in [a,b],$$

从而

$$mg(x) \leqslant f(x) \leqslant Mg(x), \quad \forall x \in [a,b].$$

故由性质 2.2 与性质 2.5, 得

$$m\int_a^b g(x)\mathrm{d}x \leqslant \int_a^b f(x)g(x)\mathrm{d}x \leqslant M\int_a^b g(x)\mathrm{d}x. \tag{2.6}$$

若 $\int_a^b g(x)\mathrm{d}x > 0$, 上式两边同时除以 $\int_a^b g(x)\mathrm{d}x$ 得

$$m \leqslant \frac{\int_a^b f(x)g(x)\mathrm{d}x}{\int_a^b g(x)\mathrm{d}x} \leqslant M.$$

由连续函数的介值定理知, 至少存在一点 $\xi \in [a,b]$, 使

$$f(\xi) = \frac{\int_a^b f(x)g(x)\mathrm{d}x}{\int_a^b g(x)\mathrm{d}x},$$

即

$$\int_a^b f(x)g(x)\mathrm{d}x = f(\xi)\int_a^b g(x)\mathrm{d}x.$$

若 $\int_a^b g(x)\mathrm{d}x = 0$, 则 $\int_a^b f(x)g(x)\mathrm{d}x = 0$. 因此, 对于任何 $\xi \in [a,b]$, 等式(2.5)都成立. 综合上述情况, 定理得证.

在性质 2.6 中取 $g(x) = 1$, 即得下面的推论.

推论　假设 $f \in C[a,b]$, 则至少存在一点 $\xi \in [a,b]$, 使得

$$\int_a^b f(x)\mathrm{d}x = f(\xi)(b-a). \tag{2.7}$$

当 $f(x) \geqslant 0$ 时, 推论有着简单的几何意义(图 4.6). 它表明, 若 f 在 $[a,b]$ 上连续, 则在区间 $[a,b]$ 中至少有一点 ξ, 使得高为 $f(\xi)$、底边长为 $b-a$ 的矩形的面积

恰好等于以 $f(x)$ 为曲边梯形的面积.

通常称

$$\frac{1}{b-a}\int_a^b f(x)\mathrm{d}x$$

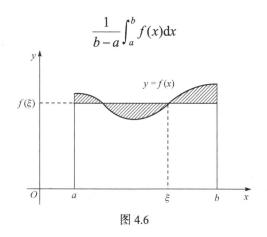

图 4.6

为函数 f 在区间 $[a,b]$ 上的积分中值. 因此, 很多书上也称推论为**积分中值定理**, 而把性质 2.6 称为**广义积分中值定理**.

积分中值也叫**积分均值**, 它是有限个数的算术平均值概念对连续函数的推广. 我们知道, n 个数 $y_1, y_2, \cdots, y_n$ 的算术平均值为

$$\overline{y} = \frac{y_1 + y_2 + \cdots + y_n}{n} = \frac{1}{n}\sum_{k=1}^n y_k.$$

但是, 在很多实际问题中, 还需要求出函数 $y = f(x)$ 在某一个区间 $[a,b]$ 上的平均值. 例如, 求一周内的平均气温, 一段时间内气体的平均压强, 交流电的平均电流强度等等. 如何定义并求出连续函数 $y = f(x)$ 在区间 $[a,b]$ 上的平均值呢?

假设 $f \in C[a,b]$, 则 $f \in \Re[a,b]$. 将区间 $[a,b]$ 分割为 n 个等长度的子区间

$$a = x_0 < x_1 < x_2 < \cdots < x_n = b,$$

每个子区间的长度为 $\Delta x_k = \dfrac{b-a}{n}$. 取 ξ_k 为各个子区间的右端点 x_k, 则对应的 n 个函数值 $y_k = f(x_k)$ 的算术平均值为

$$\overline{y}_n = \frac{1}{n}\sum_{k=1}^n y_k = \frac{1}{n}\sum_{k=1}^n f(x_k) = \frac{1}{b-a}\sum_{k=1}^n f(x_k)\frac{b-a}{n} = \frac{1}{b-a}\sum_{k=1}^n f(x_k)\Delta x_k.$$

显然, n 增大, $\overline{y}_n$ 就表示函数 f 在区间 $[a,b]$ 上更多点处函数值的平均值. 令 $n \to \infty$, $\overline{y}_n$ 的极限自然就定义为 f 在 $[a,b]$ 上的平均值 $\overline{y}$, 即

$$\overline{y} = \lim_{n\to\infty} \overline{y}_n = \frac{1}{b-a}\sum_{k=1}^n f(x_k)\Delta x_k = \frac{1}{b-a}\int_a^b f(x)\mathrm{d}x. \tag{2.8}$$

因此, 连续函数 $y = f(x)$ 在区间 $[a,b]$ 上的平均值就等于该函数在区间 $[a,b]$ 上的积分中值.

例 2.1　求正弦交流电

$$i(t) = I_m \sin \omega t$$

在它的半个周期 $\left(\text{即从} t = 0 \text{到} t = \dfrac{\pi}{\omega}\right)$ 内的平均值.

解　根据(2.8)式, 电流的平均值为

$$\bar{I} = \frac{1}{\dfrac{\pi}{\omega} - 0} \int_0^{\frac{\pi}{\omega}} i(t)\mathrm{d}t = \frac{\omega I_m}{\pi} \int_0^{\frac{\pi}{\omega}} \sin \omega t \mathrm{d}t.$$

为求得 $\bar{I}$ 的具体数值, 必须计算右端的定积分. 但是, 利用定义来求此定积分, 是比较复杂的(读者可以尝试在 $\omega = 1$ 的情况下用定义来计算). 因此, 寻求简洁的积分方法势在必行!

习　题　4.2

1. 根据定积分的几何意义求下列定积分:

(1) $\displaystyle\int_{-\pi}^{\pi} \sin x \mathrm{d}x$;　　　　　　　　　　(2) $\displaystyle\int_{-1}^{1} |x| \mathrm{d}x$;

(3) $\displaystyle\int_0^a \sqrt{a^2 - x^2} \mathrm{d}x$;　　　　　　　　(4) $\displaystyle\int_{-1}^{1} \left| x - \frac{1}{2} \right| \mathrm{d}x$.

2. 假设 $f \in \Re[-a,a]$, 根据定积分的几何意义说明:

$$\int_{-a}^a f(x)\mathrm{d}x = \begin{cases} 0, & f \text{为奇函数}, \\ 2\displaystyle\int_0^a f(x)\mathrm{d}x, & f \text{为偶函数}. \end{cases}$$

3. 假设 f 是周期为 T 的周期函数, 而且在任意一个有限区间上可积. 根据定积分的几何意义说明

$$\int_a^{a+T} f(x)\mathrm{d}x = \int_0^T f(x)\mathrm{d}x,$$

其中 a 为任意一个常数.

4. 设 $f \in C[a,b]$, 试说明任意改变 f 在有限个点上的值不影响它的可积性和积分 $\displaystyle\int_a^b f(x)\mathrm{d}x$ 的值.

5. 研究下列函数在所给区间上的可积性, 并说明理由:

(1) $f(x) = x^2 + \cos x, x \in (-\infty, +\infty)$;　　　(2) $f(x) = \operatorname{sgn} x, x \in [-1,1]$;

(3) $f(x) = \dfrac{1}{x^2 - 2}, x \in [-2, 2]$;　　　　　　　(4) $f(x) = \tan x, x \in [0, 2]$;

(5) $f(x) = \begin{cases} \dfrac{\sin x}{x}, & x \neq 0, \\ 1, & x = 0, \end{cases} x \in [-1, 1]$;　　　　(6) $f(x) = \begin{cases} 0, & x = 0, \\ \dfrac{1}{h}, & x \in \left(\dfrac{1}{n+1}, \dfrac{1}{n} \right], \end{cases} n \in \mathbf{N}_+$.

6. 下列命题是否正确? 如果正确, 给予证明; 否则, 举出反例.

(1) 若 $\displaystyle\int_a^b f(x)\mathrm{d}x \geqslant 0$, 则 f 在区间 $[a,b]$ 上必有 $f(x) \geqslant 0$;

(2) 若 $f \in \Re[a,b]$, 则 f 在 $[a,b]$ 上有有限个间断点;

(3) 若 $|f| \in \Re[a,b]$, 则 $f \in \Re[a,b]$;

(4) 若 f 与 g 在 $[a,b]$ 上都不可积, 则 $f + g$ 在 $[a,b]$ 上也不可积;

(5) 若 $f \in \Re[a,b]$, 则 $f \Leftrightarrow f^2 \in \Re[a,b]$;

(6) 若 $f \in C[a,b], \displaystyle\int_a^b f(x)\mathrm{d}x = 0$, 则对于 $\displaystyle\int_a^b f(x)\mathrm{d}x, \exists c \in [a,b]$, 使得 $f(c) = 0 (a \neq b)$.

7. 设 $f, g \in C[a,b]$,

(1) 如果在 $[a,b]$ 上, $f(x) \geqslant 0$, 证明 $\displaystyle\int_a^b f(x)\mathrm{d}x \geqslant 0$;

(2) 如果在 $[a,b]$ 上, $f(x) \geqslant 0$, $\displaystyle\int_a^b f(x)\mathrm{d}x = 0$, 证明 $f(x) \equiv 0$;

(3) 如果在 $[a,b]$ 上, $f(x) > g(x)$, 证明 $\displaystyle\int_a^b f(x)\mathrm{d}x > \int_a^b g(x)\mathrm{d}x$.

8. 判别下列积分的大小:

(1) $\displaystyle\int_0^1 \mathrm{e}^x \mathrm{d}x$ 和 $\displaystyle\int_0^1 \mathrm{e}^{x^2} \mathrm{d}x$;　　　　　　(2) $\displaystyle\int_1^2 2\sqrt{x}\,\mathrm{d}x$ 和 $\displaystyle\int_1^2 \left(3 - \dfrac{1}{x}\right)\mathrm{d}x$;

(3) $\displaystyle\int_0^1 \ln(1+x)\mathrm{d}x$ 和 $\displaystyle\int_0^1 \dfrac{\arctan x}{1+x}\mathrm{d}x$.

9. 证明下列不等式:

(1) $1 < \displaystyle\int_0^1 \mathrm{e}^{x^2}\mathrm{d}x < \mathrm{e}$;　　　　　　(2) $84 < \displaystyle\int_{-6}^8 \sqrt{1 - x^2}\,\mathrm{d}x < 140$.

10. 利用定理 2.2 证明: 若有界函数 f 在有限区间 I 上可积分, 则 f 在 I 的任意一个子区间上也可积分.

11. 假设 f 在区间 $[a,b]$ 上二阶可导, $\forall x \in [a,b], f'(x) > 0, f''(x) > 0$, 证明:

$$(b-a)f(a) < \int_a^b f(x)\mathrm{d}x < \frac{b-a}{2}[f(b) - f(a)].$$

12. 设函数 f 与 g 在任何一个有限区间上可积.

(1) 如果 $\displaystyle\int_a^b f(x)\mathrm{d}x = \int_a^b g(x)\mathrm{d}x$, 那么 f 与 g 在 $[a,b]$ 上是否相等?

(2) 如果在任意一个区间 $[a,b]$ 上都有 $\displaystyle\int_a^b f(x)\mathrm{d}x = \int_a^b g(x)\mathrm{d}x$, 那么 f 与 g 是否在区间 $[a,b]$

上恒等?

(3) 如果(2)中的 f 与 g 都是连续函数, 那么又有怎样的结论?

13. 证明性质 2.1 和性质 2.2.

14. 假设函数 f 在 $[0,a]$ 上连续, 在 $(0,a)$ 内可导, 而且 $3\int_{\frac{2a}{3}}^{a} f(x)\mathrm{d}x = af(0)$. 证明: $\exists\xi\in(0,a)$,

$f'(\xi) = 0$.

15. 设 f 与 g 在区间 $[a,b]$ 上连续, 证明柯西不等式:

$$\int_a^b f(x)g(x)\mathrm{d}x \leqslant \left(\int_a^b f^2(x)\mathrm{d}x\right)^{\frac{1}{2}}\left(\int_a^b g^2(x)\mathrm{d}x\right)^{\frac{1}{2}}.$$

16. 设 f 与 g 在区间 $[a,b]$ 上连续, 利用柯西不等式证明闵可夫斯基(Minkowski)不等式:

$$\left(\int_a^b [f(x)+g(x)]^2\mathrm{d}x\right)^{\frac{1}{2}} \leqslant \left(\int_a^b f^2(x)\mathrm{d}x\right)^{\frac{1}{2}} + \left(\int_a^b g^2(x)\mathrm{d}x\right)^{\frac{1}{2}}.$$

17. 设 f 是 $[a,b]$ 上的连续函数, 利用柯西不等式证明:

$$\int_a^b \mathrm{e}^{f(x)}\mathrm{d}x\int_a^b \mathrm{e}^{-f(x)}\mathrm{d}x \geqslant (b-a)^2.$$

第三节　微积分基本定理与基本公式

本节在讲解微积分基本公式(即牛顿-莱布尼茨公式)与基本定理的基础上, 阐述微分与积分的关系, 将定积分的计算问题转化为求被积函数的原函数或不定积分的问题, 说明求积分是求微分的逆运算.

一、变速直线运动的位移计算与函数的原函数

为寻求计算定积分简单易行的方法, 我们再来讨论已知速度求位移问题, 第一节中已经讲过, 如果已知变速直线运动的速度 $v = v(t)$, 那么, 物体从时刻 $t = a$ 到时刻 $t = b$ 所通过的位移可能为

$$s = \int_a^b v(t)\mathrm{d}t.$$

另一方面, 如果已知物体运动的位移函数 $s = s(t)$, 那么, 在时间区间 $[a,b]$ 内物体通过的位移也可表示为

$$s = s(b) - s(a).$$

因此, 如果能从速度函数 $v(t)$ 求出位移函数 $s(t)$, 那么可能有

$$\int_a^b v(t)\mathrm{d}t = s(b) - s(a).$$

这样，定积分 $\int_a^b v(t)\mathrm{d}t$ 的值就可能由函数 $s = s(t)$ 在 $t = b$ 与 $t = a$ 的值之差得到，问题的关键在于上式是否成立及如何从 $v(t)$ 求得 $s(t)$. 由于 $s'(t) = v(t)$, 所以由 $v(t)$ 求 $s(t)$ 是求导运算的逆运算.

受上述问题的启发，人们得到计算定积分的一个基本公式. 为了建立这个公式，先引入下面的概念.

定义 3.1 (原函数)　如果在区间 I 上，$F'(t) = f(t)$, 那么称 F 是 f 在 I 上的一个**原函数**.

二、原函数的存在性：微积分基本定理

假设函数 $f:[a,b] \to \mathbf{R}$ 可积，则对任意的 $x \in [a,b]$, f 在 $[a,x]$ 上也可积. 在区间 $[a,b]$ 上任取一值 x, 定积分 $\int_a^x f(t)\mathrm{d}t$ 就有唯一确定的值与它相对应. 因此，该积分在区间 $[a,b]$ 上确定了一个函数 $\phi:[a,b] \to \mathbf{R}$, 即

$$\phi(x) = \int_a^x f(t)\mathrm{d}t, \quad x \in [a,b], \tag{3.1}$$

通常称它为变上限积分.

定理 3.1 (微积分第一基本定理)　设 $f \in C[a,b]$, 则由(3.1)式所确定的函数 $\phi:[a,b] \to \mathbf{R}$ 在 $[a,b]$ 上可导，并且

$$\phi'(x) = \frac{\mathrm{d}}{\mathrm{d}x}\int_a^x f(t)\mathrm{d}t = f(x). \tag{3.2}$$

若其中的 x 为区间 $[a,b]$ 的端点，则 $\phi'(x)$ 是单侧导数.

证明　设 $x \in (a,b)$, 由于

$$\Delta\phi = \phi(x + \Delta x) - \phi(x) = \int_a^{x+\Delta x} f(t)\mathrm{d}t - \int_a^x f(t)\mathrm{d}t$$

$$= \int_a^{x+\Delta x} f(t)\mathrm{d}t + \int_x^a f(t)\mathrm{d}t = \int_x^{x+\Delta x} f(t)\mathrm{d}t,$$

根据积分中值定理，在 x 与 $x+\Delta x$ 之间(含 x 和 $x+\Delta x$)至少存在一个 ξ, 使得

$$\Delta\phi = f(\xi)\Delta x.$$

已知 f 是 $[a,b]$ 上的连续函数，所以

$$\phi'(x) = \lim_{\Delta x \to 0} \frac{\Delta\phi}{\Delta x} = \lim_{\Delta x \to 0} f(\xi) = f(x).$$

若 x 是区间 $[a,b]$ 的端点，则可类似地证明.

定理 3.1 的重要意义在于它建立了微分(导数)与积分之间的联系. 它表明，变上限积分是上限的一个函数，该积分对上限的导数等于被积函数在上限处的值. 由这个定理立即得到原函数存在的一个充分条件.

推论 设 $f \in C[a,b]$，则 f 在区间 $[a,b]$ 上必有原函数，且变上限积分(3.1)就是它的一个原函数.

例 3.1 设 $\phi(x) = \int_0^{\sqrt{x}} \cos t^2 \mathrm{d}t$，求 $\phi'(x)$.

解 由于函数 $\phi(x)$ 可以看作 $g(u) = \int_0^u \cos t^2 \mathrm{d}t$ 与 $u = \varphi(x) = \sqrt{x}$ 的复合函数，根据链式法则与定理 3.1 得

$$\phi'(x) = g'(u)\varphi'(x) = \frac{\mathrm{d}}{\mathrm{d}u}\left(\int_0^u \cos t^2 \mathrm{d}t\right) \cdot \frac{1}{2\sqrt{x}} = \cos u^2 \cdot \frac{1}{2\sqrt{x}} = \frac{1}{2\sqrt{x}}\cos x.$$

一般地，若 $\varphi(x), \psi(x)$ 是可导函数，f 连续，不难证明：

$$\frac{\mathrm{d}}{\mathrm{d}x}\left(\int_{\psi(x)}^{\varphi(x)} f(t)\mathrm{d}t\right) = f(\varphi(x))\varphi'(x) - f(\psi(x))\psi'(x). \tag{3.3}$$

例 3.2 求 $\lim_{x \to 0} \dfrac{\int_{\cos x}^1 \mathrm{e}^{-t^2}\mathrm{d}t}{\sin^2 x}$.

解 此题为 $\dfrac{0}{0}$ 型不定式，可用 L' Hospital 法则计算. 由公式(3.3)，

$$\frac{\mathrm{d}}{\mathrm{d}x}\left(\int_{\cos x}^1 \mathrm{e}^{-t^2}\mathrm{d}t\right) = -\mathrm{e}^{-\cos^2 x}(-\sin x) = \sin x\,\mathrm{e}^{-\cos^2 x}.$$

所以

$$原式 = \lim_{x \to 0} \frac{\sin x \cdot \mathrm{e}^{-\cos^2 x}}{2\sin x \cos x} = \frac{1}{2\mathrm{e}}.$$

根据原函数的定义，如果 F 是 f 在区间 I 上的一个原函数，C 是任意常数，那么 $F+C$ 也是 f 在 I 上的原函数. 因此，若 f 在 I 上有原函数，则其原函数就不止一个. 由于 C 的任意性，f 的原函数就有无穷多个. 试问，$F+C$ (C 为任意常数)是否包含 f 的所有原函数呢？下面的定理回答了这个问题.

定理 3.2 (微积分第二基本定理) 设 F 是 f 在区间 I 上的一个原函数，C 为任意常数，则 $F+C$ 就是 f 在 I 上的所有原函数.

证明 用 A 表示 f 在 I 上的一切形如 $F+C$ 的原函数构成的集合，即

$$A = \left\{ F + C \mid F \text{是 } f \text{ 在 } I \text{ 上的一个原函数，} C \text{为任意常数} \right\}.$$

B 表示 f 在 I 上所有原函数构成的集合，即

$$B = \left\{ G \mid G'(x) = f(x), x \in I \right\}.$$

为证明此定理，只需证明 $A = B$. 事实上，$A \subseteq B$ 是显然地，下面证明 $B \subseteq A$. 任取 $G \in B$, 由于

$$[G(x) - F(x)]' = G'(x) - F'(x) = 0, \quad x \in I.$$

由 Lagrange 定理的推论可知 $G(x) - F(x)$ 在 I 上是一个常数，即

$$G(x) - F(x) = C, \quad x \in I$$

或者 $G(x) = F(x) + C$, 故而 $G \in A$, 从而 $B \subseteq A$.

根据集合相等的定义知 $A = B$.

微积分第二基本定理给出 f 在 I 上所有原函数的一般表达式，只要求出 f 的一个原函数 F, 其他的原函数都可以由表达式 $F + C$ 通过适当选择常数 C 而得到.

例 3.3　求 $f(x) = 2x$ 的一个原函数 $F(x)$，使得它满足条件 $F(0) = 1$.

解　由于 x^2 是 $2x$ 的一个原函数，所以 $2x$ 的所有原函数可以表示为

$$F(x) = x^2 + C \quad (C \text{为任意常数}).$$

代入条件 $F(0) = 1$, 可得 $C = 1$，故所求原函数为 $F(x) = x^2 + 1$.

三、微积分基本公式(牛顿-莱布尼茨公式)

由定义 3.1 易知，位移函数 $s(t)$ 是速度函数 $v(t)$ 的原函数，从而就可以从上述物理模型抽象出下面的著名公式.

定理 3.3 (牛顿-莱布尼茨公式)　$f \in \mathfrak{R}[a,b]$，且 f 在区间 $[a,b]$ 上有一个原函数 F, 则

$$\int_a^b f(x)\mathrm{d}x = F(b) - F(a) = F(x)\Big|_a^b. \tag{3.4}$$

证明　在区间 $[a,b]$ 内任意插入 $n-1$ 个分点：

$$a = x_0 < x_1 < \cdots < x_n = b,$$

那么 $[a,b]$ 就被分割为 n 个子区间 $[x_{k-1}, x_k](k = 1, 2, \cdots, n)$. 根据拉格朗日中值定理，必存在 $\xi_k \in (x_{k-1}, x_k)$, 使

$$F(x_k) - F(x_{k-1}) = F'(\xi_k)\Delta x_k.$$

所以

$$F(b) - F(a) = \sum_{k=1}^{n}\left[F(x_k) - F(x_{k-1})\right] = \sum_{k=1}^{n}F'(\xi_k)\Delta x_k = \sum_{k=1}^{n}f(\xi_k)\Delta x_k.$$

由于 $f \in \Re[a,b]$，在上式中令 $d = \max\limits_{1 \leqslant k \leqslant n}\{\Delta x_k\} \to 0$，即得

$$F(b) - F(a) = \int_a^b f(x)\mathrm{d}x.$$

牛顿-莱布尼茨公式(3.4)将定积分的计算问题归结为求被积函数 f 在区间 $[a,b]$ 上的一个原函数问题，而求 f 在 $[a,b]$ 上的原函数 F 是求导运算的逆运算，因此，该公式将定积分的计算与求导运算联系起来，常称为**微积分基本公式**.

例 3.4 求下列定积分：

(1) $\displaystyle\int_0^1 \frac{\mathrm{d}x}{1+x^2}$;　　　　　　　　　(2) $\displaystyle\int_0^{\frac{\pi}{2}} \sin^2\frac{x}{2}\mathrm{d}x$.

解 (1) 由于 $(\arctan x)' = \dfrac{1}{1+x^2}$，所以 $\arctan x$ 是 $\dfrac{1}{1+x^2}$ 的一个原函数. 根据牛顿-莱布尼茨公式，

$$\int_0^1 \frac{\mathrm{d}x}{1+x^2} = \arctan x\Big|_0^1 = \frac{\pi}{4}.$$

(2) 由于 $\sin^2\dfrac{x}{2} = \dfrac{1}{2}(1-\cos x)$，$\sin x$ 是 $\cos x$ 的一个原函数，x 是 1 的一个原函数，故由定积分的线性性质和牛顿-莱布尼茨公式，得

$$\int_0^{\frac{\pi}{2}} \sin^2\frac{x}{2}\mathrm{d}x = \frac{1}{2}\int_0^{\frac{\pi}{2}}(1-\cos x)\mathrm{d}x = \frac{1}{2}\left(\int_0^{\frac{\pi}{2}}\mathrm{d}x - \int_0^{\frac{\pi}{2}}\cos x\mathrm{d}x\right)$$

$$= \frac{1}{2}(x - \sin x)\Bigg|_0^{\frac{\pi}{2}} = \frac{1}{2}\left(\frac{\pi}{2} - 1\right).$$

为了求出例 2.1 中的平均电流 $\overline{I}$，必须计算定积分 $\displaystyle\int_0^{\frac{\pi}{\omega}}\sin\omega t\,\mathrm{d}t$. 由于

$$\left(-\frac{1}{\omega}\cos\omega t\right)' = \sin\omega t,$$

所以 $-\dfrac{1}{\omega}\cos\omega t$ 是 $\sin\omega t$ 的一个原函数，根据牛顿-莱布尼茨公式，得知

$$\overline{I} = \frac{\omega I_m}{\pi}\left(-\frac{1}{\omega}\cos\omega t\right)\Bigg|_0^{\frac{\pi}{\omega}} = \frac{2}{\pi}I_m.$$

应当注意到, 如果被积函数 f 在区间 $[a,b]$ 上是分段连续的(即除去有限个第一类间断点外, f 在 $[a,b]$ 上连续), 那么, 虽然 f 在区间 $[a,b]$ 上可积, 但是, 可以证明它在 $[a,b]$ 上不存在原函数. 因此, 牛顿-莱布尼茨公式不能直接应用. 在这种情况下, 利用定积分关于区间的可加性, 使得 f 在连续的各个子区间上分别应用牛顿-莱布尼茨公式, 就可以求得该函数的定积分.

例 3.5 假设 $f(x) = \begin{cases} x^2, & x \in [0,1), \\ 1+x, & x \in [1,2], \end{cases}$ 求 $\int_0^2 f(x)\mathrm{d}x$.

解 由于 $x=1$ 是函数的跳跃间断点, 所以 f 是 $[0,2]$ 上的分段连续函数. 不能直接应用牛顿-莱布尼茨公式, 而是要使用上述方法来计算.

$$\int_0^2 f(x)\mathrm{d}x = \int_0^1 f(x)\mathrm{d}x + \int_1^2 f(x)\mathrm{d}x = \int_0^1 x^2 \mathrm{d}x + \int_1^2 (1+x)\mathrm{d}x$$

$$= \frac{x^3}{3}\Big|_0^1 + \left(x + \frac{x^2}{2}\right)\Big|_1^2 = \frac{17}{6}.$$

习 题 4.3

1. 函数 f 在区间 $[a,b]$ 上的定积分与原函数有何区别和联系? 试通过在区间 $[0,1]$ 上的函数 $f(x)=x$ 的定积分与原函数说明之.

2. 证明: $\sin^2 x, -\cos^2 x$ 与 $-\dfrac{1}{2}\cos 2x$ 都是同一个函数的原函数. 你能解释为什么同一个函数的原函数在形式上的这种差异吗?

3. 利用牛顿-莱布尼茨公式计算下列定积分:

(1) $\int_0^\pi 4x^2 \mathrm{d}x$; (2) $\int_1^e \dfrac{\mathrm{d}x}{x}$; (3) $\int_0^\pi \sin x \mathrm{d}x$;

(4) $\int_{-1}^1 |x|\mathrm{d}x$; (5) $\int_0^{\frac{\pi}{3}} \left(\dfrac{\sqrt{3}}{2}\cos x - \dfrac{1}{2}\sin x\right)\mathrm{d}x$;

(6) 设 $f(x) = \begin{cases} x, & x \leqslant 0, \\ x^2, & x > 0, \end{cases}$ 求 $\int_{-1}^1 f(x)\mathrm{d}x$;

(7) $\int_1^2 \left(x^2 + \dfrac{8}{x^2}\right)\mathrm{d}x$; (8) $\int_0^{\frac{\pi}{4}} \tan^2 t \mathrm{d}t$.

4. 求下列各个函数的导数:

(1) $f(x) = \int_0^x \arctan t \mathrm{d}t$; (2) $\int_x^b \dfrac{\mathrm{d}t}{1+t^4}$; (3) $F(x) = \int_0^{\sqrt{x}} \mathrm{e}^{t^2} \mathrm{d}x$;

(4) $F(x) = \int_{\sin x}^{0} \frac{1}{1-t^2} dt;$　　　　　(5) $y = \int_{\sqrt{x}}^{\sqrt[3]{x}} \ln(1+t^6) dt;$　　　　　(6) $y = \int_{\sin x}^{\cos x} \cos(\pi^2 t) dt;$

(7) $y = \int_{x^2}^{x^3} (x+t)\varphi(t) dt,$ 其中 φ 为连续函数.

5. 指出下列运算中有无错误，错在何处：

(1) $\frac{d}{dx} \left(\int_{0}^{x^2} \sqrt{t+1} dt \right) = \sqrt{x^2+1};$　　　(2) $\int_{0}^{x^2} \left(\frac{d}{dt} \sqrt{t+1} \right) dt = \sqrt{x^2+1};$

(3) $\int_{-1}^{+1} \frac{1}{x} dx = \ln|x| \Big|_{-1}^{1} = 0;$　　　(4) $\int_{0}^{2\pi} \sqrt{1-\cos^2 x} dx = \int_{0}^{2\pi} \sin x dx = -\cos x \Big|_{0}^{2\pi} = 0.$

6. 求由参数方程 $x = \int_{0}^{t} \sin^2 u du, y = \int_{0}^{t^2} \cos\sqrt{u} du$ 所确定的函数 $y = f(x)$ 的一阶导数.

7. 求由方程

$$\int_{0}^{x^2} e^{t^2} dt + \int_{0}^{x^2} t e^t dt = 0$$

所确定的隐函数 $y = f(x)$ 的一阶导数.

8. 假设 $y = f(x)$ 的图像如第 8 题图所示，画出函数 $F(x) = \int_{0}^{x} f(t) dt$ 的图像.

(1) 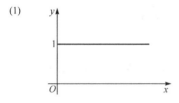　　　　　(2)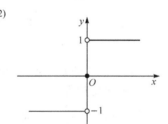

(3) 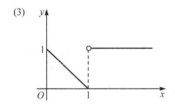　　　　　(4)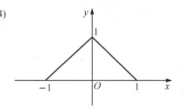

第 8 题图

9. 求下列极限：

(1) $\lim\limits_{x \to 0} \dfrac{\int_{0}^{x} \sin t^2 dt}{\sin^3 x};$　　　　　(2) $\lim\limits_{x \to +\infty} \dfrac{\int_{0}^{x} (\arctan t)^2 dt}{\sqrt{x^2+1}}.$

10. 求函数 $y = \int_{0}^{x} \sqrt{t}(t-1)(t+1)^2 dt$ 的定义域、单调区间和极值点.

11. 假设 $f(x) = \begin{cases} x^2, & x \leqslant 0, \\ \sin x, & x > 0, \end{cases}$

(1) 求函数 $F(x) = \int_0^x f(t)\mathrm{d}t$;   (2) 讨论函数 $F(x)$ 连续性和可导性.

12. 如果函数 f 在有限区间 I 上连续，F 为 f 在区间 I 上的一个原函数，试问下列式子哪些正确哪些不正确？为什么？

(1) $\int_a^x f(t)\mathrm{d}t = F(x) + C$ (其中 a 为 I 中一点，C 为一个常数);

(2) $\dfrac{\mathrm{d}}{\mathrm{d}x}\int f(t)\mathrm{d}t = F'(x)$;

(3) $\int f(x)\mathrm{d}x = \int_a^x f(t)\mathrm{d}t + C$ (其中 C 为任意常数);

(4) $\dfrac{\mathrm{d}}{\mathrm{d}x}\int f(t)\mathrm{d}t = \dfrac{\mathrm{d}}{\mathrm{d}x}\int f(x)\mathrm{d}x$;

(5) $\int_a^x F'(x)\mathrm{d}t = \int F'(x)\mathrm{d}x$;

(6) $\int_a^x F'(x)\mathrm{d}t = F(x)$.

13. 求下列不定积分:

(1) $\displaystyle\int \dfrac{3x+5}{\sqrt{x}}\mathrm{d}x$;   (2) $\displaystyle\int \dfrac{x^2-1}{x-1}\mathrm{d}x$;   (3) $\displaystyle\int \dfrac{3x^2}{1+x^2}\mathrm{d}x$;

(4) $\displaystyle\int 2^{x-1}\mathrm{e}^x\mathrm{d}x$;   (5) $\displaystyle\int \tan^2 x\,\mathrm{d}x$;   (6) $\displaystyle\int \dfrac{\cos 2t}{\cos^2 t + \sin^2 t}\mathrm{d}x$.

14. 假设 f 在区间 $[a,b]$ 上连续，在 (a,b) 内可导，并且在 (a,b) 内，$f'(x) \leqslant 0$. 证明

$$F(x) = \frac{1}{x-a}\int_a^x f(t)\mathrm{d}t \quad (x \in (a,b))$$

在 (a,b) 内单调减少.

15. 假设 f 在区间 $[a,b]$ 上可积，证明函数 $F(x) = \int_a^x f(t)\mathrm{d}t$ 在 $[a,b]$ 上连续.

16. 试确定 a,b 的值，使得

$$\lim_{x\to 1} \frac{\displaystyle\int_0^x \frac{t^2}{\sqrt{a+t}}\mathrm{d}t}{bx - \sin x} = 1.$$

17. 假设函数 f 在 $x=1$ 的一个邻域内可导，而且 $f(1) = 0, \lim\limits_{x\to 1} f'(x) = 1$. 计算

$$\lim_{x\to 0} \frac{\displaystyle\int_1^x \left(t\int_t^1 f(u)\mathrm{d}u\right)\mathrm{d}t}{(1-x)^3}.$$

18. 证明性质 2.6 的推论中的 ξ 可在开区间 (a,b) 内取得，即若 $f \in C[a,b]$，则至少存在一点 $\xi \in (a,b)$，使得

$$\int_a^b f(x)\mathrm{d}x = f(\xi)(b-a).$$

19. 设函数 f 在 $[a,c]$ 上连续，在 (a,c) 内可导，且 $\int_a^b f(x)\mathrm{d}x = \int_b^c f(x)\mathrm{d}x = 0$,其中 $b \in (a,c)$. 证明至少存在一个点 $\xi \in (a,b)$,使得 $f'(\xi) = 0$.

20. 设 $f, g \in C[a,b]$ ，证明至少存在一点 $\xi \in (a,b)$ 使得

$$f(\xi)\int_\xi^b g(x)\mathrm{d}x = g(\xi)\int_a^\xi f(x)\mathrm{d}x.$$

第四节　不定积分及其计算

一、不定积分的概念及其性质

定义 4.1 (不定积分)　函数 f 在区间 I 上的原函数全体称为 f 在 I 上的不定积分，记为 $\int f(x)\mathrm{d}x$ ，其中 f 称为被积函数，$f(x)\mathrm{d}x$ 称为被积式.

如果 F 是 f 在 I 上的一个原函数，则 $\int f(x)\mathrm{d}x = F(x) + C$, 其中 C 为任意常数. 例如

$$\int 2x\mathrm{d}x = x^2 + C, \quad \int \cos x\mathrm{d}x = \sin x + C.$$

我们已经知道，求导数与求不定积分(或者原函数)是两种互逆运算，前者是由原函数求导函数，后者是由导函数求解原函数，以变速直线运动为例，前者是已知物体的运动规律(位移函数 $s = s(t)$) 求变化率(速度函数 $v = v(t)$) ，而后者则是已知变化率求运动规律. 不定积分的性质(证明留给读者)进一步揭示了这种互逆性.

性质 4.1 $\qquad (f(x)\mathrm{d}x)' = f(x) \quad$ 或 $\quad \mathrm{d}\int f(x)\mathrm{d}x = f(x)\mathrm{d}x;$ $\qquad\qquad$ (4.1)

$$\int f'(x)\mathrm{d}x = f(x) + C \quad 或 \quad \int \mathrm{d}f(x) = f(x) + C. \qquad\qquad (4.2)$$

根据积分和微分(导数)的这种互逆关系，可以在求导公式和运算法则(有理运算与符合求导运算法则)的基础上反过来得到对应的积分公式和运算法则.

与导数的线性运算法则相对应，有不定积分的以下线性运算法则.

性质 4.2　假设 f 与 g 在区间上的原函数存在，则

$$\int [\alpha f(x) + \beta g(x)]\mathrm{d}x = \alpha \int f(x)\mathrm{d}x + \beta \int g(x)\mathrm{d}x, \qquad\qquad (4.3)$$

其中 α 与 β 为任意非零常数.

证明　根据不定积分的定义，只要证明等式(4.3)两边求导所得到的函数相同即可. 事实上，由性质4.1,

$$\left(\int [\alpha f(x) + \beta g(x)] dx\right)' = \alpha f(x) + \beta g(x),$$

$$\left(\alpha \int f(x) dx + \beta \int g(x) dx\right)' = \left(\alpha \int f(x) dx\right)' + \left(\beta \int g(x) dx\right)' = \alpha f(x) + \beta g(x),$$

故而

$$\int [\alpha f(x) + \beta g(x)] dx = \alpha \int f(x) dx + \beta \int g(x) dx.$$

二、基本不定积分公式

由基本导数表可得基本积分表(表 4.1).

表 4.1

$\int k dx = kx + C$	$\int \csc^2 x dx = -\cot x + C$
$\int x^{\alpha} dx = \dfrac{x^{\alpha+1}}{\alpha+1} + C \ (\alpha \neq -1)$	$\int \sec x \tan x dx = \sec x + C$
$\int \dfrac{1}{x} dx = \ln|x| + C$	$\int \csc x \cot x dx = -\csc x + C$
$\int a^x dx = \dfrac{a^x}{\ln a} + C \ (a > 0, a \neq 1)$	$\int \dfrac{dx}{\sqrt{1-x^2}} = \arcsin x + C$
$\int e^x dx = e^x + C$	$\int \dfrac{dx}{1+x^2} = \arctan x + C$
$\int \cos x dx = \sin x + C$	$\int \sh x dx = \ch x + C$
$\int \sin x dx = -\cos x + C$	$\int \ch x dx = \sh x + C$
$\int \sec^2 x dx = \tan x + C$	

这些基本积分公式是求不定积分的基础, 读者必须熟记, 切记不可与求导数公式混淆.

例 4.1 求 $\int \dfrac{2x + \sqrt{x} + 1}{x} dx$.

解 由性质 4.2 和基本积分表可得

$$\int \frac{2x + \sqrt{x} + 1}{x} dx = 2 \int dx + \int \frac{1}{\sqrt{x}} dx + \int \frac{1}{x} dx = 2x + 2\sqrt{x} + \ln|x| + C.$$

例 4.1 中的积分被分为三项以后, 每一个不定积分的结果中都应该有任意一个常数. 由于三个任意常数之和仍是一个任意常数, 所以最后的结果只写一个任意常数就行. 今后遇到这种情况均照此办理, 不再一一说明, 但是切记千万不能

丢掉任意常数 C.

三、直接积分法

直接利用不定积分公式即可.

例 4.2　求 $\int \dfrac{2x^2+1}{x^2(x^2+1)}\mathrm{d}x$.

解　由于 $2x^2+1=x^2+(x^2+1)$，所以

$$\int \dfrac{2x^2+1}{x^2(x^2+1)}\mathrm{d}x = \int \dfrac{1}{x^2+1}\mathrm{d}x + \int \dfrac{1}{x^2}\mathrm{d}x = \arctan x - \dfrac{1}{x}+C.$$

例 4.3　求 $\int \dfrac{1}{\sin^2 x\cos^2 x}\mathrm{d}x$.

解　根据三角恒等式 $\sin^2 x+\cos^2 x=1$ 得

$$\int \dfrac{1}{\sin^2 x\cos^2 x}\mathrm{d}x = \int \dfrac{\sin^2 x+\cos^2 x}{\sin^2 x\cos^2 x}\mathrm{d}x = \int \sec^2 x\mathrm{d}x + \int \csc^2 x\mathrm{d}x = \tan x - \cot x + C.$$

由于定积分与不定积分的计算都归纳为求被积分函数的原函数，因此，求定积分与不定积分的方法统称为**积分法**.

四、第一换元法

利用积分的线性性质和基本积分表，只能计算某些简单的积分. 因此，还需要进一步寻求计算积分的其他方法. 本小节和下一个小节介绍两种基本积分法，即第一和第二换元法以及分部积分法，它们分别对应微分法中的复合函数求导法则与函数乘积的求导法则，也是其他特殊积分方法的基础，读者应当熟练掌握. 将复合函数求导法则反过来用于求积分就得到了所谓的换元法，它是计算积分的最重要的方法. 下面首先介绍第一换元法.

设 $F(u)$ 是 $f(u)$ 的一个原函数，即 $F'(u)=f(u)$. 若 $u=\varphi(x)$ 可微，而且 $R(\varphi)\subseteq D(f)$，则由链式法则，

$$\big(F[\varphi(x)]\big)' = f[\varphi(x)]\varphi'(x).$$

又若 $f(u)$ 与 $\varphi'(x)$ 均连续，则有

$$\int f[\varphi(x)]\varphi'(x)\mathrm{d}x = F[\varphi(x)]+C.$$

又因为

$$\int f(u)\mathrm{d}u = F(u)+C.$$

所以

$$\left(\int f(u)\mathrm{d}u\right)_{u=\varphi(x)} = F[\varphi(x)] + C = \int f[\varphi(x)]\varphi'(x)\mathrm{d}x.$$

于是得到下述定理.

定理 4.1 设 f 是连续函数, φ 有连续的导数, 且 φ 的值域包含于 f 的定义域, 则

$$\int f[\varphi(x)]\varphi'(x)\mathrm{d}x \xlongequal{u=\varphi(x)} \int f(u)\mathrm{d}u. \tag{4.4}$$

定理 4.1 表述的就是不定积分的**换元法则(I)**, 即**第一换元法**. 按照这个法则, 如果给定的积分 $\int g(x)\mathrm{d}x$ 能够表示成(4.4)左端的形式, 也就是被积式 $g(x)\mathrm{d}x$ 能化成 $f[\varphi(x)]\,\varphi'(x)\mathrm{d}x = f[\varphi(x)]\mathrm{d}\varphi(x)$ 的形式, 那么通过变量代换 $u = \varphi(x)$, 给定的积分就变成(4.4)右端的形式. 如果积分 $\int f(u)\mathrm{d}u = F[\varphi(x)] + C$ 容易求得, 那么将 $u = \varphi(x)$ 代入 $F(u)$ 便得到所求的积分

$$\int g(x)\mathrm{d}x = F[\varphi(x)] + C.$$

为了将 $g(x)\mathrm{d}x$ 化成 $f[\varphi(x)]\mathrm{d}\varphi(x)$ 的形式, 设法将 $g(x)$ 分解成两个因子的乘积, 使得其中一个因子与 $\mathrm{d}x$ 的乘积凑成微分 $\mathrm{d}\varphi(x)$, 而将另外一个因子化成 $\varphi(x)$ 的函数 $f[\varphi(x)]$, 必要时可以添加常数. 因此换元法则(I)也称为凑微分法. 用这种方法求积分并没有一般的规律可循, 读者应当在熟记基本积分公式的基础上, 通过不断练习、总结经验, 才能灵活运用.

例 4.4 求下列积分:

(1) $\displaystyle\int \cos(3x+1)\mathrm{d}x$;

(2) $\displaystyle\int (ax+b)^{\alpha}\,\mathrm{d}x (\alpha \neq 0, \alpha \neq 1)$;

(3) $\displaystyle\int \frac{\mathrm{d}x}{a^2+x^2}\mathrm{d}x (a > 0)$;

(4) $\displaystyle\int \frac{\mathrm{d}x}{x^2+2x+3}\mathrm{d}x$;

(5) $\displaystyle\int \frac{\mathrm{d}x}{\sqrt{a^2-x^2}}\mathrm{d}x (a > 0)$;

(6) $\displaystyle\int \frac{\mathrm{d}x}{a^2-x^2}\mathrm{d}x (a > 0)$.

解 (1) 由于基本积分表中只有公式 $\int \cos x\mathrm{d}x = \sin x + C$, 因此为了求出这个积分, 按照换元法则(I), 注意到 $\cos(3x+1)$ 是 $3x+1$ 的函数, 而 $\mathrm{d}(3x+1) = 3\mathrm{d}x$, 将该积分变成如下形式.

$$\int \cos(3x+1)\mathrm{d}x = \frac{1}{3}\int \cos(3x+1)\mathrm{d}(3x+1).$$

令 $u = 3x+1$ 可得

$$\int \cos(3x+1)\mathrm{d}x = \frac{1}{3}\int \cos u\, \mathrm{d}u = \frac{1}{3}\sin u + C.$$

再将 $u = 3x+1$ 代入, 可得

$$\int \cos(3x+1)\mathrm{d}x = \frac{1}{3}\sin(3x+1) + C.$$

(2) 在基本积分表中, 只有公式 $\int x^{\alpha}\mathrm{d}x = \dfrac{x^{\alpha+1}}{\alpha+1} + C$, 为了求出这个积分, 与(1)类似, 将它变成

$$\int (ax+b)^{\alpha}\,\mathrm{d}x = \frac{1}{a}\int (ax+b)^{\alpha}\,\mathrm{d}(ax+b).$$

令 $u = ax+b$ 可得

$$\int (ax+b)^{\alpha}\,\mathrm{d}x = \left(\frac{1}{a}\int u^{\alpha}\mathrm{d}u\right)_{u=ax+b} = \left(\frac{1}{(\alpha+1)a}u^{\alpha+1} + C\right)_{u=ax+b} = \frac{(ax+b)^{\alpha+1}}{(\alpha+1)a} + C.$$

(3) 为了应用积分公式 $\int \dfrac{\mathrm{d}x}{1+x^2} = \arctan x + C$, 将所求的积分变为

$$\int \frac{\mathrm{d}x}{a^2+x^2}\mathrm{d}x = \frac{1}{a}\int \frac{\mathrm{d}\dfrac{x}{a}}{1+\left(\dfrac{x}{a}\right)^2}.$$

令 $u = \dfrac{x}{a}$, 则

$$\int \frac{\mathrm{d}x}{a^2+x^2}\mathrm{d}x = \left(\frac{1}{a}\int \frac{\mathrm{d}u}{1+u^2}\right)_{u=\frac{x}{a}} = \left(\frac{1}{a}\arctan u + C\right)_{u=\frac{x}{a}} = \frac{1}{a}\arctan\frac{x}{a} + C.$$

(4) 由于

$$\int \frac{\mathrm{d}x}{x^2+2x+3}\mathrm{d}x = \int \frac{\mathrm{d}x}{(x+1)^2+2}\mathrm{d}x,$$

仿照上题的方法有

$$\int \frac{\mathrm{d}x}{(x+1)^2+2}\mathrm{d}x = \frac{1}{\sqrt{2}}\int \frac{\mathrm{d}\left(\dfrac{x+1}{\sqrt{2}}\right)}{1+\left(\dfrac{x+1}{\sqrt{2}}\right)^2} = \left(\frac{1}{\sqrt{2}}\int \frac{\mathrm{d}u}{1+u^2}\right)_{u=\frac{x+1}{\sqrt{2}}}$$

$$= \left(\frac{1}{\sqrt{2}}\arctan u + C\right)_{u=\frac{x+1}{\sqrt{2}}} = \frac{1}{\sqrt{2}}\arctan\left(\frac{x+1}{\sqrt{2}}\right) + C.$$

在解法比较熟练以后，解题步骤可以写得简单点. 例如，变量代换 $u = \dfrac{x+1}{\sqrt{2}}$ 可以不写出来，只需要默记在心即可.

(5) $\displaystyle\int \frac{\mathrm{d}x}{\sqrt{a^2 - x^2}}\mathrm{d}x = \int \frac{\mathrm{d}\left(\dfrac{x}{a}\right)}{\sqrt{1 - \left(\dfrac{x}{a}\right)^2}}\mathrm{d}x = \arcsin \frac{x}{a} + C.$

(6) 由于 $\dfrac{1}{a^2 - x^2} = \dfrac{1}{2a}\left(\dfrac{1}{a-x} + \dfrac{1}{a+x}\right)$，所以

$$\int \frac{\mathrm{d}x}{a^2 - x^2}\mathrm{d}x = \frac{1}{2a}\int\left(\frac{1}{a-x} + \frac{1}{a+x}\right)\mathrm{d}x = \frac{1}{2a}\left[\int \frac{\mathrm{d}(a+x)}{a+x} - \int \frac{\mathrm{d}(a-x)}{a-x}\right]$$

$$= \frac{1}{2a}\left(\ln|a+x| - \ln|a-x|\right) + C = \frac{1}{2a}\ln\left|\frac{a+x}{a-x}\right| + C.$$

为了更好地掌握积分技术，读者在解题过程中，应当不断积累经验，总结规律.

例 4.5　求下列积分：

(1) $\displaystyle\int \frac{\sin x}{\cos^2 x}\mathrm{d}x$;　　　　(2) $\displaystyle\int \tan x\mathrm{d}x$;　　　　(3) $\displaystyle\int \sin^3 x\mathrm{d}x$;

(4) $\displaystyle\int \sin^2 x\mathrm{d}x$;　　　　(5) $\displaystyle\int \sin x\cos 2x\mathrm{d}x$.

解　(1) $\displaystyle\int \frac{\sin x}{\cos^2 x}\mathrm{d}x = -\int \frac{\mathrm{d}(\cos x)}{\cos^2 x} = \frac{1}{\cos x} + C.$

(2) $\displaystyle\int \tan x\mathrm{d}x = \int \frac{\sin x}{\cos x}\mathrm{d}x = -\int \frac{\mathrm{d}(\cos x)}{\cos x} = -\ln|\cos x| + C.$

(3) $\displaystyle\int \sin^3 x\mathrm{d}x = -\int(1 - \cos^2 x)\mathrm{d}(\cos x) = -\cos x + \frac{1}{3}\cos^3 x + C.$

(4) $\displaystyle\int \sin^2 x\mathrm{d}x = \int \frac{1 - \cos 2x}{2}\mathrm{d}x = \frac{1}{2}\int\mathrm{d}x - \frac{1}{4}\int\cos 2x\mathrm{d}(2x) = \frac{x}{2} - \frac{1}{4}\sin 2x + C.$

(5) 根据积化和差公式得

$$\sin x\cos 2x = \frac{1}{2}(\sin 3x - \sin x),$$

所以

$$\int \sin x\cos 2x = \frac{1}{2}\int(\sin 3x - \sin x)\mathrm{d}x = -\frac{1}{6}\cos 3x + \frac{1}{2}\cos x + C.$$

例 4.5 中五个积分的被积函数都是三角函数. 对这类积分，在使用换元法时，大家都利用三角恒等式先将被积函数适当地变形，然后再进行变量代换. 实际上，

要熟练掌握积分技巧, 中学已学过的各种代数和三角运算技巧都是不可少的, 读者在解题中应注意运用.

例 4.6　求下列积分:

(1) $\displaystyle\int \frac{\mathrm{d}x}{x(1+\ln x)}$;　　　　　　(2) $\displaystyle\int \frac{\sqrt{\arctan x}}{1+x^2}\mathrm{d}x$;　　　　　(3) $\displaystyle\int \frac{\arccos\sqrt{x}}{\sqrt{x(1-x)}}\mathrm{d}x$.

解　(1) $\displaystyle\int \frac{\mathrm{d}x}{x(1+\ln x)} = \int \frac{\mathrm{d}(1+\ln x)}{1+\ln x} = \ln|1+\ln x| + C$.

(2) $\displaystyle\int \frac{\sqrt{\arctan x}}{1+x^2}\mathrm{d}x = \int \sqrt{\arctan x}\,\mathrm{d}(\arctan x) = \frac{2}{3}(\arctan x)^{\frac{3}{2}} + C$.

(3) 表面上看, 这个积分似乎很复杂, 但是, 如果读者对微分公式 $\mathrm{d}\sqrt{x} = \dfrac{1}{2\sqrt{x}}\mathrm{d}x$ 与 $\mathrm{d}(\arccos x) = -\dfrac{1}{\sqrt{1-x^2}}\mathrm{d}x$ 很熟悉, 那么这个积分便可以按如下步骤求解:

$$\int \frac{\arccos\sqrt{x}}{\sqrt{x(1-x)}}\mathrm{d}x = 2\int \frac{\arccos\sqrt{x}}{\sqrt{1-x}}\mathrm{d}\sqrt{x} = 2\left(\int \frac{\arccos u}{\sqrt{1-u^2}}\mathrm{d}u\right)_{u=\sqrt{x}}$$

$$= -2\left(\int \arccos u\,\mathrm{d}(\arccos u)\right)_{u=\sqrt{x}} = -(\arccos\sqrt{x})^2 + C.$$

在解第(3)小题时, 用了两个变量代换: $u=\sqrt{x}, v=\arccos u$, 但第二个代换在解题过程中没有写出.

例 4.7　求 $\displaystyle\int \csc x\,\mathrm{d}x$.

解法一　$\displaystyle\int \csc x\,\mathrm{d}x = \int \frac{\mathrm{d}x}{\sin x} = \int \frac{\sin x}{\sin^2 x}\mathrm{d}x = -\int \frac{\mathrm{d}\cos x}{1-\cos^2 x} = -\frac{1}{2}\ln\left|\frac{1+\cos x}{1-\cos x}\right| + C$,

其中最后一步利用了例 4.4(6) 的结果.

解法二　$\displaystyle\int \csc x\,\mathrm{d}x = \int \frac{\mathrm{d}x}{\sin x} = \int \frac{\mathrm{d}x}{2\sin\frac{x}{2}\cos\frac{x}{2}} = \frac{1}{2}\int \frac{\mathrm{d}x}{\tan\frac{x}{2}\cos^2\frac{x}{2}}$

$$= \int \frac{1}{\tan\frac{x}{2}}\mathrm{d}\left(\tan\frac{x}{2}\right) = \ln\left|\tan\frac{x}{2}\right| + C.$$

解法三　$\displaystyle\int \csc x\,\mathrm{d}x = \int \frac{\csc x(\csc x+\cot x)}{\csc x+\cot x}\mathrm{d}x = -\sqrt{\frac{\mathrm{d}(\csc x+\cot x)}{\csc x+\cot x}}$

$$= -\ln|\csc x+\cot x| + C.$$

此例用三种解法得到三种形式不同的答案. 同一个不定积分, 为什么答案不同呢? 读者自己去解释这个问题.

五、第二换元法

不定积分的换元法则(Ⅱ) 换元法则(Ⅰ)实际上就是(4.4)式左端的积分通过变量代换 $x = \varphi(t)$ 化为右端的积分来计算的. 反过来，如果左端的积分更容易求出，那么右端的积分 $\int f(x)\mathrm{d}x$ 就可以通过适当的变量代换 $x = \varphi(t)$ 化为左端的形式来计算，即

$$\int f(x)\mathrm{d}x = \int f\big[\varphi(t)\big]\varphi'(t)\mathrm{d}t .$$

这就是不定积分的**换元法则(Ⅱ)**，现叙述如下.

定理 4.2 设 f 是连续函数，φ 有连续的导数，且 φ' 定号，则

$$\int f(x)\mathrm{d}x = \left(\int f\big[\varphi(t)\big]\varphi'(t)\mathrm{d}t\right)_{t=\varphi^{-1}(x)}, \tag{4.5}$$

其中 φ^{-1} 是 φ 的反函数.

证明 由于 φ' 定号，故 φ 存在反函数 φ^{-1}，并且 $\dfrac{\mathrm{d}t}{\mathrm{d}x} = \dfrac{1}{\varphi'(t)}$. 为了证明等式(4.5)，只要证明两端的函数相等就可以了. 对(4.5)两端分别关于 x 求导，得

$$\frac{\mathrm{d}}{\mathrm{d}x}\left(\int f(x)\mathrm{d}x\right) = f(x),$$

$$\frac{\mathrm{d}}{\mathrm{d}x}\left(\int f\big[\varphi(t)\big]\varphi'(t)\mathrm{d}t\right) = \frac{\mathrm{d}}{\mathrm{d}t}\left(\int f\big[\varphi(x)\big]\varphi'(t)\mathrm{d}t\right)\frac{\mathrm{d}t}{\mathrm{d}x}$$

$$= f\big[\varphi(t)\big]\varphi'(t)\cdot\frac{1}{\varphi'(t)} = f\big[\varphi(t)\big] = f(x),$$

所以(4.5)式成立.

使用换元法则(Ⅱ)的关键在于选择满足定理(4.5)中条件的变换 $x = \varphi(t)$，使所求积分变为(4.5)式右端的积分，并且右端积分容易积出. 选择什么样的变换，与被积函数有关. 例如，如果被积函数中含有根式函数，那么可以选择变换 $x = \varphi(t)$，消去根式，使积分得到简化，变得容易积分.

例 4.8 求 $\displaystyle\int \frac{\mathrm{d}x}{(a^2-x^2)^{3/2}}$ $(a>0)$.

解 为了消去被积函数中的根式，令 $x = a\sin t \left(t \in \left(-\dfrac{\pi}{2}, \dfrac{\pi}{2}\right)\right)$，则 $\mathrm{d}x = a\cos t\,\mathrm{d}t$，于是

$$\int \frac{\mathrm{d}x}{(a^2-x^2)^{3/2}} = \int \frac{\mathrm{d}t}{a^2\cos^2 t} = \frac{1}{a^2}\tan t + C.$$

由图 4.7 知，$\tan t = \dfrac{1}{\sqrt{a^2 - x^2}}$ ，所以

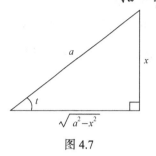

图 4.7

$$\int \frac{\mathrm{d}x}{(a^2 - x^2)^{3/2}} = \frac{1}{a^2} \frac{1}{\sqrt{a^2 - x^2}} + C.$$

例 4.9　求 $\displaystyle\int \frac{\mathrm{d}x}{\sqrt{x^2 - a^2}}$ $(a > 0)$.

解　为了消去根式，当 $x \in (a, +\infty)$ 时，取 $t \in$ $\left(0, \dfrac{\pi}{2}\right)$. 令 $x = a\sec t$.

当 $x \in (-\infty, a)$ 时，取 $t \in \left(\dfrac{\pi}{2}, \pi\right)$，则 $\mathrm{d}x = a\sec t \tan t\, \mathrm{d}t$，于是

$$\int \frac{\mathrm{d}x}{\sqrt{x^2 - a^2}} = \int \sec t \mathrm{d}t = \ln|\sec t + \tan t| + C_1,$$

其中第二个等式可利用例 4.7 的解法三得到.

由图 4.8 知，$\sec t = \dfrac{x}{a}$，$\tan t = \dfrac{\sqrt{x^2 - a^2}}{a}$，于是

$$\int \frac{\mathrm{d}x}{\sqrt{x^2 - a^2}} = \ln\left|\frac{x}{a} + \frac{\sqrt{x^2 - a^2}}{a}\right| + C_1 = \ln\left|x + \sqrt{x^2 - a^2}\right| + C,\ \ 其中 C = C_1 - \ln a.$$

例 4.10　求 $\displaystyle\int \frac{\mathrm{d}x}{\sqrt{x^2 + a^2}}$ $(a > 0)$.

解　为了消去被积函数中的根式，令 $x = a\tan t\left(t \in \left(-\dfrac{\pi}{2}, \dfrac{\pi}{2}\right)\right)$，$\mathrm{d}x = a\sec^2 t\mathrm{d}t$，于是

$$\int \frac{\mathrm{d}x}{\sqrt{x^2 + a^2}} = \int \sec t \mathrm{d}t = \ln|\sec t + \tan t| + C_1.$$

由图 4.9 知，$\tan t = \dfrac{x}{a}$，$\sec t = \dfrac{\sqrt{x^2 + a^2}}{a}$，于是

$$\int \frac{\mathrm{d}x}{\sqrt{a^2 + x^2}} = \ln\left|\frac{x}{a} + \frac{\sqrt{x^2 + a^2}}{a}\right| + C_1 = \ln(x + \sqrt{x^2 + a^2}) + C_1,$$

其中 $C = C_1 - \ln a$.

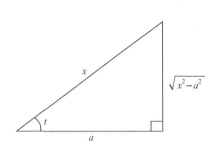

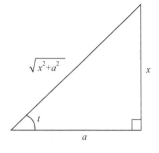

图 4.8   图 4.9

一般来说，如果被积函数中含有

(1) $\sqrt{a^2-x^2}$ ，可作变换 $x=a\sin t$ （或 $x=a\cos t$ ）；

(2) $\sqrt{x^2+a^2}$ ，可作变换 $x=a\tan t$ （或 $x=a\,\mathrm{sh}\,t$ ）；

(3) $\sqrt{x^2-a^2}$ ，可作变换 $x=a\sec t$ （或 $x=a\,\mathrm{ch}\,t$ ）.

今后在做题时，不再指明变换 $x=\varphi(t)$ 的定义区间，总认为变换是在满足定理 4.2 中条件的区间内做的.

如果被积函数中含有根式 $\sqrt[n]{ax+b}$ ，则可直接令 $\sqrt[n]{ax+b}=t$ ，将根式消去.

例 4.11 求 $\displaystyle\int\frac{\mathrm{d}x}{1+\sqrt[3]{x+2}}$.

解 令 $\sqrt[3]{x+2}=t$ ，则 $x=t^3-2, \mathrm{d}x=3t^2\mathrm{d}t$ ，于是

$$\int\frac{\mathrm{d}x}{1+\sqrt[3]{x+2}}=\int\frac{3t^2\mathrm{d}t}{1+t}=3\int\left(t-1+\frac{1}{t+1}\right)\mathrm{d}t=3\left(\frac{t^2}{2}-t+\ln|t+1|\right)+C$$

$$=\frac{3}{2}\sqrt[3]{(x+2)^2}-\sqrt[3]{x+2}+\ln\left|1+\sqrt[3]{x+2}\right|+C.$$

例 4.12 求 $\displaystyle I=\int\frac{\sin x}{5+4\cos x}\mathrm{d}x$.

解 令 $t=\tan\dfrac{x}{2}$ ，则由半角公式得

$$\sin x=\frac{2\tan\dfrac{x}{2}}{1+\tan^2\dfrac{x}{2}}=\frac{2t}{1+t^2},$$

$$\cos x=\frac{1-\tan^2\dfrac{x}{2}}{1+\tan^2\dfrac{x}{2}}=\frac{1-t^2}{1+t^2},$$

$$dx = d(2\arctan t) = \frac{2}{1+t^2}dt.$$

代入所求积分并化简得

$$I = 4\int \frac{t}{(1+t^2)(9+t^2)}dt = \frac{1}{2}\int \frac{t}{1+t^2}dt - \int \frac{t}{9+t^2}dt$$

$$= \frac{1}{4}\ln\left(\frac{1+t^2}{9+t^2}\right) = -\frac{1}{4}\ln(5+\cos x) + C.$$

此例中所用的变量代换称为**半角代换**. 它是求解三角有理函数(即由正弦函数和余弦函数经过有限次的有理运算构成的函数)积分普遍适用的方法, 所以也称之为**万能代换法**. 但是, 它不一定是求这类积分最简便的方法. 例如, 用这种方法来求积分 $I = \int \frac{\sin x}{5+4\cos x}dx$ 就不如用下述方法更简洁:

$$I = -\frac{1}{4}\int \frac{1}{5+4\cos x}d(5+4\cos x) = -\frac{1}{4}\ln(5+\cos x) + C.$$

六、分部积分法

分部积分法是与微分学中函数乘积的求导法则相对应的另一种基本积分法.

设 $u = u(x)$ 与 $v = v(x)$ 都是可微函数, 则

$$uv' = u'v + uv' \quad \text{或} \quad d(uv) = vdu + udv.$$

移项得

$$udv = d(uv) - vdu.$$

若进而假定 u' 与 v' 都是连续的, 对上式两端求不定积分, 并将右端第一项的积分常数合并到第二项的不定积分中, 立即可得

$$\int udv = uv - \int vdu. \tag{4.6}$$

称它为**不定积分的分部积分公式**. 它表明, 若积分 $\int udv$ 不易求得, 而 $\int vdu$ 容易求得时, 则可利用该公式来计算 $\int udv$. 分部积分法的关键在于恰当地选择 u 和 dv, 将所求积分的被积式 $\int f(x)dx$ 化为 udv 的形式, 并且 $\int vdu$ 容易求出.

例 4.13　求下列积分:

(1) $\int x\cos xdx;$　　　(2) $\int xe^xdx;$　　　(3) $\int x^2e^xdx.$

解　(1) 令 $u = x, \cos xdx = dv$, 则 $v = \sin x$. 根据公式(4.6)得

$$\int x\cos x\mathrm{d}x = \int x\mathrm{d}\sin x = x\sin x - \int \sin x\mathrm{d}x = x\sin x + \cos x + C.$$

有的读者可能会问, 此题是否选择 $u=\cos x, x\mathrm{d}x=\mathrm{d}v\left(\text{则}\ v=\dfrac{x^2}{2}\right)$ 呢? 不妨试一下, 此时有

$$\int x\cos x\mathrm{d}x = \int \cos x\mathrm{d}\left(\frac{x^2}{2}\right) = \frac{x^2}{2}\cos x + \frac{1}{2}\int x^2\sin x\mathrm{d}x.$$

不难看到, 上式的右端反而比原积分更复杂了(幂函数的次数增大了), 照这样继续做下去是无法得到结果的, 因此这种选择不恰当.

(2) 令 $u=x, \mathrm{e}^x\mathrm{d}x=\mathrm{d}v,$ 则 $v=\mathrm{e}^x,$ 于是有

$$\int x\mathrm{e}^x\mathrm{d}x = \int x\mathrm{d}\mathrm{e}^x = x\mathrm{e}^x - \int \mathrm{e}^x\mathrm{d}x = x\mathrm{e}^x - \mathrm{e}^x + C.$$

读者还可以试一下, u 与 $\mathrm{d}v$ 有无其他选择方法. 当方法掌握得比较熟练之后, 在解题中 u 与 $\mathrm{d}v$ 的选择不必具体写出.

$$(3)\quad \int x^2\mathrm{e}^x\mathrm{d}x = \int x^2\mathrm{d}\mathrm{e}^x = x^2\mathrm{e}^x - \int 2x\mathrm{e}^x\mathrm{d}x$$
$$= x^2\mathrm{e}^x - 2(x\mathrm{e}^x - \mathrm{e}^x) + C = (x^2-2x+2)\mathrm{e}^x + C,$$

其中第三个等式利用了(2)题中的结果.

对于下列类型的积分:

$$\int x^n\mathrm{e}^{\alpha x}\mathrm{d}x, \quad \int x^n\sin ax\mathrm{d}x, \quad \int x^n\cos ax\mathrm{d}x,$$

其中 $n\in\mathbf{N}_+, a\in\mathbf{R},$ 应当如何选择 u 和 $\mathrm{d}v$ 呢?

例 4.14 求下列积分:

(1) $\int x^2\ln x\mathrm{d}x;$ (2) $\int x\arctan x\mathrm{d}x;$ (3) $\int \arcsin x\mathrm{d}x.$

解 (1) $\int x^2\ln x\mathrm{d}x = \int \ln x\mathrm{d}\left(\dfrac{x^3}{3}\right) = \dfrac{x^3}{3}\ln x - \dfrac{1}{3}\int x^3\cdot\dfrac{1}{x}\mathrm{d}x = \dfrac{1}{3}x^3\ln x - \dfrac{1}{9}x^3 + C.$

(2) $\int x\arctan x\mathrm{d}x = \int \arctan x\mathrm{d}\left(\dfrac{x^2}{2}\right) = \dfrac{x^2}{2}\arctan x - \dfrac{1}{2}\int \dfrac{x^2}{1+x^2}\mathrm{d}x$

$$= \frac{x^2}{2}\arctan x - \frac{1}{2}\int\left(1 - \frac{1}{1+x^2}\right)\mathrm{d}x$$

$$= \frac{x^2}{2}\arctan x - \frac{x}{2} + \frac{1}{2}\arctan x + C.$$

(3) $\displaystyle\int \sin^{-1}x\mathrm{d}x = x\sin^{-1}x - \int \frac{1}{\sqrt{1-x^2}}\mathrm{d}x$

$\displaystyle\qquad\qquad\quad = x\sin^{-1}x + \sqrt{1-x^2} + C$

$\displaystyle\qquad\qquad\quad = \frac{x}{(x^2+a^2)^n} + 2n\int \frac{x^2+a^2-a^2}{(x^2+a^2)^{n+1}}\mathrm{d}x.$

例 4.15　求 $\displaystyle\int \mathrm{e}^x\sin x\mathrm{d}x$.

解　根据分部积分公式(4.6),

$$\int \mathrm{e}^x\sin x\mathrm{d}x = \int \sin x\mathrm{d}\mathrm{e}^x = \mathrm{e}^x\sin x - \int \mathrm{e}^x\cos x\mathrm{d}x.$$

对上式右端的积分再次应用分部积分法, 得

$$\int \mathrm{e}^x\cos x\mathrm{d}x = \int \cos x\mathrm{d}\mathrm{e}^x = \mathrm{e}^x\cos x - \int \mathrm{e}^x\sin x\mathrm{d}x.$$

从而有

$$\int \mathrm{e}^x\sin x\mathrm{d}x = \mathrm{e}^x\sin x - \mathrm{e}^x\cos x - \int \mathrm{e}^x\sin x\mathrm{d}x.$$

移项, 并将等式两端不定积分中的任意常数合并移至等式右端可得

$$\int \mathrm{e}^x\sin x\mathrm{d}x = \frac{1}{2}\mathrm{e}^x(\sin x - \cos x) + C.$$

例 4.16　求 $\displaystyle I_n = \int \frac{\mathrm{d}x}{(x^2+a^2)^n}\ (n\in \mathbf{N}_+)$.

解　根据分部积分公式(4.6), 有 $\left(\text{取}\, u=\dfrac{1}{(x^2+a^2)^n}, v=x\right)$

$$I_n = \int \frac{\mathrm{d}x}{(x^2+a^2)^n} = \frac{x}{(x^2+a^2)^n} + \int \frac{2nx^2}{(x^2+a^2)^{n+1}}\mathrm{d}x$$

$$= \frac{x}{(x^2+a^2)^n} + 2n\int \frac{x^2+a^2-a^2}{(x^2+a^2)^{n+1}}\mathrm{d}x$$

$$= \frac{x}{(x^2+a^2)^n} + 2n\int \frac{\mathrm{d}x}{(x^2+a^2)^n} - 2na^2\int \frac{\mathrm{d}x}{(x^2+a^2)^{n+1}}$$

$$= \frac{x}{(x^2+a^2)^n} + 2nI_n - 2na^2 I_{n+1}.$$

从而得到一个递推公式

$$I_{n+1} = \frac{1}{2na^2}\left[\frac{x}{(x^2+a^2)^n} + (2n-1)I_n\right]\quad (n\in \mathbf{N}_+),$$

当 $n=1$ 时，得

$$I_2 = \int \frac{dx}{(x^2+a^2)^2} = \frac{1}{2a^2}\left(\frac{x}{x^2+a^2} + \int \frac{dx}{x^2+a^2}\right) = \frac{1}{2a^2}\left(\frac{x}{x^2+a^2} + \frac{1}{a}\tan^{-1}\frac{x}{a}\right) + C,$$

代入递推公式可以求得任意 I_n.

例 4.17 求 $I = \int \frac{x^4+2x^2-x+1}{x^5+2x^2+x}dx$.

解 由于

$$\frac{x^4+2x^2-x+1}{x^5+2x^2+x} = \frac{(x^2+1)^2-x}{x(x^2+1)^2} = \frac{1}{x} - \frac{1}{(x^2+1)^2},$$

所以

$$I = \int \frac{dx}{x} - \int \frac{dx}{(x^2+1)^2} = \ln x - \frac{x}{2(x^2+1)} - \frac{1}{2}\tan^{-1}x + C,$$

其中第二个积分直接利用了例 4.16 的结果.

七、几种特殊形式函数的积分

1. 有理式(有理函数)的积分

假设 $P(x)$ 和 $Q(x)$ 是两个多项式，则称形如 $\dfrac{P(x)}{Q(x)}$ 的函数为有理函数(有理式).
例如

$$\frac{1}{x^2+x-1}, \quad \frac{x^2+2x-1}{x-5}, \quad \frac{3x^3-2}{x^4+1}$$

等等都是有理函数. 这里，我们先举例子说明一些有理函数的积分方法，然后再讲有理函数积分的一般步骤.

例 4.18 求积分 $\int \frac{2}{x^2-1}dx$.

解 此时被积分函数可以表示为

$$\frac{2}{x^2-1} = \frac{1}{x-1} - \frac{1}{x+1}.$$

于是

$$\int \frac{2}{x^2-1}dx = \int \frac{1}{x-1}dx - \int \frac{1}{x+1}dx = \ln|x-1| - \ln|x+1| + C = \ln\left|\frac{x-1}{x+1}\right| + C.$$

这个例子说明，求有理函数不定积分的关键在于把被积函数分解为简单的分式之和. 怎样分解呢? 一般可以用待定系数法来做. 比如，在这个例子中，由于

$x^2 - 1 = (x-1)(x+1)$，因而我们可以写成

$$\frac{2}{x^2-1} = \frac{A}{x-1} + \frac{B}{x+1},$$

A, B 是有待决定的系数. 将右边通分，然后比较两边的分子，可得

$$2 = A(x+1) + B(x-1) = (A+B)x + (A-B).$$

根据两个多项式相等的规律，此时必定有

$$\begin{cases} A+B = 0, \\ A-B = 2. \end{cases}$$

解之，得 $A=1, B=-1$，从而

$$\frac{2}{x^2-1} = \frac{1}{x-1} - \frac{1}{x+1}.$$

由于右边这两个函数的积分很容易求出，这样就能求出 $\displaystyle\int \frac{2}{x^2-1} dx = \ln\left|\frac{x-1}{x+1}\right| + C.$

例 4.19　求 $\displaystyle\int \frac{x^3-x^2-x+3}{x^2-1} dx.$

解　这时被积函数分子的次数高于分母的次数，因此首先用除法写成(分式除法与数字的除法计算类似)

$$\frac{x^3-x^2-x+3}{x^2-1} = x-1 + \frac{2}{x^2-1}.$$

于是利用上例的结果，即可求得

$$\int \frac{x^3-x^2-x+3}{x^2-1} dx = \int\left(x-1 + \frac{2}{x^2-1}\right)dx = \frac{1}{2}x^2 - x + \ln\left|\frac{x-1}{x+1}\right| + C.$$

这个例子说明，当被积函数分子的次数不低于分母的次数(假有理式)的时候，必须先用除法把它化成一个多项式和一个真有理式(即分子多项式的次数低于分母多项式的次数的分式)之和.

例 4.20　将 $\dfrac{2x+2}{(x^2+1)^2(x-1)}$ 分解为简单的分式之和.

解　设

$$\frac{2x+2}{(x^2+1)^2(x-1)} = \frac{A}{x-1} + \frac{Bx+C}{x^2+1} + \frac{Dx+E}{(x^2+1)^2},$$

右边通分以后，再比较两端分子的同次幂系数得到一个线性方程组

$$\begin{cases} A+B=0, \\ C-B=0, \\ 2A+D+B-C=0, \\ E+C-D-E=2, \\ A-E-C=2. \end{cases}$$

解出这个方程组，可得

$$A=1,\ B=-1,\ C=-1,\ D=-2,\ E=0.$$

所以

$$\frac{2x+2}{(x^2+1)^2(x-1)}=\frac{1}{x-1}-\frac{x+1}{x^2+1}-\frac{2x}{(x^2+1)^2}.$$

例 4.21 分解有理式 $\dfrac{x^3+2x^2+1}{(x-1)(x-2)(x-3)^2}$ 为简单分式之和.

解 设

$$\frac{x^3+2x^2+1}{(x-1)(x-2)(x-3)^2}=\frac{A}{x-1}+\frac{B}{x-2}+\frac{C}{x-3}+\frac{D}{(x-3)^2},$$

右边通分，得

$$x^3+2x^2+1=A(x-2)(x-3)^2+B(x-1)(x-3)^2$$
$$+C(x-1)(x-2)(x-3)+D(x-1)(x-2).$$

如同前面两个例题那样，由此比较两端同次幂的系数，然后解一个线性方程组，就可以得到待定系数 A,B,C,D 之值. 但是，我们这里将用另外一种方法来求得，这个方法在一些特殊的情况下会比上面一种方法更为简便. 我们在所得到的等式两边，首先令 $x=1$，即得

$$4=-4A,$$

即

$$A=-1.$$

然后，先后令 $x=2,3$，即可得到

$$B=17,\quad D=23.$$

为了得出 C，先在两边对 x 求导一次，然后再令 $x=3$，得到 $C=-15$. 从而有

$$\frac{x^3+2x^2+1}{(x-1)(x-2)(x-3)^2}=-\frac{1}{x-1}+\frac{17}{x-2}-\frac{15}{x-3}+\frac{23}{(x-3)^2}.$$

例 4.22 计算下列积分：

(1) $\displaystyle\int\frac{2x+3}{(x-2)(x+5)}\mathrm{d}x$; (2) $\displaystyle\int\frac{x^2+1}{(x+1)^2(x-1)}\mathrm{d}x$.

解　(1) 假设 $\dfrac{2x+3}{(x-2)(x+5)} = \dfrac{A}{x-2} + \dfrac{B}{x+5}$，通分以后应该有

$$2x+3 = A(x+5) + B(x-2) = (A+B)x + (5A-2B),$$

从而有

$$\begin{cases} A+B=2 \\ 5A-2B=3 \end{cases} \Rightarrow A=1, \quad B=1,$$

$$\frac{2x+3}{(x-2)(x+5)} = \frac{1}{x-2} + \frac{1}{x+5},$$

$$\int \frac{2x+3}{(x-2)(x+5)} \mathrm{d}x = \int \frac{\mathrm{d}x}{x-2} + \int \frac{\mathrm{d}x}{x+5} = \ln|(x-2)(x+5)| + C.$$

(2) 假设 $\dfrac{x^2+1}{(x+1)^2(x-1)} = \dfrac{A}{x+1} + \dfrac{B}{(x+1)^2} + \dfrac{C}{(x-1)}$，通分以后有

$$x^2+1 \equiv A(x-1)(x+1) + B(x-1) + C(x+1)^2.$$

整理以后可得

$$x^2+1 \equiv (A+C)x^2 + (2C+B)x + (-A-B+C).$$

根据多项式恒等原理有

$$A+C=1, \quad 2C+B=0, \quad -A-B+C=0.$$

解方程组可得

$$A=1/2, \quad B=-1, \quad C=1/2.$$

因此

$$\int \frac{x^2+1}{(x+1)^2(x-1)} \mathrm{d}x = \int \frac{1/2}{x+1} \mathrm{d}x - \int \frac{1}{(x+1)^2} \mathrm{d}x + \int \frac{1/2}{x-1} \mathrm{d}x$$

$$= \frac{1}{2}\ln|x^2-1| + \frac{1}{x+1} + C.$$

以上例子告诉我们，把真有理式 $\dfrac{P(x)}{Q(x)}$ 分解为简单分式之和的方法归结起来，主要有两点.

(1) 如果 $Q(x)$ 有一个 k 重实根 a，则分解时候必定含有分式

$$\frac{A_1}{x-a} + \frac{A_2}{(x-a)^2} + \cdots + \frac{A_k}{(x-a)^k},$$

其中 $A_1, A_2, \cdots, A_k$ 为待定系数.

(2) 如果 $Q(x)$ 有一对 k 重共轭复根 α 和 β, 这时 $Q(x)$ 必定有因子 $(x^2+px+q)^k$, 其中

$$x^2+px+q=(x-\alpha)(x-\beta), \quad p^2-4q<0,$$

则分解时必定含有分式

$$\frac{B_1x+C_1}{x^2+px+q}+\frac{B_1x+C_1}{(x^2+px+q)^2}+\cdots+\frac{B_1x+C_1}{(x^2+px+q)^k},$$

其中 $B_1,B_2,\cdots,B_k;C_1,C_2,\cdots,C_k$ 都是待定系数.

这种方法的依据是代数学中关于部分分式的理论, 这里不一一详述.

由此可见, 任何一个真分式 $\dfrac{P(x)}{Q(x)}$ 都可以分解成若干简单的部分分式之和, 而这些简单的分式不外乎四种类型:

(1) $\dfrac{A}{x-a}$; (2) $\dfrac{A_2}{(x-a)^n}$ $(n=2,3,\cdots)$;

(3) $\dfrac{Bx+C}{x^2+px+q}$; (4) $\dfrac{Bx+C}{(x^2+px+q)^n}$ $(n=2,3,\cdots)$,

其中 A,B,C 都是常数, 并设二次三项式没有实根. 于是, 求任何一个真分式的不定积分问题也就化成求以上四种类型的积分, 现在分别求出如下.

(1) $\displaystyle\int\frac{A}{x-a}\mathrm{d}x$.

这个积分早已会求, 它是 $\displaystyle\int\frac{A}{x-a}\mathrm{d}x=A\ln|x-a|+C$.

(2) $\displaystyle\int\frac{A_2}{(x-a)^n}\mathrm{d}x(n=2,3,\cdots)$.

这个积分也早就会计算, 它是 $\displaystyle\int\frac{A_2}{(x-a)^n}\mathrm{d}x=-\frac{A_2}{n-1}\cdot\frac{1}{(x-a)^{n-1}}+C$ $(n=2,3,\cdots)$.

(3) $\displaystyle\int\frac{Bx+C}{x^2+px+q}\mathrm{d}x$.

由 x^2+px+q 分出完全平方项, 从而有

$$x^2+px+q=x^2+2\cdot\frac{p}{2}\cdot x+\left(\frac{p}{2}\right)^2+\left(q-\frac{p^2}{4}\right)=\left(x+\frac{p}{2}\right)^2+\left(q-\frac{p^2}{4}\right),$$

最后一个括号中的表达式为一个正数, 不妨记为 a^2. 现在作代换

$$x+\frac{p}{2}=t, \quad \mathrm{d}x=\mathrm{d}t,$$

于是

$$\int \frac{Bx+C}{x^2+px+q}\mathrm{d}x = \int \frac{Bt+\left(C-\dfrac{Bp}{2}\right)}{t^2+a^2}\mathrm{d}t = B\int \frac{t\mathrm{d}t}{t^2+a^2}+\left(C-\frac{Bp}{2}\right)\int \frac{\mathrm{d}t}{t^2+a^2}$$

$$=\frac{B}{2}\ln(t^2+a^2)+\frac{1}{a}\left(C-\frac{Bp}{2}\right)\arctan\frac{t}{a}+C_1,$$

其中 C_1 为任意常数，代回变量 x，就有

$$\int \frac{Bx+C}{x^2+px+q}\mathrm{d}x = \frac{B}{2}\ln(x^2+px+q)+\frac{2C-Bp}{\sqrt{4q-p^2}}\arctan\left(\frac{2x+p}{\sqrt{4q-p^2}}\right)+C_1.$$

(4) $\displaystyle\int \frac{Bx+C}{(x^2+px+q)^n}\mathrm{d}x$.

利用(3)中的代换，可以化为

$$\int \frac{Bx+C}{(x^2+px+q)^n}\mathrm{d}x = \frac{B}{2}\int \frac{2t\mathrm{d}t}{(t^2+a^2)^n}+\left(C-\frac{Bp}{2}\right)\int \frac{\mathrm{d}t}{(t^2+a^2)^n}.$$

右边第一个积分是容易计算出来的，它是

$$\int \frac{2t\mathrm{d}t}{(t^2+a^2)^n} = -\frac{1}{n-1}\cdot\frac{1}{(t^2+a^2)^{n-1}}+C_1.$$

对于第二个积分，可以求得如下的递推公式：

$$I_n = \int \frac{\mathrm{d}t}{(t^2+a^2)^n} = \frac{1}{a^2}\int \frac{(t^2+a^2-t^2)\mathrm{d}t}{(t^2+a^2)^n}$$

$$=\frac{1}{a^2}I_{n-1}+\frac{1}{2a^2(n-1)}\int t\mathrm{d}\left[\frac{1}{(t^2+a^2)^{n-1}}\right]$$

$$=\frac{1}{a^2}I_{n-1}+\frac{1}{2a^2(n-1)}\cdot\frac{t}{(t^2+a^2)^{n-1}}-\frac{1}{2a^2(n-1)}\int \frac{t\mathrm{d}t}{(t^2+a^2)^{n-1}}$$

$$=\frac{t}{2a^2(n-1)(t^2+a^2)^{n-1}}+\frac{2n-3}{2a^2(n-1)}I_{n-1}.$$

我们已经算出过

$$I_1 = \int \frac{\mathrm{d}t}{t^2+a^2} = \frac{1}{a}\arctan\frac{t}{a}+C_1,$$

于是依照上面这个递推公式，由已知的 I_1 可以推出 I_2 为

$$I_2 = \frac{1}{2a^2}\cdot\frac{t}{t^2+a^2}+\frac{1}{2a^3}\arctan\frac{t}{a}+C_2,$$

$n=3$ 时，就可以得到 I_3 为

$$I_3 = \frac{1}{4a^2} \cdot \frac{t}{(t^2+a^2)^2} + \frac{3}{8a^4} \cdot \frac{t}{t^2+a^2} + \frac{3}{8a^5}\arctan\frac{t}{a} + C_3,$$

$$\cdots\cdots$$

以此类推，就可以得出我们所要求的积分. 计算有理函数的积分的基本思路，是把被积函数用部分分式法分解成若干个以上四种类型的积分之和.

例 4.23　求 $\displaystyle\int \frac{2x+2}{(x^2+1)^2(x-1)}\mathrm{d}x$.

解　利用上面例题中得到的部分分式，即可求得

$$\int \frac{2x+2}{(x^2+1)^2(x-1)}\mathrm{d}x = \int \frac{\mathrm{d}x}{x-1} - \int \frac{x+1}{x^2+1}\mathrm{d}x - \int \frac{2x\mathrm{d}x}{(x^2+1)^2}$$

$$= \ln|x-1| - \frac{1}{2}\ln|x^2+1| - \arctan x + \frac{1}{x^2+1} + C.$$

例 4.24　求 $\displaystyle\int \frac{x^3+2x^2+1}{(x-1)(x-1)(x-3)^2}\mathrm{d}x$.

解　利用上面例题中得到的部分分式，即可求得

$$\int \frac{x^3+2x^2+1}{(x-1)(x-1)(x-3)^2}\mathrm{d}x = -\int \frac{\mathrm{d}x}{x-1} + 17\int \frac{\mathrm{d}x}{x-2} - 15\int \frac{\mathrm{d}x}{x-3} + 23\int \frac{\mathrm{d}x}{(x-3)^2}$$

$$= \ln|x-1| + 17\ln|x-2| - 15\ln|x-3| - \frac{23}{x-3} + C.$$

例 4.25　求 $\displaystyle\int \frac{x^5}{1-x^2}\mathrm{d}x$.

解　由于 $\dfrac{x^5}{1-x^2} = -\dfrac{x^5}{x^2-1} = -\left(x^3+x+\dfrac{x}{x^2-1}\right) = -x^3-x+\dfrac{x}{1-x^2}$ ，于是

$$\int \frac{x^5}{1-x^2}\mathrm{d}x = -\int x^3\mathrm{d}x - \int x\mathrm{d}x - \int \frac{x}{1-x^2}\mathrm{d}x = -\frac{x^4}{4} - \frac{x^2}{2} - \frac{1}{2}\ln|1-x^2| + C.$$

2. 可化为有理函数的积分

1) 形如 $\displaystyle\int R\left(x, \sqrt[n]{\frac{ax+b}{cx+d}}\right)\mathrm{d}x$ 的积分

此处及以后均以 $R(u,v)$ 表示两个变量 u,v 的有理函数. 因此，这里讨论的就是由 x 与 $\sqrt[n]{\dfrac{ax+b}{cx+d}}$ 组成的有理函数的积分，对于这个积分，可令

$$t = \sqrt[n]{\frac{ax+b}{cx+d}}.$$

解出

$$x = \varphi(t) = \frac{b - dt^n}{ct^n - a}.$$

于是积分就变成如下形式

$$\int R(\varphi(t), t)\varphi'(t)\mathrm{d}x.$$

由于 $\varphi(t)$ 及 $\varphi'(t)$ 都是有理函数，所以 $R(\varphi(t), t)\varphi'(t)$ 仍为有理函数. 因此积分就已经化为有理函数积分的形式，由上段所述方法，就可以求出这个积分了.

基本思路就是将无理式化为有理式，然后利用有理函数积分方法求出结果.

例 4.26　求下列积分：

(1) $\displaystyle\int \frac{1}{1 + \sqrt{x}}\mathrm{d}x$;　　　(2) $\displaystyle\int \frac{x\sqrt[3]{2+x}\mathrm{d}x}{x + \sqrt[3]{2+x}}$;　　　(3) $\displaystyle\int \frac{(1 - \sqrt{x+1})\mathrm{d}x}{1 + \sqrt[3]{x+1}}$.

解　(1) 令 $t = \sqrt{x}$, 则 $x = t^2$, $\mathrm{d}x = 2t\mathrm{d}t$, 将它们代入原积分中可得

$$\int \frac{1}{1 + \sqrt{x}}\mathrm{d}x = 2\int \frac{t\mathrm{d}t}{1 + t} = 2\int \left(1 - \frac{1}{1+t}\right)\mathrm{d}t$$

$$= 2[t - \ln(1+t)] + C$$

$$= 2\sqrt{x} - 2\ln(1 + \sqrt{x}) + C.$$

(2) 令 $t = \sqrt[3]{2+x}$, 则 $x = t^3 - 2$, $\mathrm{d}x = 3t^2\mathrm{d}t$, 将它们代入原积分中可得

$$\int \frac{x\sqrt[3]{2+x}\mathrm{d}x}{x + \sqrt[3]{2+x}} = 3\int \frac{(t^6 - 2t^3)\mathrm{d}t}{t^3 + t - 2} = 3\int \left(t^3 - t + \frac{(t^2 - 2t)\mathrm{d}t}{t^3 + t - 2}\right)$$

$$= \frac{3}{4}t^4 - \frac{3}{2}t^2 + 3\int \left[-\frac{1}{4(t-1)} + \frac{\frac{5}{4}t - \frac{1}{2}}{t^3 + t + 2}\right]\mathrm{d}t.$$

这样就将无理积分转化成为一个有理的分式积分，最后将 t 代换回 x 即可. 后面的解答在此省略.

(3) 令 $t = \sqrt[6]{x+1}$, 则 $x = t^6 - 1$, $\mathrm{d}x = 6t^5\mathrm{d}t$, $\sqrt{x+1} = t^3$, $\sqrt[3]{x+1} = t^2$, 将它们代入原积分中可得

$$\int \frac{1 - \sqrt{x+1}}{1 + \sqrt[3]{x+1}}\mathrm{d}x = 6\int \frac{(1 - t^3)t^5}{t^2 + 1}\mathrm{d}t$$

$$= 6\int \left(-t^6 + t^4 + t^3 - t^2 - t + 1 + \frac{t-1}{t^2 + 1}\right)\mathrm{d}t$$

$$= -\frac{6}{7}t^7 + \frac{6}{5}t^5 + \frac{3}{2}t^4 - 2t^3 - 3t^2 + 6t + 3\ln(t^2 + 1) - 6\arctan t + C.$$

这样就将无理积分转化成为一个有理的分式积分,最后将 $t = \sqrt[6]{x+1}$ 代换回 x 即可. 后面的解答在此省略.

例 4.27 求 $\int \dfrac{\mathrm{d}x}{\sqrt[3]{(x-1)(x+1)^2}}$.

解 将积分改写成

$$\int \frac{\mathrm{d}x}{\sqrt[3]{(x-1)(x+1)^2}} = \int \sqrt[3]{\frac{x+1}{x-1}} \cdot \frac{\mathrm{d}x}{x+1}.$$

这就化为本段所指出的类型,于是,令

$$t = \sqrt[3]{\frac{x+1}{x-1}}.$$

就可以将此积分有理化为

$$\int \frac{-3\mathrm{d}t}{t^3 - 1},$$

即可求得此积分.

2) 形如 $\int \dfrac{Mx+N}{\sqrt{ax^2+bx+c}}\mathrm{d}x (a \neq 0)$ 的积分

首先将它分成两项

$$\int \frac{Mx+N}{\sqrt{ax^2+bx+c}}\mathrm{d}x = \frac{M}{2a}\int \frac{\mathrm{d}(ax^2+bx+c)}{\sqrt{ax^2+bx+c}}\mathrm{d}x + \left(N - \frac{bM}{2a}\right)\int \frac{\mathrm{d}x}{\sqrt{ax^2+bx+c}},$$

右边的第一个积分即可求出,第二个积分可以把根式内配成完全平方,化为

$$\int \frac{Mx+N}{\sqrt{a\left(x+\dfrac{b}{2a}\right)^2 + \left(c - \dfrac{b^2}{4a}\right)}}\mathrm{d}x.$$

再看 a 以及 $c - \dfrac{b^2}{4a}$ 的正负情况,可以把它化为形如

$$\int \frac{\mathrm{d}x}{\sqrt{p^2 - x^2}}, \quad \int \frac{\mathrm{d}x}{\sqrt{x^2 \pm p^2}}$$

的积分,而这些积分是比较容易积出来的.

例 4.28 求 $I = \int \dfrac{2x+1}{\sqrt{-x^2-4x}}\mathrm{d}x$.

解 此时有

$$I = -\int \frac{d(-x^2 - 4x)}{\sqrt{-x^2 - 4x}} - 3\int \frac{dx}{\sqrt{-x^2 - 4x}}$$

$$= -2\sqrt{-x^2 - 4x} - 3\int \frac{dx}{\sqrt{4 - (x+2)^2}}$$

$$= -2\sqrt{-x^2 - 4x} - 3\arcsin\left(\frac{x+2}{2}\right) + C.$$

3) 形如 $\int (Mx + N)\sqrt{ax^2 + bx + c}\, dx$ 的积分

对于这类积分可以仿照上面一类的方法，先化成二项之和

$$\int (Mx + N)\sqrt{ax^2 + bx + c}\, dx$$

$$= \frac{M}{2a}\int \sqrt{ax^2 + bx + c}\, d(ax^2 + bx + c) + \left(N - \frac{Mb}{2a}\right)\int \sqrt{ax^2 + bx + c}\, dx,$$

右边第一个积分即可求出，对于第二个积分把根式内配成完全平方，化为

$$\int \frac{dx}{\sqrt{p^2 - x^2}}, \quad \int \sqrt{x^2 \pm p^2}\, dx$$

的积分，而这些积分是容易积出来的.

例 4.29　求 $I = \int (x+1)\sqrt{x^2 - 2x + 5}\, dx$.

解　此时有

$$I = \frac{1}{2}\int \sqrt{x^2 - 2x + 5}\, d(x^2 - 2x + 5) + 2\int \sqrt{(x-1)^2 + 4}\, dx$$

$$= \frac{1}{3}(x^2 - 2x + 5)\frac{3}{2} + (x-1)\sqrt{x^2 - 2x + 5} + 4\ln(x - 1 + \sqrt{x^2 - 2x + 5}) + C.$$

3. 三角有理式的积分

1) 形如 $\int R(\cos\theta, \sin\theta)\, d\theta$ 的积分

对于含有三角函数的积分，由于 $\sec x, \csc x, \tan x, \cot x$ 都可以化为 $\sin x$ 以及 $\cos x$ 的函数，所以只要讨论 $\int R(\cos\theta, \sin\theta)\, d\theta$ 型的积分就够了. $\sin x, \cos x$ 和常数经过有限次数的四则运算后所得到的函数称为三角函数的有理式(三角有理式)，记为 $R(\sin x, \cos x)$. 积分 $\int R(\sin x, \cos x)\, dx$ 称为三角有理式的积分.

对于这一类积分的基本考虑如下.

(1) 尽量使得分母简单，或者分子分母同乘上某个因子后化为单项式形式，或者是将分母整个看成一项.

(2) 利用倍角公式或者积化和差公式达到降低幂次的目的.

(3) 利用万能公式代换总是可以把三角有理式化为有理函数的积分, 但是, 有的时候积分会非常繁琐, 一般情况下, 能不用尽量不用. 对于这类积分, 具体做法是做万能公式 $\tan\dfrac{\theta}{2}=t$ 代换, 使得积分有理化, 因为做这样的代换后, 就有

$$\sin\theta=\frac{2t}{1+t^2}, \quad \cos\theta=\frac{1-t^2}{1+t^2}, \quad \mathrm{d}\theta=\frac{2\mathrm{d}t}{1+t^2}.$$

于是

$$\int R(\cos\theta,\sin\theta)\mathrm{d}\theta=\int R\left(\frac{1-t^2}{1+t^2},\frac{2t}{1+t^2}\right)\frac{2\mathrm{d}t}{1+t^2}.$$

这就把积分有理化了.

例 4.30　求积分

$$\int\frac{1-r^2}{1-2r\cos x+r^2}\mathrm{d}x \quad (0<r<1,-\pi<x<\pi).$$

解　作代换 $\tan\dfrac{x}{2}=t$, 有

$$\begin{aligned}
\int\frac{1-r^2}{1-2r\cos x+r^2}\mathrm{d}x &=(1-r^2)\int\frac{2\mathrm{d}t}{(1-r)^2+(1+r)^2t^2}\\
&=2\arctan\left(\frac{1+r}{1-r}\cdot t\right)+C\\
&=2\arctan\left(\frac{1+r}{1-r}\cdot\tan\frac{x}{2}\right)+C.
\end{aligned}$$

虽然对于形如 $\int R(\cos\theta,\sin\theta)\mathrm{d}\theta$ 的积分, 总可以通过代换 $\tan\dfrac{\theta}{2}=t$ 将其有理化, 然而有时作这样的代换运算比较复杂, 因此, 对于某些类型的三角函数的积分, 我们不必都作这样的代换, 而是利用一些三角恒等式, 有时也可以比较方便地求出积分.

具体有如下几种情况.

(a) 分母可以化为单项式的积分类型:

(1) $\displaystyle\int\frac{P(\sin x,\cos x)}{(1\pm\cos x)^k}\mathrm{d}x=\int\frac{P(\sin x,\cos x)(1\mp\cos x)^k}{(\sin^2 x)^k}\mathrm{d}x$;

(2) $\displaystyle\int\frac{P(\sin x,\cos x)}{(1\pm\sin x)^k}\mathrm{d}x=\int\frac{P(\sin x,\cos x)(1\mp\sin x)^k}{(\cos^2 x)^k}\mathrm{d}x$;

(3) $\displaystyle\int\frac{P(\sin x,\cos x)}{(\cos x\pm\sin x)^k}\mathrm{d}x=\int\frac{P(\sin x,\cos x)(\cos x\mp\sin x)^k}{(\cos 2x)^k}\mathrm{d}x.$

例 4.31 求积分 $\displaystyle\int\frac{\sin x}{1+\sin x}\mathrm{d}x$.

解 原式 $\displaystyle=\int\frac{\sin x}{1+\sin x}\mathrm{d}x=\int\frac{\sin x(1-\sin x)}{(1+\sin x)(1-\sin x)}\mathrm{d}x$

$\displaystyle=\int\frac{\sin x(1-\sin x)}{1-\sin^2 x}\mathrm{d}x=\int\frac{\sin x(1-\sin x)}{\cos^2 x}\mathrm{d}x$

$\displaystyle=\int\frac{\sin x}{\cos^2 x}-\int\frac{\sin^2 x}{\cos^2 x}\mathrm{d}x=-\int\frac{\mathrm{d}\cos x}{\cos^2 x}-\int\frac{1-\cos^2 x}{\cos^2 x}\mathrm{d}x$

$\displaystyle=\frac{1}{\cos x}-\int\sec^2 x\mathrm{d}x+\int\mathrm{d}x=\frac{1}{\cos x}-\tan x+x+C.$

例 4.32 求 $\displaystyle\int\frac{1+\sin x}{1+\cos x}\mathrm{e}^x\mathrm{d}x$.

解 原式 $\displaystyle=\int\frac{1+\sin x}{1+\cos x}\mathrm{e}^x\mathrm{d}x=\int\frac{(1+\sin x)(1+\cos x)}{1-\cos^2 x}\mathrm{e}^x\mathrm{d}x$

$\displaystyle=\int\frac{1+\sin x+\cos x+\sin x\cos x}{\sin^2 x}\mathrm{e}^x\mathrm{d}x$

$\displaystyle=\int\frac{\mathrm{e}^x}{\sin^2 x}\mathrm{d}x+\int\frac{\mathrm{e}^x}{\sin x}\mathrm{d}x+\int\frac{\cos x}{\sin^2 x}\mathrm{e}^x\mathrm{d}x+\int\frac{\cos x}{\sin x}\mathrm{e}^x\mathrm{d}x$

$\displaystyle=-\mathrm{e}^x\cot x+\int\mathrm{e}^x\cot x\mathrm{d}x+\int\frac{\mathrm{e}^x}{\sin x}\mathrm{d}x-\int\frac{\mathrm{e}^x}{\sin^2 x}\mathrm{d}\sin x-\int\mathrm{e}^x\cot x\mathrm{d}x$

$\displaystyle=-\mathrm{e}^x\cot x+\int\frac{\mathrm{e}^x}{\sin x}\mathrm{d}x+\int\mathrm{e}^x\mathrm{d}\frac{1}{\sin x}$

$\displaystyle=-\mathrm{e}^x\cot x+\int\frac{\mathrm{e}^x}{\sin x}\mathrm{d}x+\frac{\mathrm{e}^x}{\sin x}-\int\frac{\mathrm{e}^x}{\sin x}\mathrm{d}x$

$\displaystyle=-\mathrm{e}^x\cot x+\frac{\mathrm{e}^x}{\sin x}+C=\frac{\mathrm{e}^x(1-\cos x)}{\sin x}+C.$

(b) 分母整个看成一个单项式的积分类型，形如下面形式的积分

$$\int\frac{a_1\sin x+b_1\cos x}{a\sin x+b\cos x}\mathrm{d}x.$$

例 4.33 求 $\displaystyle\int\frac{7\cos x-3\sin x}{5\cos x+2\sin x}\mathrm{d}x.$

解 假设 $7\cos x-3\sin x=A(5\cos x+2\sin x)+B(5\cos x+2\sin x)'$ ，其中 A,B 为待定系数，则 $7=5A+2B,\ -3=2A-5B$ ，解得 $A=1,B=1.$

原式 $= \int \dfrac{5\cos x + 2\sin x}{5\cos x + 2\sin x}\mathrm{d}x + \int \dfrac{(5\cos x + 2\sin x)'}{5\cos x + 2\sin x}\mathrm{d}x = x + \ln|5\cos x + 2\sin x| + C$.

例 4.34 求 $\int \dfrac{\cos x}{a\cos x + b\sin x}\mathrm{d}x$.

解法一 假设 $\cos x = A(a\cos x + b\sin x) + B(a\cos x + b\sin x)'$ ，则

$\cos x$ 解得 $1 = aA + bB$ ，　$\sin x$ 解得 $0 = bA - aB$ ，

解得

$$A = \frac{a}{a^2 + b^2}, \quad B = \frac{b}{a^2 + b^2}.$$

原式 $= Ax + B\ln|a\cos x + b\sin x| + C = \dfrac{1}{a^2 + b^2}\Big[ax + b\ln|a\cos x + b\sin x|\Big] + C$.

解法二 假设 $I_1 = \int \dfrac{\cos x}{a\cos x + b\sin x}\mathrm{d}x, I_2 = \int \dfrac{\sin x}{a\cos x + b\sin x}\mathrm{d}x$ ，则

$$\begin{cases} aI_1 + bI_2 = x + C_1, \\ bI_1 - aI_2 = \ln|a\cos x + b\sin x| + C_2. \end{cases}$$

解之可得

$$I_1 = \frac{1}{a^2 + b^2}\Big[ax + b\ln|a\cos x + b\sin x|\Big] + C.$$

2) 形如 $\int \sin mx\cos nx\,\mathrm{d}x, \int \sin mx\sin nx\,\mathrm{d}x, \int \cos mx\cos nx\,\mathrm{d}x$ 类型的积分

先使用积化和差公式：

$$\sin mx\cos nx = \frac{1}{2}\big[\sin(m+n)x + \sin(m-n)x\big],$$

$$\sin mx\sin nx = \frac{1}{2}\big[\cos(m-n)x - \cos(m+n)x\big],$$

$$\cos mx\cos nx = \frac{1}{2}\big[\cos(m-n)x + \cos(m+n)x\big].$$

先降幂，然后再积分.

例 4.35 求积分 $\int \sin x\sin\dfrac{x}{2}\sin\dfrac{x}{3}\mathrm{d}x$.

解 原式 $= \dfrac{1}{2}\int \sin x\left(\cos\dfrac{x}{6} - \cos\dfrac{5x}{6}\right)\mathrm{d}x$

$= \dfrac{1}{2}\int\left(\sin x\cos\dfrac{x}{6} - \sin x\cos\dfrac{5x}{6}\right)\mathrm{d}x$

$= \int\left(\sin\dfrac{7x}{6} - \sin\dfrac{5x}{6} - \sin\dfrac{11x}{6} - \sin\dfrac{x}{6}\right)\mathrm{d}x$

$$= -\frac{3}{14}\cos\frac{7x}{6} - \frac{3}{10}\cos\frac{5x}{6} + \frac{3}{22}\cos\frac{11x}{6} + \frac{3}{2}\cos\frac{7x}{6} + C.$$

3) 形如 $\int\sin^m x\cos^n x\mathrm{d}x$ 类型的积分

(a) 如果 m,n 均为偶数，则利用公式：

$$\sin x\cos x = \frac{1}{2}\sin 2x, \quad \sin^2 x = \frac{1}{2}(1-\cos 2x), \quad \cos^2 x = \frac{1}{2}(1+\cos 2x).$$

先降幂，然后再积分.

(b) 如果 m,n 其中之一为奇数，不失一般性，假设 n 为奇数，则

$$\int\sin^m x\cos^n x\mathrm{d}x = \int\sin^m x\cos^{n-1}x\cos x\mathrm{d}x = \int\sin^m x(1-\sin^2 x)^{\frac{n-1}{2}}\mathrm{d}\sin x.$$

令 $u = \sin x$，则原式 $= \int u^m(1-u^2)^{\frac{n-1}{2}}\mathrm{d}u$，这样就可以积分出来.

例 4.36 求积分 $\int\sin^4 x\cos^6 x\mathrm{d}x$.

解 原式 $= \dfrac{1}{2}\int(\sin x\cos x)^4(1+\cos 2x)\mathrm{d}x = \dfrac{1}{32}\int\sin^4 2x(1+\cos 2x)\mathrm{d}x$

$$= \frac{1}{32}\int\frac{(1-\cos 4x)^2}{4}\mathrm{d}x + \frac{1}{64}\int\sin^4 2x\mathrm{d}(\sin 2x)$$

$$= \frac{1}{128}\int\left(1-2\cos 4x + \frac{1+\cos 8x}{2}\right)\mathrm{d}x + \frac{1}{320}\sin^5 2x$$

$$= \frac{1}{128}\left(\frac{3}{2}x - \frac{1}{2}\sin 4x + \frac{1}{16}\sin 8x\right) + \frac{1}{320}\sin^5 2x + C$$

$$= \frac{1}{64}\left(\frac{3}{4}x + \frac{1}{5}\sin^5 2x - \frac{1}{4}\sin 4x + \frac{1}{32}\sin 8x\right) + C.$$

例 4.37 求积分 $\int\sin^5 x\cos^6 x\mathrm{d}x$.

解 原式 $= \int(1-\cos^2 x)^2\cos^6 x\sin x\mathrm{d}x = -\int(1-\cos^2 x)^2\cos^6 x\mathrm{d}(\cos x)$，令 $u = \cos x$，则有

$$原式 = -\int(1-u^2)^2 u^6\mathrm{d}u = -\int(u^{10} - 2u^8 + u^6)\mathrm{d}u$$

$$= -\frac{1}{11}u^{11} + \frac{2}{9}u^9 - \frac{1}{7}u^7 + C$$

$$= -\frac{1}{11}\cos^{11}x + \frac{2}{9}\cos^9 x - \frac{1}{7}\cos^7 x + C.$$

变量替换表(表 4.2).

表 4.2

类型	$R(\sin x, \cos x)$ 满足的条件	所作的变量替换
1	$R(\sin x, \cos x) = -R(\sin x, -\cos x)$	$t = \sin x$
2	$R(\sin x, \cos x) = -R(-\sin x, \cos x)$	$t = \cos x$
3	$R(\sin x, \cos x) = R(-\sin x, -\cos x)$	$t = \tan x$
4	$R(\sin x, \cos x)$ 为任意的三角函数有理式	$t = \tan \dfrac{x}{2}$

一般而言，对于形如 $\displaystyle\int \frac{\mathrm{d}x}{a + b\cos x}$，$\displaystyle\int \frac{\mathrm{d}x}{a + b\sin x}$ 类型的积分，万能代换 $t = \tan \dfrac{x}{2}$ 是非用不可的.

例 4.38 求积分 $I = \displaystyle\int \frac{1}{\sin^3 x \cos^5 x} \mathrm{d}x.$

解 由于被积分函数 $R(\sin x, \cos x) = R(-\sin x, -\cos x)$，于是作变换 $t = \tan x$，则有

$$x = \arctan t, \quad \mathrm{d}x = \frac{1}{1 + t^2}\mathrm{d}t.$$

画出直角边分别为 $t, 1$，斜边长度为 $\sqrt{1 + t^2}$ 的直角三角形，直角边边长为 t 的对角角度为 x，则有

$$\sin x = \frac{t}{\sqrt{1 + t^2}}, \quad \cos x = \frac{1}{\sqrt{1 + t^2}}.$$

$$
\begin{aligned}
I &= \int \left(\frac{t}{\sqrt{1 + t^2}}\right)^{-3} \left(\frac{t}{\sqrt{1 + t^2}}\right)^{-5} \frac{1}{1 + t^2} \mathrm{d}t \\
&= \int \frac{(1 + t^2)^3}{t^3} \mathrm{d}t = \int (t^{-3} + 3t^{-1} + 3t + t^3)\mathrm{d}t \\
&= -\frac{1}{2t^2} + 3\ln|t| + \frac{3}{2}t^2 + \frac{1}{4}t^4 + C \\
&= -\frac{1}{2\tan^2 x} + 3\ln|\tan x| + \frac{3}{2}\tan^2 x + \frac{1}{4}\tan^4 x + C.
\end{aligned}
$$

由上面的例子可以看到，求积分比微分要困难得多. 有些积分要用很高的技巧才能算出；有些积分的计算很麻烦；还有许多积分，即使被积函数很简单，也无法用初等函数表示. 例如，

$$\int e^{x^2} dx, \quad \int \frac{\sin x}{x} dx, \quad \int \frac{dx}{\sqrt{1+x^4}}, \quad 等等.$$

它们在定义区间内是连续的，因此原函数一定存在，但是，原函数却不能用初等函数表示出来. 通常把被积函数的原函数能用初等函数表示的积分叫做**积得出的**，否则，叫做**积不出的**. 究竟哪些积分积得出，哪些积分积不出，这是一个很复杂的问题，没有一般的判别方法. 为了应用的方便，人们已将积得出的常用初等函数的积分编成积分表，供科技人员查阅. 随着计算科学的发展，在计算机上已能进行符号运算，可以利用数学软件包在计算机上直接计算积得出的积分. 但是，不能认为就不需要掌握积分法. 在今后的学习和工作中，常常会碰到积分的演算和推导，还需要较熟练地掌握一些基本的积分方法，特别是换元法和分部积分法. 况且，如果不掌握这些积分法，连积分表也无法查用.

八、定积分的积分法

1. 定积分换元法

第二节中已经指出，只要求出被积函数的一个原函数，就能用牛顿-莱布尼茨公式计算定积分. 如果被积函数比较复杂，自然可以先用换元法求出它的原函数，再代入积分上下限从而求出积分的值. 然而，在许多理论推导和实际计算中，直接利用下面的**定积分换元法**更为方便.

定理 4.3　设函数 f 在有限区间 I 上连续，$x = \varphi(t)$ 在区间 $[\alpha, \beta]$ (或 $[\beta, \alpha]$) 上有连续的导数，并且 φ 的值域 $R(\varphi)$ 是 I 的子集，则

$$\int_a^b f(x)dx = \int_\alpha^\beta f[\varphi(t)]\varphi'(t)dt, \tag{4.7}$$

其中 $a = \varphi(\alpha), b = \varphi(\beta)$ (图 4.10).

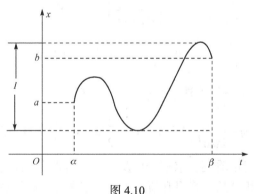

图 4.10

证明　由已知条件易知，(4.7)式两端被积函数的原函数都存在. 设 F 是 f 在

区间 I 上的一个原函数，则

$$\int_a^b f(x)\mathrm{d}x = F(b) - F(a).$$

另一方面，由于

$$\frac{\mathrm{d}}{\mathrm{d}t}\left\{F\big[\varphi(t)\big]\right\} = f\big[\varphi(t)\big]\varphi'(t),$$

所以 $F\big[\varphi(t)\big]$ 是 $f\big[\varphi(t)\big]\varphi'(t)$ 在 $[\alpha,\beta]$ 上的一个原函数，故

$$\int_\alpha^\beta f\big[\varphi(t)\big]\varphi'(t)\mathrm{d}t = F\big[\varphi(\beta)\big] - F\big[\varphi(\alpha)\big] = F(b) - F(a). \tag{4.8}$$

于是由(4.8)式知等式(4.7)成立.

例 4.39　求 $\int_0^1 \sqrt{1-x^2}\mathrm{d}x$.

解　令 $x = \sin t\left(t \in \left[0, \frac{\pi}{2}\right]\right)$，则 $\mathrm{d}x = \cos t\mathrm{d}t$，且当 $x = 0$ 时，$t = 0$；当 $x = 1$ 时，

$t = \frac{\pi}{2}$，于是

$$\int_0^1 \sqrt{1-x^2}\mathrm{d}x = \int_0^{\frac{\pi}{2}} \cos^2 t\mathrm{d}t = \frac{1}{2}(t + \frac{1}{2}\sin 2t)\bigg|_0^{\frac{\pi}{2}} = \frac{\pi}{4}.$$

此例也可以先用不定积分换元法则（Ⅱ）求出相应的不定积分，即令 $x = \sin t$，

$t \in \left[0, \frac{\pi}{2}\right]$，

$$\int \sqrt{1-x^2}\mathrm{d}x = \int \cos^2 t\mathrm{d}t = \frac{1}{2}\left(t + \frac{1}{2}\sin 2t\right) + C.$$

再利用牛顿-莱布尼茨公式求得定积分的值：

$$\int_0^1 \sqrt{1-x^2}\mathrm{d}x = \frac{1}{2}(\arcsin x + x\sqrt{1-x^2})\bigg|_0^1 = \frac{\pi}{4}.$$

读者不难看出，这种方法比直接用定积分换元法复杂得多.

利用定积分换元法时应当注意，积分变量 x 通过代换 $x = \varphi(t)$ 换成 t 后，积分上、下限必须同时换成对应的 t 的值. 下面再举一例.

例 4.40　求 $\int_0^\pi \sqrt{\cos^2 x - \cos^4 x}\mathrm{d}x$.

解　由于 $\sqrt{\cos^2 x - \cos^4 x} = \sqrt{\cos^2 x(1 - \cos^2 x)} = |\cos x|\sin x$，并且当 $x \in \left[0, \frac{\pi}{2}\right]$

时，$|\cos x| = \cos x$，当 $x \in \left[\frac{\pi}{2}, \pi\right]$ 时，$|\cos x| = -\cos x$，所以

$$\int_0^\pi \sqrt{\cos^2 x - \cos^4 x}\,dx = \int_0^\pi |\cos x| \sin x\,dx = \int_0^{\frac{\pi}{2}} \sin x \cos x\,dx - \int_{\frac{\pi}{2}}^\pi \sin x \cos x\,dx.$$

令 $t = \sin x$, 则 $dt = \cos x\,dx$, 且当 $x = 0$ 时，$t = 0$；$x = \dfrac{\pi}{2}$ 时，$t = 1$；$x = \pi$ 时，$t = 0$.
由公式(4.8)得

$$\int_0^\pi \sqrt{\cos^2 x - \cos^4 x}\,dx = \int_0^1 t\,dt - \int_1^0 t\,dt = \left(\frac{t^2}{2}\right)\Big|_0^1 - \left(\frac{t^2}{2}\right)\Big|_1^0 = 1.$$

在例 4.40 中，可类似于不定积分的换元法则(I)，不必写出变量代换 $t = \varphi(x)$，也不变换积分上、下限，直接求得被积函数的原函数后利用牛顿-莱布尼茨公式来计算，即

$$\int_0^\pi \sqrt{\cos^2 x - \cos^4 x}\,dx = \int_0^{\frac{\pi}{2}} \sin x\,d(\sin x) - \int_{\frac{\pi}{2}}^\pi \sin x\,d(\sin x)$$

$$= \left(\frac{\sin^2 x}{2}\right)\Big|_0^{\frac{\pi}{2}} - \left(\frac{\sin^2 x}{2}\right)\Big|_{\frac{\pi}{2}}^\pi = 1.$$

利用定积分换元法还可以证明一些积分等式.

例 4.41　证明 $\int_0^{\frac{\pi}{2}} \sin^n x\,dx = \int_0^{\frac{\pi}{2}} \cos^n x\,dx$ (n 为正整数).

证明　令 $x = \dfrac{\pi}{2} - t$, 则

$$\int_0^{\frac{\pi}{2}} \sin^n x\,dx = \int_{\frac{\pi}{2}}^0 \sin^n\left(\frac{\pi}{2} - t\right)(-dt) = -\int_{\frac{\pi}{2}}^0 \cos^n t\,dt = \int_0^{\frac{\pi}{2}} \cos^n t\,dt = \int_0^{\frac{\pi}{2}} \cos^n x\,dx.$$

例 4.42　证明 $\int_0^\pi x f(\sin x)\,dx = \dfrac{\pi}{2}\int_0^\pi f(\sin x)\,dx$，其中，$f \in C[0,1]$，并由此计算定积分

$$\int_0^\pi \frac{x \sin x}{1 + \cos^2 x}\,dx.$$

解　令 $x = \pi - t$, 则

$$\int_0^\pi x f(\sin x)\,dx = \int_\pi^0 (\pi - t) f\big[\sin(\pi - t)\big](-dt)$$

$$= \int_\pi^0 \int_\pi^0 (\pi - t) f(\sin t)(-dt)$$

$$= \pi \int_0^\pi f(\sin t)\,dt - \int_0^\pi t f(\sin t)\,dt.$$

注意到积分与积分变量无关，移项可得

$$\int_0^x xf(\sin x)\mathrm{d}x = \frac{\pi}{2}\int_0^x f(\sin x)\mathrm{d}x.$$

利用这个等式我们有

$$\int_0^x \frac{x\sin x}{1+\cos^2 x}\mathrm{d}x = \frac{\pi}{2}\int_0^\pi \frac{\sin x}{1+\cos^2 x}\mathrm{d}x = -\frac{\pi}{2}\arctan(\cos x)\Big|_0^\pi = \frac{\pi^2}{4}.$$

事实上，分部积分法等不定积分方法都可以用到定积分的计算过程中. 例如对于定积分，我们也有相应的分部积分公式.

2. 定积分分部积分公式

设函数 u,v 在区间上有连续的导数，则

$$I = \int_a^b u\mathrm{d}v = uv\Big|_a^b - \int_a^b v\mathrm{d}u. \tag{4.9}$$

证明由读者完成.

例 4.43 求 $\int_0^1 \mathrm{e}^{\sqrt{x}}\mathrm{d}x$.

解 令 $x = t^2$，$\mathrm{d}x = 2t\mathrm{d}t$. 由 (4.7) 式得

$$\int_0^1 \mathrm{e}^{\sqrt{x}}\mathrm{d}x = 2\int_0^1 t\mathrm{e}^t\mathrm{d}t = 2\int_0^1 t\mathrm{d}\mathrm{e}^t = 2\left(t\mathrm{e}^t\Big|_0^1 - \mathrm{e}^t\Big|_0^1\right) = 2.$$

例 4.44 求 $\int_0^{\frac{1}{2}} \frac{x\arcsin x}{\sqrt{1-x^2}}\mathrm{d}x$.

解 根据定积分分部积分公式 (4.9)，得

$$\int_0^{\frac{1}{2}} \frac{x\arcsin x}{\sqrt{1-x^2}}\mathrm{d}x = -\int_0^{\frac{1}{2}} \arcsin x\mathrm{d}\sqrt{1-x^2} = -\sqrt{1-x^2}\arcsin x\Big|_0^{\frac{1}{2}} - \int_0^{\frac{1}{2}}\mathrm{d}x = \frac{1}{2} - \frac{\sqrt{3}}{12}\pi.$$

例 4.45 (1) 计算 $I_n = \int_0^{\frac{\pi}{2}} \sin^n x\mathrm{d}x = \int_0^{\frac{\pi}{2}} \cos^n x\mathrm{d}x\ (n=0,1,2,\cdots)$;

(2) 计算 $\int_0^{\frac{\pi}{2}} \sin^4 x\cos^2 x\mathrm{d}x$; (3) 计算 $\int_0^1 x^4\sqrt{1-x^2}\mathrm{d}x$.

解 (1) 当 $n \geqslant 2$ 时，

$$I_n = \int_0^{\frac{\pi}{2}} \sin^n x\mathrm{d}x = -\int_0^{\frac{\pi}{2}} \sin^{n-1} x\mathrm{d}\cos x$$

$$= -\sin^{n-1} x\cos x\Big|_0^{\frac{\pi}{2}} - (n-1)\int_0^{\frac{\pi}{2}} \cos^2 x\sin^{n-2} x\mathrm{d}x$$

$$= n-1\int_0^{\frac{\pi}{2}} \sin^{n-2} x\mathrm{d}x - (n-1)\int_0^{\frac{\pi}{2}} \sin^n x\mathrm{d}x$$

$$= (n-1)I_{n-2} - (n-1)I_n,$$

所以

$$I_n = \frac{n-1}{n}I_{n-2} \quad (n=1,2,3,\cdots).$$

当 n 为奇数时，

$$I_n = \frac{n-1}{n}I_{n-2} = \frac{n-1}{n}\cdot\frac{n-3}{n-2}I_{n-4} = \cdots$$

$$= \frac{n-1}{n}\cdot\frac{n-3}{n-2}\cdot\cdots\cdot\frac{2}{3}I_1;$$

当 n 为偶数时，

$$I_n = \frac{n-1}{n}\cdot\frac{n-3}{n-2}\cdot\cdots\cdot\frac{3}{4}\cdot\frac{1}{2}I_0.$$

又因为

$$I_1 = \int_0^{\frac{\pi}{2}} \sin x\mathrm{d}x = 1, \quad I_0 = \int_0^{\frac{\pi}{2}} \mathrm{d}x = \frac{\pi}{2},$$

故

$$I_n = \begin{cases} \dfrac{n-1}{n}\cdot\dfrac{n-3}{n-2}\cdot\cdots\cdot\dfrac{4}{5}\cdot\dfrac{2}{3}, & n\text{为奇数}, \\[3mm] \dfrac{n-1}{n}\cdot\dfrac{n-3}{n-2}\cdot\cdots\cdot\dfrac{3}{4}\cdot\dfrac{1}{2}\cdot\dfrac{\pi}{2}, & n\text{为偶数}. \end{cases}$$

(2) 利用(1)中的结果，我们有

$$\int_0^{\frac{\pi}{2}} \sin^4 x\cos^2 x\mathrm{d}x = \int_0^{\frac{\pi}{2}} \sin^4 x\mathrm{d}x - \int_0^{\frac{\pi}{2}} \sin^6 x\mathrm{d}x = \frac{3}{4}\cdot\frac{1}{2}\cdot\frac{\pi}{2} - \frac{5}{6}\cdot\frac{3}{4}\cdot\frac{1}{2}\cdot\frac{\pi}{2} = \frac{\pi}{32}.$$

(3) 令 $x = \sin t$，则 $\mathrm{d}x = \cos t\mathrm{d}t$，于是

$$\int_0^1 x^4\sqrt{1-x^2}\,\mathrm{d}x = \int_0^{\frac{\pi}{2}} \sin^4 t\cos^2 t\mathrm{d}t = \frac{\pi}{32}.$$

习　题　4.4

1. 利用不定积分换元法则(Ⅰ)计算下列不定积分：

(1) $\int \sin(\omega t + \varphi)\mathrm{d}t, \omega, \varphi$ 为常数;

(2) $\int \dfrac{10}{\sqrt[3]{3-5x}}\mathrm{d}x$;

(3) $\int \dfrac{\mathrm{d}x}{\sqrt{1-16x^2}}$;

(4) $\int x^2(3+2x^3)^{\frac{1}{6}}\mathrm{d}x$;

(5) $\int \dfrac{3x^3+x}{1+x^4}\mathrm{d}x$;

(6) $\int \dfrac{\sqrt{1+\sqrt{x}}}{\sqrt{x}}\mathrm{d}x$;

(7) $\int \dfrac{\cos\ln|x|}{x}\mathrm{d}x$;

(8) $\int \dfrac{\ln\ln x}{x\ln x}\mathrm{d}x(x>\mathrm{e})$;

(9) $\int \dfrac{\cos^3 x}{\sin^2 x}\mathrm{d}x$;

(10) $\int \cos^4 x\mathrm{d}x$;

(11) $\int \sin^2 x\cos^2 x\mathrm{d}x$;

(12) $\int \sec^4 x\mathrm{d}x$;

(13) $\int \csc^3 x\cot x\mathrm{d}x$;

(14) $\int \dfrac{\mathrm{d}x}{\mathrm{e}^x+1}$;

(15) $\int \dfrac{\mathrm{d}x}{1+\sin^2 x}$;

(16) $\int \dfrac{x}{\sqrt{1+x^2}}\mathrm{e}^{-\sqrt{1+x^2}}\mathrm{d}x$;

(17) $\int \dfrac{\sqrt{\arctan x}}{1+x^2}\mathrm{d}x$;

(18) $\int \dfrac{\mathrm{d}x}{\sqrt{4-x^2}\arccos\dfrac{x}{2}}$;

(19) $\int \tan^3 x\sec x\mathrm{d}x$;

(20) $\int \dfrac{\mathrm{d}x}{x^2-2x+3}$;

(21) $\int \dfrac{\mathrm{d}x}{\sqrt{1+x-x^2}}$;

(22) $\int \dfrac{\sin x\cos x}{1-\sin^4 x}\mathrm{d}x$;

(23) $\int \dfrac{\sin x+\cos x}{\sqrt[5]{\sin x-\cos x}}\mathrm{d}x$;

(24) $\int \dfrac{\mathrm{d}x}{\mathrm{e}^x+\mathrm{e}^{\frac{x}{2}}}$.

2. 证明下列各式 $(m,n\in\mathbf{N}_+)$:

(1) $\displaystyle\int_{-\pi}^{\pi} \sin mx\sin nx\mathrm{d}x = \begin{cases} 0, & m\neq n, \\ \pi, & m=n; \end{cases}$

(2) $\displaystyle\int_{-\pi}^{\pi} \cos mx\cos nx\mathrm{d}x = \begin{cases} 0, & m\neq n, \\ \pi, & m=n; \end{cases}$

(3) $\displaystyle\int_{-\pi}^{\pi} \sin mx\cos nx\mathrm{d}x = 0$.

3. 利用不定积分换元法则(Ⅱ)计算下列不定积分:

(1) $\int x\sqrt{3-2x}\mathrm{d}x$;

(2) $\int \dfrac{\mathrm{d}x}{1+\sqrt{1+x}}$;

(3) $\int \dfrac{\mathrm{d}x}{(1-x^2)^{3/2}}$;

(4) $\int \dfrac{x^2\mathrm{d}x}{\sqrt{a^2-x^2}}(a>0)$;

(5) $\int \dfrac{\mathrm{d}x}{x^2\sqrt{x^2-9}}$;

(6) $\int \dfrac{x^3\mathrm{d}x}{(1+x^2)^{3/2}}$;

(7) $\displaystyle\int \frac{\sqrt{x^2+2x}}{x^2}\mathrm{d}x$;

(8) $\displaystyle\int \frac{\mathrm{d}x}{(x+1)\sqrt{x^2+2x+3}}$;

(9) $\displaystyle\int \frac{\sqrt{1+\ln x}}{x\ln x}\mathrm{d}x$;

(10) $\displaystyle\int \frac{\mathrm{e}^{2x}}{\sqrt{3\mathrm{e}^x-2}}\mathrm{d}x$;

(11) $\displaystyle\int \frac{\mathrm{d}x}{1+\sin x+\cos x}$;

(12) $\displaystyle\int x\sqrt{\frac{1-x}{1+x}}\mathrm{d}x$;

(13) $\displaystyle\int \sqrt{\mathrm{e}^{2x}+5}\mathrm{d}x$;

(14) $\displaystyle\int \frac{\mathrm{d}x}{(x^2-2x+4)^{3/2}}$.

4. 求下列定积分的值：

(1) $\displaystyle\int_0^{\frac{\pi}{2}} \sin x\sqrt{\cos x}\mathrm{d}x$;

(2) $\displaystyle\int_0^1 \frac{\mathrm{d}x}{\mathrm{e}^x+\mathrm{e}^{-x}}$;

(3) $\displaystyle\int_1^{\mathrm{e}} \frac{2+3\ln x}{x}\mathrm{d}x$;

(4) $\displaystyle\int_{-\frac{\pi}{2}}^{\frac{\pi}{2}} \sqrt{\cos x-\cos^3 x}\mathrm{d}x$;

(5) $\displaystyle\int_0^4 \frac{\mathrm{d}x}{1+\sqrt{x}}$;

(6) $\displaystyle\int_{\frac{1}{\sqrt{2}}}^1 \frac{\sqrt{1-x^2}}{x^2}\mathrm{d}x$;

(7) $\displaystyle\int_1^2 \frac{\sqrt{x^2-1}}{x^2}\mathrm{d}x$;

(8) $\displaystyle\int_0^{\pi} \sqrt{1+\cos 2x}\mathrm{d}x$.

5. 设 $f(x)$ 在 $[-a,a]$ 上连续，利用定积分的换元法证明：

(1) 如果 $f(x)$ 为奇函数, 那么 $\displaystyle\int_{-a}^a f(x)\mathrm{d}x=0$;

(2) 如果 $f(x)$ 为偶函数, 那么 $\displaystyle\int_{-a}^a f(x)\mathrm{d}x=2\int_0^a f(x)$;

(3) 计算 $\displaystyle\int_{-1}^1 |x|\left(x^2+\frac{\sin^3 x}{1+\cos x}\right)\mathrm{d}x$.

6. 设 $f(x)$ 是连续的周期函数，其周期为 T, 利用定积分的换元法证明：

$$\int_a^{a+T} f(x)\mathrm{d}x=\int_0^T f(x)\mathrm{d}x \quad (a \text{ 为常数}).$$

7. 利用分部积分法计算下列积分：

(1) $\displaystyle\int x\sin 3x\mathrm{d}x$;

(2) $\displaystyle\int x^3\mathrm{ch}x\mathrm{d}x$;

(3) $\displaystyle\int x^2\arctan x\mathrm{d}x$;

(4) $\displaystyle\int x\ln(1+x^2)\mathrm{d}x$;

(5) $\displaystyle\int \frac{x\mathrm{e}^x}{(1+\mathrm{e}^x)^2}\mathrm{d}x$;

(6) $\displaystyle\int \frac{\arctan x}{\sqrt{1-x}}\mathrm{d}x$;

(7) $\displaystyle\int \frac{x}{\cos x}\mathrm{d}x$;

(8) $\displaystyle\int \sqrt{x}\sin\sqrt{x}\mathrm{d}x$;

(9) $\displaystyle\int_0^{\mathrm{e}-1} \ln(1+x)\mathrm{d}x$;

(10) $\displaystyle\int_0^{\pi} x^2\cos x\mathrm{d}x$;

(11) $\displaystyle\int x\sin x\cos x\mathrm{d}x$;

(12) $\displaystyle\int \sin(\ln x)\mathrm{d}x$;

(13) $\int\left(\ln x+\dfrac{1}{x}\right)e^x dx$;

(14) $\int(\arccos x)^2 dx$;

8. 证明下列递推公式 $(n=2,3,\cdots)$:

(1) 设 $I_n=\int\tan^n x dx$，则 $I_n=\dfrac{1}{n-1}\tan^{n-1}-I_{n-2}$;

(2) 设 $I_n=\int\dfrac{dx}{\sin^2 x}$，则 $I_n=\dfrac{1}{n-1}\cdot\dfrac{\cos x}{\sin^{n-1}x}+\dfrac{n-2}{n-1}I_n$.

9. 计算下列积分：

(1) $\int\dfrac{dx}{x^4+3x^2}$;

(2) $\int\dfrac{t}{t^4+10t^2+9}dt$;

(3) $\int\dfrac{x^2}{(x-1)^{100}}dx$;

(4) $\int\dfrac{1-x^7}{x(1+x^7)}dx$;

(5) $\int\dfrac{dx}{3+2\cos x}$;

(6) $\int\dfrac{\cos x-\sin x}{\cos x+\sin x}dx$;

(7) $\int\dfrac{x^2}{a^2-x^6}dx$;

(8) $\int\dfrac{x^{11}}{x^8+4x^4+5}dx$;

(9) $\int\dfrac{\ln\tan x}{\sin x\cos x}dx$;

(10) $\int\dfrac{\cos 2x}{1+\sin x\cos x}dx$;

(11) $\int\dfrac{x+\sin x}{1+\cos x}dx$;

(12) $\int\dfrac{x^2+2}{x^4+1}dx$;

(13) $\int\dfrac{\ln x}{(1+x^2)^{\frac{3}{2}}}dx$

(14) $\int\dfrac{\sin x}{\sin x+\cos x}dx$;

(15) $\int\dfrac{x^2+2}{(x-1)^4}dx$;

(16) $\int\dfrac{1}{x}\sqrt{\dfrac{1+x}{x}}dx$.

10. 证明下列积分等式(其中 f 为连续函数)：

(1) $\int_0^{\frac{\pi}{2}}f(\sin x)dx=\int_0^{\frac{\pi}{2}}f(\cos x)dx$;

(2) $\int_a^b f(x)dx=(b-a)\int_0^1 f[a+(b-a)]dx$;

(3) $\int_0^1 x^m(1-x)^n dx=\int_0^1 x^n(1-x)^m dx$;

(4) $\int_0^a x^3 f(x^2)dx=\dfrac{1}{2}\int_0^{a^2}xf(x)dx$.

11. 证明：$\int_0^{\frac{\pi}{2}}\sin^m x\cos^m x dx=\dfrac{1}{2^m}\int_0^{\frac{\pi}{2}}\cos^m x dx\ (m=0,1,2,\cdots)$.

12. 计算 $\int_0^{n\pi}\sqrt{1-\sin 2x}dx\ (n\in\mathbf{N}_+)$.

13. 计算 $\int_0^{10\pi}\dfrac{\sin^3 x+\cos^3 x}{2\sin^2 x+\cos^4 x}dx$.

14. 计算 $\int_0^{n\pi}x|\sin x|dx\ (n\in\mathbf{N}_+)$.

15. 计算 $\int_{\frac{1}{2}}^{2}\left(1+x-\frac{1}{x}\right)e^{x+\frac{1}{x}}dx$.

16. 计算 $\int \frac{xe^x}{(1+x)^2}dx$.

第五节　定积分的近似计算

一、近似计算的意义

在实际应用中，常常会遇到如下的情形：

(1) 要求定积分 $\int_a^b f(x)dx$ 的数值，但是 $f(x)$ 的原函数不能利用普通的初等函数表示出来，例如，$\int_0^x e^{-t^2}dt$，$\int_0^1 \frac{\sin x}{x}dx$ 等就是这样的积分. 要求出这一类积分的数值，就只能用近似计算的方法来求出它的近似值.

(2) 生产实际中，常常是用表格的方式给出被积分函数 $f(x)$，因此无法求出它的原函数，只能近似地求出积分值.

(3) 尽管能够求出被积函数的原函数，但是过程复杂，反而不如采用近似计算简单有效.

(4) 有时被积分的函数本身就不是连续的，属于间断的，甚至是离散的点列. 这个也只能采用近似计算. 例如，对于水库水量的计算，我们总不能为了计算这个数值，把整个水库的水都放干. 从而只能采用间隔一定距离测量的方式得到数据.

基于这些原因，以及计算机的日益普及，定积分的近似计算已经成为应用定积分来解决实际问题时不可缺少的方法.

二、定积分近似计算的基本思路与方法

基本思路是利用简单函数代替复杂的被积函数，也就是在每一个小区间上都这样做.

假设要求定积分 $\int_a^b f(x)dx$，其中 $f(x)$ 是某一个给定的在区间 $[a,b]$ 上的连续函数. 前面我们利用种种技巧解决了一类定积分的计算. 但是必须指出，利用这些办法只能解决很小范围的一类积分；在它的范围之外通常是采用各种近似计算方法.

在本节我们要熟悉这些方法中的最简单的几种，在这几种方法之中，积分的近似计算公式是按照一列等距的自变量值计算而来的，从几何上考虑，把定积分 $\int_a^b f(x)dx$ 解释为被曲线 $y=f(x)$ 所界定的图形的面积，我们就提出关于计算出这

个面积的问题.

再一次利用引出定积分概念的想法, 可以把整个图形, 分成若干的小条, 例如, 有同一宽度 $\Delta x_i = \dfrac{b-a}{n}$ 的小条, 然后, 用矩形近似地代替每一个小条, 而取它的某一个纵坐标作为矩形的高. 这使得我们得到公式

$$\int_a^b f(x)\mathrm{d}x \approx \frac{b-a}{n}\big[f(\xi_1)+f(\xi_2)+\cdots+f(\xi_n)\big],$$

其中 $x_i \leqslant \xi_i \leqslant x_{i+1}$ $(i=1,2,\cdots,n-1)$, 这里所求曲边图形的面积就被某一个由矩形组成的阶梯状图形面积所代替(或者说定积分被积分和所代替). 这个近似公式就叫做**矩形公式**.

根据定积分的定义, 每一个积分和都可以看作定积分的一个近似值, 即

$$\int_a^b f(x)\mathrm{d}x \approx \sum_{i=1}^n f(\xi_i)\Delta x_i.$$

在几何意义上, 这是用一系列小矩形面积近似代替小曲边梯形面积的结果, 所以把这个近似计算方法称为矩形法. 不过, 按照微积分的方法只有当积分区间被分割得很细时, 矩形法才有一定的精确度.

针对不同 ξ_i 的取法, 计算结果会有不同, 常见的取法有:

(1) 左端点法, 即 $\xi_i = x_{i-1}$, $\displaystyle\int_a^b f(x)\mathrm{d}x \approx \sum_{i=1}^n f(x_{i-1})\Delta x_i$;

(2) 右端点法, 即 $\xi_i = x_i$, $\displaystyle\int_a^b f(x)\mathrm{d}x \approx \sum_{i=1}^n f(x_i)\Delta x_i$;

(3) 中点法, 即 $\xi_i = \dfrac{x_{i-1}+x_i}{2}$, $\displaystyle\int_a^b f(x)\mathrm{d}x \approx \sum_{i=1}^n f\left(\dfrac{x_{i-1}+x_i}{2}\right)\Delta x_i$.

例 5.1　用矩形公式近似计算积分 $\displaystyle\int_0^1 \dfrac{\mathrm{d}x}{1+x^2}$ (取 $n=100$).

解　对积分区间 $[a,b]=[0,1]$ 作 n 等分

$$a = x_0 < x_1 < \cdots < x_i = a + i\frac{b-a}{n} < \cdots < x_n = b,$$

由定义知

$$\int_a^b \frac{\mathrm{d}x}{1+x^2} \approx \sum_{i=1}^n f(\xi_i)\Delta x_i = \frac{1}{n}\sum_{i=1}^n f(\xi_i).$$

(1) 左端点法: 在区间 $[x_{i-1}, x_i]$ 上取左端点, 即取 $\xi_i = x_{i-1} = \dfrac{i-1}{n}, i=1,2,\cdots,n$, 则

$$\int_0^1 \frac{\mathrm{d}x}{1+x^2} \approx \sum_{i=1}^n f(\xi_i)\Delta x_i = 0.78789399673078,$$

理论值 $\int_0^1 \dfrac{\mathrm{d}x}{1+x^2} = \dfrac{\pi}{4}$ ，此时计算的相对误差为

$$\left| \frac{0.78789399673078 - \dfrac{\pi}{4}}{\dfrac{\pi}{4}} \right| \approx 0.003178 .$$

(2) 右端点法：在区间 $[x_{i-1}, x_i]$ 上取右端点，即取 $\xi_i = x_i = \dfrac{i}{n}, i=1,2,\cdots,n,$ 则

$$\int_0^1 \frac{\mathrm{d}x}{1+x^2} \approx \sum_{i=1}^n f(\xi_i)\Delta x_i = 0.78289399673078 ,$$

理论值 $\int_0^1 \dfrac{\mathrm{d}x}{1+x^2} = \dfrac{\pi}{4}$ ，此时计算的相对误差为

$$\left| \frac{0.78789399673078 - \dfrac{\pi}{4}}{\dfrac{\pi}{4}} \right| \approx 0.003188 .$$

(3) 中点法：取 ξ_i 为区间 $[x_{i-1}, x_i]$ 上的中点，即取 $\xi_i = \dfrac{x_{i-1}+x_i}{2} = \dfrac{2i-1}{2n}$ ，$i=1,2,\cdots,n,$ 则

$$\int_0^1 \frac{\mathrm{d}x}{1+x^2} \approx \sum_{i=1}^n f(\xi_i)\Delta x_i = 0.78540024673078 ,$$

理论值 $\int_0^1 \dfrac{\mathrm{d}x}{1+x^2} = \dfrac{\pi}{4}$ ，此时计算的相对误差为

$$\left| \frac{0.78789399673078 - \dfrac{\pi}{4}}{\dfrac{\pi}{4}} \right| \approx 2.653 \times 10^{-6} .$$

　　如果在分割的每个小区间上采用一次或二次多项式来近似代替被积函数，那么可以期望得到比矩形法效果好得多的近似计算公式. 下面介绍的梯形法和抛物线法就是这一指导思想的产物.

三、梯形公式

等分区间

$$a = x_0 < x_1 < \cdots < x_i = a + i\frac{b-a}{n} < \cdots < x_n = b, \quad \Delta x_i = \Delta x = \frac{b-a}{n} .$$

相应函数值为

$$y_0, y_1, \cdots, y_n \quad (y_i = f(x_i), i = 0, 1, \cdots, n).$$

曲线 $y = f(x)$ 上相应的点为

$$P_0, P_1, \cdots, P_n \quad (P_i = f(x_i, y_i), i = 0, 1, \cdots, n).$$

将曲线的每一段弧 $P_{i-1}P_i$ 用过点 P_{i-1}, P_i 的弦 $P_{i-1}P_i$ (线性函数)来代替，这使得每个 $[P_{i-1}, P_i]$ 上的曲边梯形成为真正的梯形，其面积为

$$\frac{y_{i-1} + y_i}{2} \Delta x_i, \quad i = 1, 2, \cdots, n.$$

于是各个小梯形面积之和就是曲边梯形面积的近似值，

$$\int_a^b f(x)\mathrm{d}x \approx \sum_{i=1}^n f(\xi_i)\Delta x_i = \sum_{i=1}^n \frac{y_{i-1} + y_i}{2} \Delta x_i = \frac{\Delta x}{2} \sum_{i=1}^n (y_{i-1} + y_i),$$

即

$$\int_a^b f(x)\mathrm{d}x \approx \frac{b-a}{n}\left(\frac{y_0}{2} + y_1 + \cdots + y_{n-1} + \frac{y_n}{2}\right).$$

称此式为梯形公式.

例 5.2 用梯形公式近似计算积分 $\displaystyle\int_0^1 \frac{\mathrm{d}x}{1+x^2}$ (取 $n=100$).

解
$$\int_0^1 \frac{\mathrm{d}x}{1+x^2} \approx \frac{1-0}{n}\left(\frac{y_0}{2} + y_1 + \cdots + y_{n-1} + \frac{y_n}{2}\right) = 0.78539399673078,$$

理论值 $\displaystyle\int_0^1 \frac{\mathrm{d}x}{1+x^2} = \frac{\pi}{4}$，此时计算的相对误差为

$$\left|\frac{0.78539399673078 - \dfrac{\pi}{4}}{\dfrac{\pi}{4}}\right| \approx 5.305 \times 10^{-6}.$$

很显然，这个误差要比简单的矩形左点法和右点法的计算误差小得多.

四、抛物线公式

由梯形法求近似值，当 $y = f(x)$ 为凹曲线时，它就偏小；当 $y = f(x)$ 为凸曲线时，它就偏大. 若每段改用与它凸性相接近的抛物线来近似时，就可减少上述缺点，这就是抛物线法.

将积分区间 $[a,b]$ 作 $2n$ 等分，分点依次为

$$a = x_0 < x_1 < \cdots < x_i = a + i\frac{b-a}{2n} < \cdots < x_{2n} = b, \quad \Delta x_i = \Delta x = \frac{b-a}{n}.$$

相应函数值为

$$y_0, y_1, \cdots, y_{2n} \quad (y_i = f(x_i), i = 0, 1, \cdots, n).$$

曲线 $y = f(x)$ 上相应的点为

$$P_0, P_1, \cdots, P_{2n} \quad (P_i = (x_i, y_i), i = 0, 1, \cdots, 2n).$$

现把区间 $[x_0, x_2]$ 上的曲线段 $y = f(x)$ 用通过三点 $P_0(x_0, y_0), P_1(x_1, y_1), P_2(x_2, y_2)$ 的抛物线

$$y = \alpha x^2 + \beta x + \gamma = Q_1(x)$$

来近似代替，然后求函数 $Q_1(x)$ 从 x_0 到 x_2 的定积分：

$$\int_{x_0}^{x_2} Q_1(x)\mathrm{d}x = \int_{x_0}^{x_2} (\alpha x^2 + \beta x + \gamma)\mathrm{d}x = \frac{\alpha}{3}(x_2^3 - x_0^3) + \frac{\beta}{2}(x_2^2 - x_0^2) + \gamma(x_2 - x_0)$$

$$= \frac{x_2 - x_0}{6}\Big[(\alpha x_2^2 + \beta x_2 + \gamma) + (\alpha x_0^2 + \beta x_2 + \gamma) + \alpha(x_2 + x_0)^2$$

$$+ 2\beta(x_2 + x_0) + 4\gamma\Big].$$

由于 $x_1 = \dfrac{x_0 + x_2}{2}$，将其代入上式并且整理以后可得

$$\int_{x_0}^{x_2} Q_1(x)\mathrm{d}x = \frac{x_2 - x_0}{6}[(\alpha x_2^2 + \beta x_2 + \gamma) + (\alpha x_0^2 + \beta x_2 + \gamma) + 4(\alpha x_1^2 + \beta x_1 + \gamma)]$$

$$= \frac{x_2 - x_0}{6}(y_0 + 4y_1 + y_2) = \frac{b-a}{6n}(y_0 + 4y_1 + y_2).$$

同样也有

$$\int_{x_2}^{x_4} Q_2(x)\mathrm{d}x = \frac{b-a}{6n}(y_2 + 4y_3 + y_4),$$

$$\cdots\cdots$$

$$\int_{x_{2n-2}}^{x_{2n}} Q_n(x)\mathrm{d}x = \frac{b-a}{6n}(y_{2n-2} + 4y_{2n-1} + y_{2n}).$$

将这 n 个积分相加即得原来所要计算的定积分的近似值：

$$\int_a^b f(x)\mathrm{d}x \approx \sum_{i=1}^n \int_{x_{2i-2}}^{x_{2i}} Q_i(x)\mathrm{d}x = \sum_{i=1}^n \frac{b-a}{6n}(y_{2i-2} + 4y_{2i-1} + y_{2i}),$$

即

$$\int_a^b f(x)\mathrm{d}x \approx \frac{b-a}{6n}[y_0 + y_{2n} + 4(y_1 + y_3 + \cdots + y_{2n-1}) + 2(y_2 + y_4 + \cdots + y_{2n-2})].$$

这就是抛物线公式, 也称为**辛普森(Simpson)公式**.

例5.3 用抛物线公式近似计算积分 $\int_0^1 \frac{\mathrm{d}x}{1+x^2}$ (取 $n=100$).

解 $\int_0^1 \frac{\mathrm{d}x}{1+x^2} \approx \frac{b-a}{6n}[y_0 + y_{2n} + 4(y_1 + y_3 + \cdots + y_{2n-1}) + 2(y_2 + y_4 + \cdots + y_{2n-2})]$

$$= 0.78539816339745,$$

理论值 $\int_0^1 \frac{\mathrm{d}x}{1+x^2} = \frac{\pi}{4}$, 此时计算的相对误差为

$$\left| \frac{0.78539816339745 - \frac{\pi}{4}}{\frac{\pi}{4}} \right| \approx 2.827 \times 10^{-16}.$$

从上面计算的实例可以看出, 利用抛物线公式在相同工作量的情况下, 通常能够给出更加精确的结果. 所以对于定积分的近似计算, 这个辛普森公式比矩形以及梯形公式更加经常使用.

习 题 4.5

1. 利用矩形公式, 计算定积分 $\int_0^{2\pi} x\sin x\mathrm{d}x$ 的近似值(取 $n=12$).

2. 利用梯形公式计算定积分 $\int_0^1 \frac{1}{1+x}\mathrm{d}x$ 的近似值(取 $n=8$).

3. 利用辛普森公式计算定积分 $\int_1^9 \sqrt{x}\mathrm{d}x$ 的近似值(取 $n=4$).

第六节 广 义 积 分

一、科学实践中黎曼积分的缺陷

黎曼积分具有明显的直观性, 它是面积的推广. 在相当广泛的领域得到了应用. 但是随着人们对客观世界认识的不断深化, 特别是 18 世纪, 有关热、波、电磁波等的研究需要, 数学上必须对函数项级数、含参数变量的函数等进行更加深入的探讨. 如果说数学中的导数是力学中质点运动的速度、加速度的数学表达,

那么数学中的积分就是表达功、能量的重要数学工具. 随着物理学的发展, 迫切希望数学能有一个比黎曼积分更为有效的积分, 它既能够保持黎曼积分的直观性, 又能在逐项积分(即积分与极限交换顺序)方面比黎曼积分所需要的条件(在黎曼积分中通常加一致收敛等类型条件)有较大的改进. 数学家勒贝格首先建立了较为令人满意的一种积分——勒贝格积分. 限于篇幅, 本书没有安排这部分内容, 具体详见专业教材中的测度论.

但是, 我们可以将原来的黎曼积分, 适度地进行拓展和推广. 根据定积分的定义, 要使函数 f 在区间 $[a,b]$ 上的定积分有意义, 至少要满足两个条件: ①积分区间 $[a,b]$ 是有限的; ②f 是 $[a,b]$ 上的有界函数, 但在许多理论和实际问题的研究中, 往往要把定积分的概念加以推广, 经常需要研究无穷区间上函数的积分问题或者无界函数的积分问题, 这两种积分称为广义积分. 广义积分有两种, 它们都可以通过对定积分再取一次极限来定义. 本节讨论两种广义积分的概念及其审敛准则.

二、无穷区间上的积分

例 6.1　在一个由带电量为 Q 的点电荷形成的电场中, 求与该点电荷相距为 a 处的电位.

解　根据物理学知识, 该点处的电位 V_a 是该点处的单位正电荷移至无穷远处电场所做的功. 不妨设点电荷 Q 位于坐标原点, 单位正电荷在 x 轴上, 它与坐标原点相距为 a(图 4.11), 则当单位正电荷由 x 移至 $x + \mathrm{d}x$ 处, 电场力 $F(x)$ 所做功的近似值为

$$\mathrm{d}W = F(x)\mathrm{d}x = k\frac{Q}{x^2}\mathrm{d}x,$$

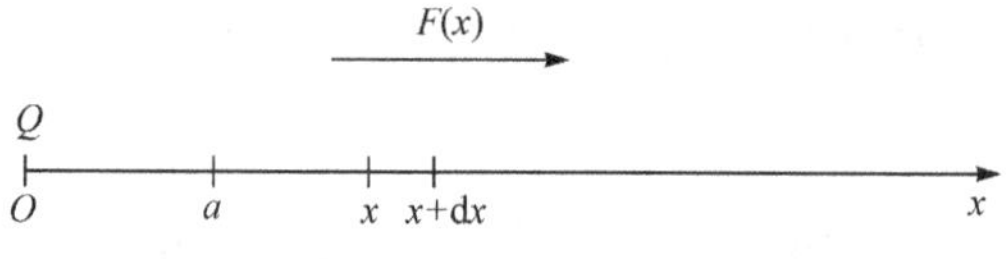

图 4.11

其中 k 为常数. 该电荷从 $x = a$ 移到 $x = b$ 处电场力所做的功为

$$W = \int_a^b k\frac{Q}{x^2}\mathrm{d}x = kQ\left(\frac{1}{a} - \frac{1}{b}\right).$$

令 $b \to +\infty$, 则电场在 $x = a$ 处的电位为

$$V_a = \lim_{b \to +\infty} W = \lim_{b \to +\infty} kQ\left(\frac{1}{a} - \frac{1}{b}\right) = \frac{kQ}{a},$$

即

$$V_a = \lim_{b \to +\infty} \int_a^b F(x)\mathrm{d}x = \frac{kQ}{a}. \tag{6.1}$$

(6.1)式所包含的定积分的极限，可以把它看作是 $F(x)$ 在区间 $[a,+\infty)$ 上的积分，称为 $F(x)$ 在无穷区间 $[a,+\infty)$ 上的广义积分.

定义 6.1 (无穷限广义积分) 设函数 f 定义在 $[a,+\infty)$ 上. 若对任何 $b>a$, f 在 $[a,b]$ 上黎曼可积，则称 $\lim\limits_{b \to +\infty} \int_a^b F(x)\mathrm{d}x$ 为 f 在**无穷区间** $[a,+\infty)$ **的广义积分**，简称**无穷限广义积分**，记作

$$\int_a^{+\infty} f(x)\mathrm{d}x = \lim_{b \to +\infty} \int_a^b F(x)\mathrm{d}x. \tag{6.2}$$

若极限

$$\lim_{b \to +\infty} \int_a^b F(x)\mathrm{d}x$$

存在，则称 f 在 $[a,+\infty)$ 上的**广义积分收敛**，此时，称该极限为 f 在 $[a,+\infty)$ 上积分**的值**. 若极限不存在，则称 f 在 $[a,+\infty)$ 上的**广义积分发散**. 收敛与发散统称为**敛散性**.

类似地，可以定义 f 在 $(-\infty,b]$ 上的广义积分 $\int_{-\infty}^b f(x)\mathrm{d}x$ 及其敛散性. f 在 $(-\infty,+\infty)$ 上的广义积分 $\int_{-\infty}^{+\infty} f(x)\mathrm{d}x$ 定义如下：

$$\int_{-\infty}^{+\infty} f(x)\mathrm{d}x = \lim_{a \to -\infty} \int_a^c F(x)\mathrm{d}x + \lim_{b \to +\infty} \int_c^b F(x)\mathrm{d}x, \tag{6.3}$$

其中 c 为任一实数，a 与 b 分别趋于 $-\infty$ 与 $+\infty$,若极限

$$\lim_{a \to -\infty} \int_a^c F(x)\mathrm{d}x \quad \text{与} \quad \lim_{b \to +\infty} \int_c^b F(x)\mathrm{d}x$$

同时存在，则称 f 在 $(-\infty,+\infty)$ 上广义积分收敛；若其中有一个不存在，则称**广义积分发散**. 该积分的敛散性不依赖于 c 的选择.

例 6.2 证明积分 $\int_1^{+\infty} \frac{1}{x^p}\mathrm{d}x(p>0)$,当 $p>1$ 时收敛，$p \leqslant 1$ 时发散.

证明 当 $p \neq 1$ 时，

$$\int_1^{+\infty} \frac{1}{x^p}\mathrm{d}x = \frac{1}{1-p} x^{-p+1} \Big|_1^b = \frac{1}{1-p}(b^{-p+1}-1),$$

所以

$$\lim_{b \to +\infty} \int_1^b \frac{1}{x^p} dx = \lim_{b \to +\infty} \frac{1}{1-p}(b^{-p+1}-1).$$

当 $p < 1$ 时，该极限为正无穷大，故积分发散；当 $p > 1$ 时，该极限为 $\dfrac{1}{p-1}$，故积分收敛，并且

$$\int_1^{+\infty} \frac{1}{x^p} dx = \frac{1}{1-p} \quad (p > 1).$$

当 $p = 1$ 时，由于

$$\int_1^b \frac{1}{x} dx = \ln b,$$

所以，当 $b \to +\infty$ 时，它的极限为 $+\infty$，故积分发散.

综上所述，该积分在 $p > 1$ 时收敛，$p \leqslant 1$ 时发散. 习惯上，常称此积分为 p **积分**.

例 6.3　求 $\displaystyle\int_{-\infty}^0 x\mathrm{e}^x dx$ 的值.

解　由于

$$\int_{-b}^0 x\mathrm{e}^x dx = (x\mathrm{e}^x - \mathrm{e}^x)\Big|_{-b}^0 = \frac{b+1}{\mathrm{e}^b} - 1,$$

所以

$$\int_{-\infty}^0 x\mathrm{e}^x dx = \lim_{b \to +\infty} \int_{-b}^0 x\mathrm{e}^x dx = \lim_{b \to +\infty}\left(\frac{b+1}{\mathrm{e}^b} - 1\right) = -1.$$

例 6.4　求 $\displaystyle\int_{-\infty}^{+\infty} \frac{dx}{1+x^2}$ 的值.

解　在(6.3)式中，取 $c = 0$，则

$$\int_{-\infty}^{+\infty} \frac{dx}{1+x^2} = \lim_{a \to -\infty} \int_a^0 \frac{dx}{1+x^2} + \lim_{b \to +\infty} \int_0^b \frac{dx}{1+x^2}$$

$$= \lim_{a \to -\infty} \arctan x \Big|_a^0 + \lim_{b \to +\infty} \arctan x \Big|_0^b = -\left(-\frac{\pi}{2}\right) + \frac{\pi}{2} = \pi.$$

为了书写简便，经常省略极限符号，直接把 $+\infty$（或 $-\infty$）作上(下)限代入. 按照这样做法，例6.3的运算过程可改写为

$$\int_{-\infty}^0 x\mathrm{e}^x dx = (x\mathrm{e}^x - \mathrm{e}^x)\Big|_{-\infty}^0 = -1,$$

其中将下限 $-\infty$ 代入的含义就是：$x \to -\infty$ 时函数 $x\mathrm{e}^x - \mathrm{e}^x$ 的极限.

无穷区间上的积分有简单的几何意义. 设在区间 $[a, +\infty)$ 上，$f(x) \geqslant 0$. 若

$\int_a^{+\infty} f(x)\mathrm{d}x$ 收敛，它的值就是曲边梯形(图 4.12 中阴影部分)的面积. $\int_a^b f(x)\mathrm{d}x$ 当 $b\to+\infty$ 时的极限，也就是图 4.12 中阴影部分沿 x 轴正向向右无限伸展的平面图形的面积，是个有限值；若 $\int_a^{+\infty} f(x)\mathrm{d}x$ 发散，则上述无限伸展的平面图形没有有限的面积.

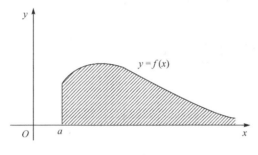

图 4.12

收敛的无穷积分与定积分有相类似的性质. 例如，线性性质、对区间的可加性等. 定积分中的换元法与分部积分法也可推广到这种广义积分，此处均不一一罗列，读者可直接应用.

上面已经看到，利用定义来判断广义积分的敛散性是比较困难的. 因为用这种方法不但要求出被积函数的原函数而且还要求极限. 当原函数不能用初等函数来表示时，这种方法就更加无能为力了. 因此，需要另外寻求判定广义积分敛散性的简便方法. 下面的方法都是直接利用被积函数的性态来进行判定的. 为了简便，我们只讨论无穷区间 $[a,+\infty)$ 上的积分，所得结论不难推广到其他情况.

定理 6.1 (比较准则 I) 设 f,g 在 $[a,+\infty)$ 上连续，并且
$$0\leqslant f(x)\leqslant g(x),\quad \forall x\in[a,+\infty),\tag{6.4}$$
则

(1) 当 $\int_a^{+\infty} g(x)\mathrm{d}x$ 收敛时，$\int_a^{+\infty} f(x)\mathrm{d}x$ 收敛；

(2) 当 $\int_a^{+\infty} f(x)\mathrm{d}x$ 发散时，$\int_a^{+\infty} g(x)\mathrm{d}x$ 发散.

证明 (1) 对大于 a 的任意实数 b，由 $0\leqslant f(x)\leqslant g(x)$ 知
$$\int_a^b f(x)\mathrm{d}x\leqslant\int_a^b g(x)\mathrm{d}x\leqslant\int_a^{+\infty} g(x)\mathrm{d}x.$$

由于不等式右边的积分 $\int_a^{+\infty} g(x)\mathrm{d}x$ 收敛，因而函数 $F(b)=\int_a^b f(x)\mathrm{d}x$ 有上界.

又因为 $f(x)\geqslant 0$，所以 $F(b)$ 是 b 的单调增函数，故极限

$$\lim_{b \to +\infty} \int_a^b f(x)\mathrm{d}x$$

存在，即 $\int_a^{+\infty} f(x)\mathrm{d}x$ 收敛.

(2) 结论(2)可用反证法直接从结论(1)得到.

容易看出，若将不等式(6.4)成立的区间换成 $[c, +\infty)$，其中 c 为大于 a 的任一实数，结论仍然成立.

例 6.5　证明无穷积分 $\int_0^{+\infty} \mathrm{e}^{-x^2} \mathrm{d}x$ 收敛.

证明　由于 $x > 1$ 时，$0 < \mathrm{e}^{-x^2} < \mathrm{e}^{-x}$，而积分

$$\int_1^{+\infty} \mathrm{e}^{-x} \mathrm{d}x = -\mathrm{e}^{-x} \Big|_1^{+\infty} = \mathrm{e}^{-1}$$

收敛，所以 $\int_1^{+\infty} \mathrm{e}^{-x^2} \mathrm{d}x$ 收敛，从而无穷积分

$$\int_0^{+\infty} \mathrm{e}^{-x^2} \mathrm{d}x = \int_0^1 \mathrm{e}^{-x^2} \mathrm{d}x + \int_1^{+\infty} \mathrm{e}^{-x^2} \mathrm{d}x$$

也收敛.

定理 6.2(比较准则 II)　如果 f, g 为 $[a, +\infty)$ 上的非负连续函数，而且 $g(x) > 0$，设 $\lim\limits_{x \to +\infty} \dfrac{f(x)}{g(x)} = \lambda$(有限或 $+\infty$)，那么

(1) 当 $\lambda > 0$ 时，$\int_a^{+\infty} f(x)\mathrm{d}x$ 与 $\int_a^{+\infty} g(x)\mathrm{d}x$ 同时收敛或同时发散；

(2) 当 $\lambda = 0$ 时，若 $\int_a^{+\infty} g(x)\mathrm{d}x$ 收敛，则 $\int_a^{+\infty} f(x)\mathrm{d}x$ 也收敛；

(3) 当 $\lambda = +\infty$ 时，若 $\int_a^{+\infty} g(x)\mathrm{d}x$ 发散，则 $\int_a^{+\infty} f(x)\mathrm{d}x$ 也发散.

证明　(1) 由于 $\lim\limits_{x \to +\infty} \dfrac{f(x)}{g(x)} = \lambda > 0$，所以存在正数 $c \geqslant a$，使当 $x \geqslant c$ 时，恒有

$$-\frac{\lambda}{2} < \frac{f(x)}{g(x)} - \lambda < \frac{\lambda}{2}.$$

注意到 $g(x) > 0$，从而有

$$0 < \frac{\lambda}{2} g(x) < f(x) < \frac{3\lambda}{2} g(x).$$

由比较准则 I 及其后面的说明易知，$\int_a^{+\infty} f(x)\mathrm{d}x$ 与 $\int_a^{+\infty} g(x)\mathrm{d}x$ 同时敛散.

(2) 由于 $\lim\limits_{x\to+\infty}\dfrac{f(x)}{g(x)}=0$,故 $\forall\varepsilon>0$,∃正数 $c\geqslant a$,使得当 $x\geqslant c$ 时,恒有

$$-\varepsilon<\frac{f(x)}{g(x)}<\varepsilon,$$

从而有

$$-\varepsilon g(x)<f(x)<\varepsilon g(x).$$

为了利用比较准则 I,在上面的式子中同时加上 $\varepsilon g(x)$,可得

$$0<f(x)+\varepsilon g(x)<2\varepsilon g(x).$$

由于 $\displaystyle\int_a^{+\infty}g(x)\mathrm{d}x$ 收敛,故而比较准则 I 可知积分 $\displaystyle\int_a^{+\infty}\left[f(x)+\varepsilon g(x)\right]\mathrm{d}x$ 也收敛. 又因为

$$\int_a^{+\infty}f(x)\mathrm{d}x=\int_a^{+\infty}\left[f(x)+\varepsilon g(x)\right]\mathrm{d}x-\int_a^{+\infty}\varepsilon g(x)\mathrm{d}x,$$

所以 $\displaystyle\int_a^{+\infty}f(x)\mathrm{d}x$ 收敛.

(3) 证明留给读者.

由于 p 积分的敛散性已经知道,因而在利用比较准则 II 时,经常取 $\dfrac{1}{x^p}$ 作为 $g(x)$ 来判断积分 $\displaystyle\int_a^{+\infty}f(x)\mathrm{d}x$ 的敛散性.

例 6.6 判定下列积分的敛散性:

(1) $\displaystyle\int_0^{+\infty}\frac{\mathrm{d}x}{x^2+x+1}$;　　　　(2) $\displaystyle\int_0^{+\infty}\frac{\mathrm{d}x}{3x+\sqrt{x}+2}$.

解 (1) 假设 $f(x)=\dfrac{1}{x^2+x+1},g(x)=\dfrac{1}{x^2}$. 因为

$$\lim_{x\to+\infty}\frac{f(x)}{g(x)}=\lim_{x\to+\infty}\frac{x^2}{x^2+x+1}=1,$$

而 $\displaystyle\int_1^{+\infty}\frac{\mathrm{d}x}{x^2}$ 收敛,所以 $\displaystyle\int_1^{+\infty}\frac{\mathrm{d}x}{x^2+x+1}$ 也收敛,从而知

$$\int_0^{+\infty}\frac{\mathrm{d}x}{x^2+x+1}=\int_0^1\frac{\mathrm{d}x}{x^2+x+1}+\int_1^{+\infty}\frac{\mathrm{d}x}{x^2+x+1}$$

收敛.

(2) 假设 $f(x)=\dfrac{1}{3x+\sqrt{x}+2}$,$g(x)=\dfrac{1}{x}$. 因为 $\lim\limits_{x\to+\infty}\dfrac{f(x)}{g(x)}=\dfrac{1}{3}$,而 $\displaystyle\int_1^{+\infty}\frac{\mathrm{d}x}{x}$ 发散,

所以

$$\int_0^{+\infty} \frac{dx}{3x+\sqrt{x}+2} = \int_0^1 \frac{dx}{3x+\sqrt{x}+2} + \int_1^{+\infty} \frac{dx}{3x+\sqrt{x}+2}$$

也发散.

上面两个准则仅仅适用于 f 在 $[a,+\infty)$ 上是定号的情况(非负或者非正),下面我们再考虑 f 变号的情况.

定理 6.3 (绝对收敛准则)　假设 $f \in C[a,+\infty)$,如果 $\int_a^{+\infty} |f(x)| dx$ 收敛,那么 $\int_a^{+\infty} f(x) dx$ 也收敛(此时称积分 $\int_a^{+\infty} f(x) dx$ 绝对收敛).

证明　由于 $0 \leqslant |f(x)| - f(x) \leqslant 2|f(x)|$,又知道

$$\int_a^{+\infty} 2|f(x)| dx = 2\int_a^{+\infty} |f(x)| dx$$

收敛,由比较准则 I 知 $\int_a^{+\infty} [|f(x)| - f(x)] dx$ 收敛,所以

$$\int_a^{+\infty} f(x) dx = \int_a^{+\infty} |f(x)| dx - \int_a^{+\infty} [|f(x)| - f(x)] dx$$

也收敛.

例 6.7　判断 $\int_0^{+\infty} e^{-x} \sin x \, dx$ 的敛散性.

解　由于 $|e^{-x} \sin| \leqslant e^{-x}$,而 $\int_0^{+\infty} e^{-x} dx$ 收敛,所以 $\int_0^{+\infty} |e^{-x} \sin x| dx$ 收敛,即原积分绝对收敛.

三、无界函数的积分

先定义无界点,在 $x = x_0$ 点的任意邻域内,函数 f 都无界,则称此点为无界点. 可以用魏尔斯特拉斯(weierstrass)定理(有界点列必有收敛子列)来证明,无界函数在区间内至少有一个无界点. 为了简化问题,我们假定只有一个无界点,而且在端点.

定义 6.2 (无界函数的积分)　设函数 f 定义在区间 $(a,b]$ 上,在 a 附近无界(此时称 a 为 f 的**奇点**),并且对任意的 $\varepsilon > 0$,f 在 $[a+\varepsilon, b]$ 上黎曼可积,则称 $\lim_{\varepsilon \to 0^+} \int_{a+\varepsilon}^b f(x) dx$ 为**无界函数 f 在 $(a,b]$ 上的积分**,记作

$$\int_a^b f(x) dx = \lim_{\varepsilon \to 0^+} \int_{a+\varepsilon}^b f(x) dx. \tag{6.5}$$

若极限

$$\lim_{\varepsilon \to 0^+} \int_{a+\varepsilon}^b f(x)\mathrm{d}x$$

存在，则称无界函数 f 在 $(a,b]$ 上的积分收敛，此时，称该极限为无界函数 f 在 $(a,b]$ 上积分的值；若极限不存在，则称该积分发散. 收敛与发散统称为敛散性.

若 f 定义在 $[a,b)$ 上，b 为 f 的奇点，可类似地定义无界函数 f 在 $[a,b)$ 上的积分 $\int_a^b f(x)\mathrm{d}x$ 及其敛散性.

设 f 定义在 $[a,c)\cup(c,b]$ 上，c 为 f 的奇点，定义 f 在 $[a,b]$ 上的积分为

$$\int_a^b f(x)\mathrm{d}x = \lim_{\varepsilon \to 0^+} \int_a^{c-\varepsilon} f(x)\mathrm{d}x + \lim_{\delta \to 0^+} \int_{c+\delta}^b f(x)\mathrm{d}x, \tag{6.6}$$

其中 ε 和 δ 为任意的不同正数，并且分别趋于零. 若极限

$$\lim_{\varepsilon \to 0^+} \int_a^{c-\varepsilon} f(x)\mathrm{d}x \quad \text{与} \quad \lim_{\delta \to 0^+} \int_{c+\delta}^b f(x)\mathrm{d}x$$

同时存在，则无界函数 f 在 $[a,b]$ 上的积分收敛；若其中有一个不存在，则称积分发散.

无穷区间上的积分与无界函数的积分统称为广义积分.

例 6.8 求积分 $\int_0^a \dfrac{\mathrm{d}x}{\sqrt{a^2-x^2}}$ $(a>0)$ 的值.

解 由于 a 是 $\dfrac{1}{\sqrt{a^2-x^2}}$ 的奇点，所以题中的积分是无界函数的积分. 由定义，

$$\int_0^a \frac{\mathrm{d}x}{\sqrt{a^2-x^2}} = \lim_{\varepsilon \to 0^+} \int_0^{a-\varepsilon} \frac{\mathrm{d}x}{\sqrt{a^2-x^2}} = \lim_{\varepsilon \to 0}\left(\arcsin\frac{x}{a}\Big|_0^{a-\varepsilon} \right) = \frac{\pi}{2}.$$

例 6.9 讨论积分 $\int_a^b \dfrac{\mathrm{d}x}{(x-a)^p}$ $(a<b, p<0)$ 的敛散性.

解 由于 a 是 $\dfrac{1}{(x-a)^p}$ 的奇点，所以题中的积分是无界函数的积分. 当 $p=1$ 时，对于任意的 $\varepsilon > 0$ ，

$$\int_{a+\varepsilon}^b \frac{\mathrm{d}x}{x-a} = \ln(x-a)\Big|_{a+\varepsilon}^b = \ln(b-a) - \ln\varepsilon.$$

由于当 $\varepsilon \to 0$ 时，此定积分的极限不存在，故积分 $\int_a^b \dfrac{\mathrm{d}x}{x-a}$ 发散. 当 $p \ne 1$ 时，由于

$$\lim_{\varepsilon \to 0^+} \int_{a+\varepsilon}^b \frac{\mathrm{d}x}{(x-a)^p} = \lim_{\varepsilon \to 0^+}\left[\frac{(x-a)^{1-p}}{1-p}\Big|_{a+\varepsilon}^b \right] = \lim_{\varepsilon \to 0^+}\left[\frac{(b-a)^{1-p}}{1-p} - \frac{\varepsilon^{1-p}}{1-p} \right]$$

$$= \begin{cases} \dfrac{(b-a)^{1-p}}{1-p}, & p<1, \\ +\infty, & p>1, \end{cases}$$

所以当 $p<1$ 时，积分 $\displaystyle\int_a^b \dfrac{\mathrm{d}x}{(x-a)^p}$ 收敛，并且其值为 $\dfrac{(b-a)^{1-p}}{1-p}$；当 $p>1$ 时，该积分发散.

综合上面的讨论知：当 $p<1$ 时，该积分收敛；当 $p \geqslant 1$ 时，该积分发散.

类似地讨论可知，积分 $\displaystyle\int_a^b \dfrac{\mathrm{d}x}{(b-x)^p}$ $(a<b, p>0)$ 当 $p<1$ 时收敛，当 $p \geqslant 1$ 时发散.

通常也把这两个积分叫做无界函数的 p 积分.

无界函数的积分也有简单的几何意义，读者可以参照无穷积分上的几何意义去讨论，此处不再赘述. 另外，定积分的性质以及定积分的换元法和分部积分法，也能推广到收敛的无界函数的积分中来.

为了书写简单起见，对于无界函数的积分，也可以用类似于定积分的牛顿-莱布尼茨公式的表达形式来讨论它的敛散性，计算收敛积分的值，现说明如下. 设 $f \in C[a,b), x=b$ 为它的奇点，F 为 f 的一个原函数，由于

$$\lim_{\varepsilon \to 0^+} \int_a^{b-\varepsilon} f(x)\mathrm{d}x = \lim_{\varepsilon \to 0^+} \left(F(x)\big|_a^{b-\varepsilon} \right) = \lim_{\varepsilon \to 0^+} F(b-\varepsilon) - F(a),$$

所以，积分 $\displaystyle\int_a^b f(x)\mathrm{d}x$ 收敛的充要条件是 $\displaystyle\lim_{x \to \infty} F(b-\varepsilon) = F(b-0)$ 存在. 故若原函数 F 在 $x=b$ 处的左极限存在，则有

$$\int_a^b f(x)\mathrm{d}x = F(b-0) - F(a). \tag{6.7}$$

特别地，若原函数 F 在 $x=b$ 处左连续存在，则有

$$\int_a^b f(x)\mathrm{d}x = F(b) - F(a). \tag{6.8}$$

例如，在例 6.8 中，由于 $\arcsin \dfrac{x}{a}$ 是被积函数的一个原函数，并且它在 $x=a$ 处左连续，故例 6.8 的运算过程可直接写成

$$\int_0^a \dfrac{\mathrm{d}x}{\sqrt{a^2-x^2}} = \arcsin \dfrac{x}{a}\bigg|_0^a = \dfrac{\pi}{2}.$$

例 6.10 计算 $\displaystyle\int_0^1 \ln x \, \mathrm{d}x$.

解 由分部积分法容易求得 $\ln x$ 的一个原函数 $x\ln x - x$，它在 $x=0$ 处没有定

义，但是利用 L'Hospital 法则可知

$$\lim_{x \to 0^+} (x \ln x - x) = 0,$$

故

$$\int_0^1 \ln x \mathrm{d}x = x(\ln x - 1)\Big|_0^1 = -1.$$

如果函数 f 的奇点在 $[a,b]$ 之内，或者在 $[a,b]$ 上有几个奇点，除这些奇点外均连续，只要 f 的原函数 F 在这些点上都连续，那么公式(6.8)仍然成立.

例 6.11 计算积分 $\displaystyle\int_{-1}^8 \frac{\mathrm{d}x}{\sqrt[3]{x}}$.

解 $x = 0$ 是被积函数的奇点，但由于原函数 $F(x) = \dfrac{3}{2} x^{\frac{2}{3}}$ 在该点连续，故

$$\int_{-1}^8 \frac{\mathrm{d}x}{\sqrt[3]{x}} = \frac{3}{2} x^{\frac{2}{3}}\Big|_{-1}^8 = \frac{9}{2}.$$

无界函数积分也有与无穷积分类似的审敛准则. 这些准则的证明读者可以仿照无穷限的积分的相应准则完成. 下面仅仅列出在 $(a,b]$ 上连续，$x = a$ 为奇点的无界函数积分的审敛准则.

定理 6.4 (比较准则 I) 假设 f, g 在区间 $(a,b]$ 上连续，a 是它们的奇点，而且在区间 $(a,b]$ 上有

$$0 \leqslant f(x) \leqslant g(x),$$

则

(1) 当 $\displaystyle\int_a^b g(x)\mathrm{d}x$ 收敛时，$\displaystyle\int_a^b f(x)\mathrm{d}x$ 收敛；

(2) 当 $\displaystyle\int_a^b f(x)\mathrm{d}x$ 发散时，$\displaystyle\int_a^b g(x)\mathrm{d}x$ 发散.

定理 6.5 (比较准则 II) 设 f, g 在 $(a,b]$ 上非负连续，a 是它们的奇点，且 $g(x) > 0$，又 $\displaystyle\lim_{x \to +\infty} \frac{f(x)}{g(x)} = \lambda$ (有限或 $+\infty$)，则

(1) 当 $\lambda > 0$ 时，$\displaystyle\int_a^b f(x)\mathrm{d}x$ 与 $\displaystyle\int_a^b g(x)\mathrm{d}x$ 同时收敛或同时发散；

(2) 当 $\lambda = 0$ 时，若 $\displaystyle\int_a^b g(x)\mathrm{d}x$ 收敛，则 $\displaystyle\int_a^b f(x)\mathrm{d}x$ 也收敛；

(3) 当 $\lambda = +\infty$ 时，若 $\displaystyle\int_a^b g(x)\mathrm{d}x$ 发散，则 $\displaystyle\int_a^b f(x)\mathrm{d}x$ 也发散.

定理 6.6 (绝对收敛准则)　设 f 在 $(a,b]$ 上连续，a 是奇点. 若 $\int_a^b |f(x)| \mathrm{d}x$ 收敛，则 $\int_a^b f(x)\mathrm{d}x$ 也收敛 $\left(\text{此时称} \int_a^b f(x)\mathrm{d}x \text{绝对收敛}\right)$.

例 6.12　判定下列积分的敛散性：

(1) $\displaystyle \int_0^1 \frac{\mathrm{d}x}{\sqrt{(1-x^2)(1-k^2x^2)}} \ (k^2 < 1)$;　　　　(2) $\displaystyle \int_0^1 \frac{\sin x \,\mathrm{d}x}{x^{3/2}}$;

(3) $\displaystyle \int_0^1 \frac{\mathrm{d}x}{(\sqrt{x})^3 + 3x^2}$;　　　　(4) $\displaystyle \int_0^1 \frac{\sin\left(\dfrac{1}{x}\right)\mathrm{d}x}{x^{1/2}}$.

解　(1) 当 $x \in [0,1)$ 时，

$$0 < \frac{1}{\sqrt{(1-x^2)(1-k^2x^2)}} = \frac{1}{\sqrt{1-x}\sqrt{(1+x)(1-k^2x^2)}} < \frac{1}{\sqrt{1-k^2}} \cdot \frac{1}{\sqrt{1-x}},$$

而积分

$$\int_0^1 \frac{1}{\sqrt{1-k^2}} \cdot \frac{1}{\sqrt{1-x}} \mathrm{d}x = \frac{1}{\sqrt{1-k^2}} \int_0^1 \frac{1}{\sqrt{1-x}} \mathrm{d}x$$

收敛，由比较准则 I 知原积分收敛.

(2) 取 $f(x) = \dfrac{\sin x}{x^{\frac{3}{2}}}, g(x) = \dfrac{1}{\sqrt{x}}$，则

$$\lim_{x \to 0^+} \frac{f(x)}{g(x)} = \lim_{x \to 0^+} \frac{\sin x}{x} = 1.$$

又 $\displaystyle \int_0^1 \frac{1}{\sqrt{x}} \mathrm{d}x$ 收敛，由比较准则 II 知原积分收敛.

(3) 取 $f(x) = \dfrac{1}{(\sqrt{x})^3 + 3x^2}, g(x) = \dfrac{1}{(\sqrt{x})^3}$，则

$$\lim_{x \to 0^+} \frac{f(x)}{g(x)} = \lim_{x \to 0^+} \frac{x^{\frac{3}{2}}}{(\sqrt{x})^3 + 3x^2} = 1.$$

又 $\displaystyle \int_0^1 \frac{1}{x^{\frac{3}{2}}} \mathrm{d}x$ 发散，由比较准则 II 知原积分发散.

(4) 由于 $|f(x)| = \left| \dfrac{1}{\sqrt{x}} \sin \dfrac{1}{x} \right| \leqslant \dfrac{1}{\sqrt{x}}$,而 $\displaystyle\int_0^1 \dfrac{1}{\sqrt{x}} \mathrm{d}x$ 收敛,由比较准则 I 知 $\displaystyle\int_0^1 |f(x)| \mathrm{d}x$

收敛,因而原积分绝对收敛.

四、Γ 函数

作为广义积分的一个具体例子,我们来介绍在工程技术中有重要作用的一个特殊函数——Γ(Gamma)函数,它是用含有参数的广义积分来定义的非初等函数.

在说明什么是 Γ 函数之前,先证明含参数 α 的广义积分 $\displaystyle\int_0^{+\infty} x^{\alpha-1}\mathrm{e}^{-x}\mathrm{d}x$ 当 $\alpha > 0$ 时收敛.

事实上,由于这个广义积分的积分区间 $[0,+\infty)$ 是无穷的,并且当 $\alpha - 1 < 0$ 时, $x = 0$ 是 $x^{\alpha-1}\mathrm{e}^{-x}\mathrm{d}x$ 的奇点,因此,它既是无穷积分,又是无界函数的积分. 为了讨论它的收敛性,将它改写成

$$\int_0^{+\infty} x^{\alpha-1}\mathrm{e}^{-x}\mathrm{d}x = \int_0^1 x^{\alpha-1}\mathrm{e}^{-x}\mathrm{d}x + \int_1^{+\infty} x^{\alpha-1}\mathrm{e}^{-x}\mathrm{d}x .$$

对于积分 $\displaystyle\int_0^1 x^{\alpha-1}\mathrm{e}^{-x}\mathrm{d}x$,当 $\alpha \geqslant 1$ 时为定积分,当 $0 < \alpha < 1$ 时,由于广义积分 $\displaystyle\int_0^1 x^{\alpha-1}\mathrm{d}x$ 收敛(它属于例 6.9 中无界函数 p 积分),而 $\displaystyle\lim_{x \to 0^+} \dfrac{x^{\alpha-1}\mathrm{e}^x}{x^{\alpha-1}} = 1$,由无界函数积分的比较敛散准则 II 可知,当 $0 < \alpha < 1$ 时,积分 $\displaystyle\int_0^1 x^{\alpha-1}\mathrm{e}^{-x}\mathrm{d}x$ 收敛. 故当 $\alpha > 0$ 时,该积分收敛.

又因为无穷积分 $\displaystyle\int_1^{+\infty} \mathrm{e}^{-x/2}\mathrm{d}x$ 显然收敛,而对任何实数 α ,

$$\lim_{x \to +\infty} \dfrac{x^{\alpha-1}\mathrm{e}^{-x}}{\mathrm{e}^{-\frac{x}{2}}} = 0 ,$$

由无穷积分的比较准则 II 可知,对任何实数 α ,积分 $\displaystyle\int_1^{+\infty} x^{\alpha-1}\mathrm{e}^{-x/2}\mathrm{d}x$ 都收敛.

综上所述,当 $\alpha > 0$ 时,广义积分 $\displaystyle\int_0^{+\infty} x^{\alpha-1}\mathrm{e}^{-x}\mathrm{d}x$ 收敛.

定义 6.3 (Γ 函数)   在区间 $(0,+\infty)$ 内确定的以 α 为自变量的函数,称为 Γ 函数,记作

$$\Gamma(\alpha) = \int_0^{+\infty} x^{\alpha-1}\mathrm{e}^{-x}\mathrm{d}x, \quad \alpha \in (0,+\infty). \tag{6.9}$$

利用分部积分法不难得知，Γ 函数满足如下的递推关系：

$$\Gamma(\alpha+1)=\alpha\Gamma(\alpha). \tag{6.10}$$

事实上，

$$\Gamma(\alpha+1)=\int_0^{+\infty}x^\alpha\mathrm{e}^{-x}\mathrm{d}x=-x^\alpha\mathrm{e}^{-x}\Big|_0^{+\infty}+\alpha\int_0^{+\infty}x^{\alpha-1}\mathrm{e}^{-x}\mathrm{d}x$$

$$=\int_0^{+\infty}x^\alpha\mathrm{e}^{-x}\mathrm{d}x=\alpha\Gamma(\alpha).$$

在递推关系式 6.10 中取 $\alpha=n\in\mathbf{N}_+$，并连续使用 n 次得

$$\Gamma(n+1)=n\Gamma(n)=\cdots=n!\Gamma(1).$$

而

$$\Gamma(1)=\int_0^{+\infty}\mathrm{e}^{-x}\mathrm{d}x=-\mathrm{e}^{-x}\Big|_0^{+\infty}=1,$$

故

$$\Gamma(n+1)=\int_0^{+\infty}x^n\mathrm{e}^{-x}\mathrm{d}x=n!.$$

习　题　4.6

1. 利用定义判定下列无穷积分的敛散性. 如果收敛，计算它的值.

(1) $\displaystyle\int_1^{+\infty}\frac{\mathrm{d}x}{(1+x)\sqrt{x}}$;

(2) $\displaystyle\int_5^{+\infty}\frac{\mathrm{d}x}{x(x+15)}$;

(3) $\displaystyle\int_0^{+\infty}\mathrm{e}^{-\sqrt{x}}\mathrm{d}x$;

(4) $\displaystyle\int_1^{+\infty}\frac{\arctan x}{x^2}\mathrm{d}x$;

(5) $\displaystyle\int_{-\infty}^{+\infty}\frac{\mathrm{d}x}{x^2+2x+2}$;

(6) $\displaystyle\int_{-\infty}^{+\infty}\frac{x}{\sqrt{1+x^2}}\mathrm{d}x$.

2. 利用定义判定下列无界函数积分的敛散性. 如果收敛，计算它的值.

(1) $\displaystyle\int_0^1\frac{x\mathrm{d}x}{\sqrt{1-x^2}}$;

(2) $\displaystyle\int_1^2\frac{\mathrm{d}x}{(x-1)^2}$;

(3) $\displaystyle\int_1^2\frac{x}{\sqrt{x-1}}\mathrm{d}x$;

(4) $\displaystyle\int_0^2\frac{\mathrm{d}x}{x^2-4x+3}$;

(5) $\displaystyle\int_a^b\frac{\mathrm{d}x}{\sqrt{(x-a)(b-x)}}\ (a<b)$;

(6) $\displaystyle\int_0^1\ln x\mathrm{d}x$;

(7) $\int_1^e \dfrac{dx}{x\sqrt{1-(\ln x)^2}}$; (8) $\int_1^3 \ln\sqrt{\dfrac{dx}{|2-x|}}$.

3. 利用定义判定下列广义积分的敛散性. 如果收敛, 计算它的值.

(1) $\int_{\frac{\pi}{4}}^{-\infty} \dfrac{1}{x^2}\sin\dfrac{1}{x}dx$; (2) $\int_1^{+\infty} \dfrac{dx}{x\sqrt{x-1}}$.

4. 当 k 取何值时, 广义积分 $\int_e^{+\infty} \dfrac{dx}{x(\ln x)^k}$ 收敛? k 为何值时它发散?

5. 利用各种判别准则, 讨论下列无穷积分的敛散性:

(1) $\int_0^{+\infty} \dfrac{xdx}{x^3+x^2+1}$; (2) $\int_1^{+\infty} \dfrac{dx}{x\sqrt{x+1}}$;

(3) $\int_1^{+\infty} \dfrac{dx}{\sqrt{x\sqrt{x}}}$; (4) $\int_0^{+\infty} e^{-kx}\cos xdx\ (k>0)$.

6. 利用各种判别准则, 讨论下列广义积分的敛散性:

(1) $\int_0^2 \dfrac{dx}{\ln x}$; (2) $\int_0^1 \dfrac{dx}{\sqrt{1-x^4}}$;

(3) $\int_0^1 \dfrac{dx}{\sqrt{x}\sqrt{1-x^2}}$; (4) $\int_0^1 \dfrac{dx}{\sqrt[3]{x(1-x)^2}}$;

(5) $\int_2^{+\infty} \dfrac{dx}{x^3\sqrt{x^2-3x+2}}$.

7. 下列两种判定积分 $\int_{-\infty}^{+\infty} \dfrac{x}{1+x^2}dx$ 敛散性的做法哪一种是错误的? 为什么?

解法一

$$\int_{-\infty}^{+\infty} \dfrac{x}{1+x^2}dx = \lim_{a\to+\infty}\int_{-a}^{+a} \dfrac{x}{1+x^2}dx = \lim_{a\to+\infty}\dfrac{1}{2}\ln(1+x^2)\Big|_{-a}^{a}$$

$$= \lim_{a\to+\infty}\dfrac{1}{2}[\ln(1+a^2)-\ln(1+(-a)^2)] = 0.$$

故该积分收敛.

解法二

$$\int_{-\infty}^{+\infty} \dfrac{x}{1+x^2}dx = \int_{-\infty}^0 \dfrac{x}{1+x^2}dx + \int_0^{+\infty} \dfrac{x}{1+x^2}dx$$

$$= \lim_{a\to-\infty}\dfrac{1}{2}\ln(1+x^2)\Big|_a^0 + \lim_{b\to+\infty}\dfrac{1}{2}\ln(1+x^2)\Big|_0^b.$$

由于两个极限都不存在, 所以该积分发散.

8. 下列两种判定积分 $\int_1^{+\infty} \dfrac{1}{x(1+x)}dx$ 敛散性的做法哪一种是错误的? 为什么?

解法一

$$\int_1^{+\infty} \dfrac{1}{x(1+x)}dx = \int_1^{+\infty}\left(\dfrac{1}{x}-\dfrac{1}{1+x}\right)dx = \lim_{b\to+\infty}\dfrac{1}{2}\ln\left(\dfrac{x}{1+x}\right)\Big|_1^b = \ln 2.$$

因而收敛.

解法二

$$\int_1^{+\infty} \frac{1}{x(1+x)} \mathrm{d}x = \lim_{b\to+\infty} \ln x \Big|_1^b - \lim_{b\to+\infty} \ln(1+x) \Big|_1^b,$$

两个极限都不存在, 因而发散.

9. 设 f 在 $[a,c) \cup (c,b]$ 连续, 且 $\lim\limits_{x\to c} f(x) = \infty$, 那么广义积分 $\int_a^b f(x)\mathrm{d}x$ 能否用极限

$$\lim_{\varepsilon\to 0^+} \left[\int_a^{c-\varepsilon} f(x)\mathrm{d}x + \int_{c+\varepsilon}^b f(x)\mathrm{d}x \right]$$

来定义? 为什么? 讨论积分的敛散性.

10. 讨论下列广义积分的敛散性:

(1) $\int_0^{+\infty} \frac{\ln(1+x)}{x^\alpha} \mathrm{d}x \ (0 < \alpha < +\infty);$

(2) $\int_0^{\frac{\pi}{2}} \frac{\ln \sin x}{\sqrt{x}} \mathrm{d}x;$

(3) $\int_0^{\frac{\pi}{2}} \frac{\mathrm{d}x}{\sin^p x \cos^q x} \ (p,q > 0);$

(4) $\int_1^{+\infty} \frac{\mathrm{d}x}{x^p \ln^q x} \ (p,q > 0).$

11. 证明: 当 $p,q > 0$ 时, 广义积分 $\int_0^{+\infty} x^{p-1}(1-x)^{q-1}\mathrm{d}x$ 收敛. 此时, 该积分是参数 p,q 的函数, 称为 **Beta 函数**, 记作 $\mathrm{B}(p,q) = \int_0^{+\infty} x^{p-1}(1-x)^{q-1}\mathrm{d}x (p>0, q>0)$.

进而证明 Beta 函数有下列性质:

(1) $\mathrm{B}(p,q) = \mathrm{B}(q,p);$

(2) $\mathrm{B}(p,q) = \dfrac{q-1}{p+q-1} \mathrm{B}(p,q-1)$, 当 $q > 1$ 时; $\ \mathrm{B}(p,q) = \dfrac{p-1}{p+q-1} \mathrm{B}(p-1,q)$, 当 $q > 1$ 时;

(3) $\mathrm{B}(p,q) = \dfrac{\Gamma(p)\Gamma(q)}{\Gamma(p+q)} \ (p,q \in \mathbf{N}_+).$

总 习 题 四

1. 填空:

(1) $\int x^3 \mathrm{e}^x \mathrm{d}x = $ _____;

(2) $\int \dfrac{x+5}{x^2 - 6x + 13} \mathrm{d}x = $ _____.

2. 以下两题目中给出了四个结论, 从中选出一个正确的结论:

(1) 已知 $f'(x) = \dfrac{1}{x(1+2\ln x)}$, 而且 $f(1) = 1$, 则 $f(x) = ($ 　　 $).$

(A) $\ln(1+2\ln x)+1$;　　　　　　　　(B) $\dfrac{1}{2}\ln(1+2\ln x)+1$;

(C) $\dfrac{1}{2}\ln(1+2\ln x)+\dfrac{1}{2}$;　　　　(D) $2\ln(1+2\ln x)+1$.

(2) 在下列等式中，正确的结果是(　　).

(A) $\displaystyle\int f'(x)\mathrm{d}x=f(x)$;　　　　　　(B) $\displaystyle\int \mathrm{d}f(x)=f(x)$;

(C) $\dfrac{\mathrm{d}}{\mathrm{d}x}\displaystyle\int f(x)\mathrm{d}x=f(x)$;　　　　(D) $\mathrm{d}\displaystyle\int f(x)\mathrm{d}x=f(x)$.

3. 已知 $\dfrac{\sin x}{x}$ 是 $f(x)$ 的一个原函数，求 $\displaystyle\int f'(x)\mathrm{d}x$.

4. 求下列不定积分(其中 a,b 为常数)：

(1) $\displaystyle\int \dfrac{\mathrm{d}x}{\mathrm{e}^x-\mathrm{e}^{-x}}$;

(2) $\displaystyle\int \dfrac{x}{(1-x)^3}\mathrm{d}x$;

(3) $\displaystyle\int \dfrac{x^2}{a^6-x^6}\mathrm{d}x\,(a>0)$;

(4) $\displaystyle\int \dfrac{1+\cos x}{x+\sin x}\mathrm{d}x$;

(5) $\displaystyle\int \dfrac{\ln\ln x}{x}\mathrm{d}x$;

(6) $\displaystyle\int \dfrac{\sin x\cos x}{1+\sin^4 x}\mathrm{d}x$;

(7) $\displaystyle\int \tan^4 x\,\mathrm{d}x$;

(8) $\displaystyle\int \sin x\sin 2x\sin 3x\,\mathrm{d}x$;

(9) $\displaystyle\int \dfrac{1}{x(x^6+4)}\mathrm{d}x$;

(10) $\displaystyle\int \sqrt{\dfrac{a+x}{a-x}}\,\mathrm{d}x\,(a>0)$;

(11) $\displaystyle\int \dfrac{\mathrm{d}x}{\sqrt{x(1+x)}}$;

(12) $\displaystyle\int x\cos^2 x\,\mathrm{d}x$;

(13) $\displaystyle\int \mathrm{e}^x\cos bx\,\mathrm{d}x$;

(14) $\displaystyle\int \dfrac{1}{\sqrt{1+\mathrm{e}^x}}\mathrm{d}x$;

(15) $\displaystyle\int \dfrac{1}{x^2\sqrt{x^2-1}}\mathrm{d}x$;

(16) $\displaystyle\int \dfrac{\mathrm{d}x}{(a^2-x^2)^{5/2}}$;

(17) $\displaystyle\int \dfrac{\mathrm{d}x}{x^4\sqrt{x^2+1}}$;

(18) $\displaystyle\int \sqrt{x}\sin\sqrt{x}\,\mathrm{d}x$;

(19) $\displaystyle\int \ln(1+x^2)\mathrm{d}x$;

(20) $\displaystyle\int \dfrac{\sin^2 x}{\cos^3 x}\mathrm{d}x$;

(21) $\displaystyle\int \arctan\sqrt{x}\,\mathrm{d}x$;

(22) $\displaystyle\int \dfrac{\sqrt{1+\cos x}}{\sin x}\mathrm{d}x$;

(23) $\displaystyle\int \dfrac{x^3}{(1+x^8)^2}\mathrm{d}x$;

(24) $\displaystyle\int \dfrac{x^{11}}{x^8+3x^4+2}\mathrm{d}x$;

(25) $\displaystyle\int\frac{\mathrm{d}x}{16-x^4}$;

(26) $\displaystyle\int\frac{\sin x\mathrm{d}x}{1+\sin x}$;

(27) $\displaystyle\int\frac{x+\sin x}{1+\cos x}\mathrm{d}x$;

(28) $\displaystyle\int e^{\sin x}\frac{x\cos^3 x-\sin x}{\cos^2 x}\mathrm{d}x$;

(29) $\displaystyle\int\frac{\sqrt[3]{x}}{x\left(\sqrt{x}+\sqrt[3]{x}\right)}\mathrm{d}x$;

(30) $\displaystyle\int\frac{\mathrm{d}x}{(1+e^x)^2}$;

(31) $\displaystyle\int\frac{e^{3x}+e^x}{e^{4x}-e^{2x}+1}\mathrm{d}x$;

(32) $\displaystyle\int\frac{xe^x}{(e^x+1)^2}\mathrm{d}x$;

(33) $\displaystyle\int\ln^2(x+\sqrt{1+x^2})\mathrm{d}x$;

(34) $\displaystyle\int\frac{\ln x\mathrm{d}x}{(1+x^2)^{3/2}}$;

(35) $\displaystyle\int\sqrt{1-x^2}\arcsin x\mathrm{d}x$;

(36) $\displaystyle\int\frac{x^3\arccos x}{\sqrt{1-x^2}}\mathrm{d}x$;

(37) $\displaystyle\int\frac{\cot x}{1+\sin x}\mathrm{d}x$;

(38) $\displaystyle\int\frac{\mathrm{d}x}{\sin^3 x\cos x}$;

(39) $\displaystyle\int\frac{\mathrm{d}x}{(2+\cos x)\sin x}$;

(40) $\displaystyle\int\frac{\sin x\cos x}{\sin x+\cos x}\mathrm{d}x$.

5. 利用定积分计算下列极限：

(1) $\displaystyle\lim_{n\to\infty}\frac{1}{n}\sum_{i=1}^{n}\sqrt{1+\frac{i}{n}}$;

(2) $\displaystyle\lim_{n\to\infty}\frac{1^p+2^p+\cdots+n^p}{n^{p+1}}\ (p>0)$.

6. 计算下列极限：

(1) $\displaystyle\lim_{x\to a}\frac{x}{x-a}\int_a^x f(t)\mathrm{d}t$, 其中$f(x)$在区间$[a,b]$上连续;

(2) $\displaystyle\lim_{x\to+\infty}\frac{\displaystyle\int_0^x(\arctan t)^2\mathrm{d}t}{x-a}$.

7. 下列计算是否正确，试说明理由.

(1) $\displaystyle\int_{-1}^{+1}\frac{\mathrm{d}x}{1+x^2}=\int_{-1}^{+1}\frac{\mathrm{d}\left(\frac{1}{x}\right)}{1+\left(\frac{1}{x}\right)^2}=-\arctan\frac{1}{x}\Big|_{-1}^{1}=-\frac{\pi}{2}$;

(2) 因为$\displaystyle\int_{-1}^{+1}\frac{\mathrm{d}x}{1+x+x^2}=-\int_{-1}^{+1}\frac{\mathrm{d}t}{1+t+t^2}$, 所以$\displaystyle\int_{-1}^{+1}\frac{\mathrm{d}x}{1+x+x^2}=0$;

(3) $\displaystyle\int_{-\infty}^{+\infty}\frac{x\mathrm{d}x}{1+x^2}=\lim_{\lambda\to+\infty}\int_{-A}^{+A}\frac{x\mathrm{d}x}{1+x^2}=0$.

8. 假设$x>0$, 证明：$\displaystyle I=\int_0^x\frac{\mathrm{d}t}{1+t^2}+\int_x^1\frac{\mathrm{d}t}{1+t^2}=\frac{\pi}{2}$.

9. 假设 $p > 0$, 证明: $\dfrac{p}{p+1} < \displaystyle\int_0^1 \dfrac{\mathrm{d}x}{1+x^p} < 1$.

10. 假设 $f(x), g(x)$ 在区间 $[a, b]$ 上均连续, 证明:

(1) 因为 $\left(\displaystyle\int_a^b f(x)g(x)\mathrm{d}x \right)^2 \leqslant \displaystyle\int_a^b f^2(x)\mathrm{d}x \displaystyle\int_a^b g^2(x)\mathrm{d}x$ (柯西-施瓦茨不等式);

(2) $\left(\displaystyle\int_a^b [f(x)+g(x)]^2 \mathrm{d}x \right)^{\frac{1}{2}} \leqslant \left(\displaystyle\int_a^b f^2(x)\mathrm{d}x \right)^{\frac{1}{2}} \left(\displaystyle\int_a^b g^2(x)\mathrm{d}x \right)^{\frac{1}{2}}$ (闵可夫斯基不等式).

11. 假设 $f(x)$ 在区间 $[a, b]$ 上连续, 而且 $f(x) > 0$, 证明: $\displaystyle\int_a^b f(x)\mathrm{d}x \displaystyle\int_a^b \dfrac{\mathrm{d}x}{f(x)} \geqslant (b-a)^2$.

12. 计算下列定积分:

(1) $\displaystyle\int_0^{\frac{\pi}{2}} \dfrac{x+\sin x}{1+\cos x}\mathrm{d}x$;

(2) $\displaystyle\int_0^{\frac{\pi}{4}} \ln(1+\tan x)\mathrm{d}x$;

(3) $\displaystyle\int_0^a \dfrac{\mathrm{d}x}{x+\sqrt{a^2-x^2}} \ (a>0)$;

(4) $\displaystyle\int_0^{\frac{\pi}{2}} \sqrt{1-\sin 2x}\,\mathrm{d}x$;

(5) $\displaystyle\int_0^{\frac{\pi}{2}} \dfrac{1}{1+\cos^2 x}\mathrm{d}x$;

(6) $\displaystyle\int_0^\pi x\sqrt{\cos^2 x - \cos^4 x}\,\mathrm{d}x$;

(7) $\displaystyle\int_0^\pi x^2 |\cos x|\mathrm{d}x$;

(8) $\displaystyle\int_0^{+\infty} \dfrac{\mathrm{d}x}{\mathrm{e}^{x+1}+\mathrm{e}^{3-x}}$;

(9) $\displaystyle\int_{\frac{1}{2}}^{\frac{3}{2}} \dfrac{\mathrm{d}x}{\sqrt{|x^2-x|}}\mathrm{d}x$;

(10) $\displaystyle\int_0^x \max\{t^3, t^2, 1\}\mathrm{d}t$.

13. 假设 $f(x)$ 为连续函数, 证明: $\displaystyle\int_0^x f(t)(x-t)\mathrm{d}t = \displaystyle\int_0^x \left(\displaystyle\int_0^t f(u)\mathrm{d}u \right)\mathrm{d}t$.

14. 假设 $f(x)$ 在区间 $[a, b]$ 上连续, 而且 $f(x) > 0, F(x) = \displaystyle\int_a^x f(t)\mathrm{d}t + \displaystyle\int_b^x \dfrac{\mathrm{d}t}{f(t)}, x \in [a, b]$.

证明: (1) $F'(x) \geqslant 2$; (2) 方程 $F(x) = 0$ 在区间 (a, b) 内有且仅有一个根.

15. 求 $\displaystyle\int_0^2 f(x-1)\mathrm{d}x$, 其中 $f(x) = \begin{cases} \dfrac{1}{1+\mathrm{e}^x}, & x < 0, \\ \dfrac{1}{1+x}, & x > 0. \end{cases}$

16. 假设 $f(x)$ 在区间 $[a, b]$ 上连续, 而且 $g(x)$ 在区间 $[a, b]$ 上不变号. 证明: 至少存在一点, 使得下式成立:

$$\int_a^b f(x)g(x)\mathrm{d}x = f(\xi)\int_a^b g(x)\mathrm{d}x \quad (\text{积分第一中值定理}).$$

17. 证明: $\displaystyle\int_0^{+\infty} x^n \mathrm{e}^{-x^2}\mathrm{d}x = \dfrac{n-1}{2} \displaystyle\int_0^{+\infty} x^{n-2}\mathrm{e}^{-x^2}\mathrm{d}x \ (n>1)$, 并利用它证明:

$$\int_0^{+\infty} x^{2n+1}\mathrm{e}^{-x^2}\mathrm{d}x = \dfrac{1}{2}\Gamma(n+1) \quad (n \in \mathbf{N}).$$

18. 判定下列反常积分的收敛性:

(1) $\displaystyle\int_0^{+\infty}\dfrac{\sin x}{\sqrt{x^3}}\mathrm{d}x$;

(2) $\displaystyle\int_2^{+\infty}\dfrac{\mathrm{d}x}{x\sqrt[3]{x^2-3x+2}}$;

(3) $\displaystyle\int_2^{+\infty}\dfrac{\cos x\mathrm{d}x}{\ln x}$;

(4) $\displaystyle\int_2^{+\infty}\dfrac{\mathrm{d}x}{\sqrt[3]{x^2(x-1)(x-2)}}$.

19. 计算下列反常积分:

(1) $\displaystyle\int_0^{\frac{\pi}{2}}\ln(\sin x)\mathrm{d}x$;

(2) $\displaystyle\int_0^{+\infty}\dfrac{1}{(1+x^2)(1+x^\alpha)}\mathrm{d}x(\alpha>0)$.

第五章　定积分的应用

第一节　微　元　法

曲边梯形的面积 A、物质细棒的质量 m 以及做变速运动物体的位移 s 等都可用定积分来表达. 这些量具有如下共同特征：①都是区间 $[a,b]$ 上的非均匀分布的量；②都具有对区间的可加性，即分布在 $[a,b]$ 上的总量等于分布在各子区间上的局部量之和. 一般情况下，具备这些特征的量都可以用定积分来描述.

这些积分表达式都是通过四个步骤来建立的. 例如，对于区间 $[a,b]$ 上以 $y=f(x)(f\in C[a,b],f(x)\geqslant 0)$ 为曲边的曲边梯形，通过这四步得到的面积 A 的积分表达式为

$$A=\lim_{d\to 0}\sum_{k=1}^{n}f(\xi_k)\Delta x_k=\int_a^b f(x)\mathrm{d}x.$$

这是建立所求量积分表达式的基本方法. 但是，这些步骤书写繁琐，不便于应用. 通过分析这种方法的实质，不难将四个步骤简化为两步.

第一步，包含"分""匀"两个步骤，也就是通过将 $[a,b]$ 分解为子区间，在每个子区间上用均匀变化近似代替非均匀变化(简称为以"匀"代"非匀")，求得局部量的近似值：

$$\Delta A_k\approx f(\xi_k)\Delta x_k,$$

上式右端对应着积分表达式中的被积式 $f(x)\mathrm{d}x$；

第二步，就是将"合""精"两个步骤合而为一，通过将各个局部量的近似值相加并取极限得到整体量的精确值，即对被积式 $f(x)\mathrm{d}x$ 作积分：

$$A=\int_a^b f(x)\mathrm{d}x.$$

上述简化具有一般性. 设 $f\in C[a,b],Q$ 为由 $y=f(x)$ 所确定的在区间 $[a,b]$ 上非均匀连续分布的量，并且对区间具有可加性. 为简单计，省略各子区间的下标 k，记第 k 个子区间为 $[x,x+\mathrm{d}x]$. 由于 f 为连续函数，因而可积，可取子区间的左端点 x 为 ξ_k. 这样，建立所求量 Q 的积分表达式的步骤就可归纳为如下两步：

(1) 任意分割区间 $[a,b]$ 为若干子区间，任取一个子区间 $[x,x+\mathrm{d}x]$，求 Q 在该区间上局部量 ΔQ 的近似值

$$dQ = f(x)dx;$$

(2) 以 $f(x)dx$ 为被积式，在 $[a,b]$ 上作积分，即得总量 Q 的精确值

$$Q = \int_a^b dQ = \int_a^b f(x)dx. \tag{1.1}$$

这种建立积分表达式的方法，通常称为微元法，其中，$dQ = f(x)dx$ 称为积分微元，简称微元.

上述两步中，求子区间 $[x, x+dx]$ 上局部量 ΔQ 的近似值是微元法的关键步骤. 怎样才能求得局部量 ΔQ 所需要的近似值呢? 为了说明这个问题，我们把分布在区间 $[a,x], x \in [a,b]$ 上的量 Q 记作 $Q(x)$，对比 (1.1) 式可知

$$Q(x) = \int_a^x f(t)dt, \quad x \in [a,b].$$

由于 f 在 $[a,b]$ 上连续，根据微积分学第一基本原理，函数 $Q(x)$ 的微分为

$$dQ = f(x)dx. \tag{1.2}$$

而 ΔQ 就是 $Q(x)$ 在区间 $[x, x+dx]$ 上的改变量，因而局部量 ΔQ 所需要的近似值就是由 (1.2) 式所表示的 $Q(x)$ 的微分，这就为寻求 ΔQ 所需要的近似值确立了标准. 根据改变量 ΔQ 与微分的关系，只要能找到 ΔQ 与 dx 呈线性关系，并且与 ΔQ 之差为 dx 高阶无穷小的 $dQ = f(x)dx$，那么，它就是 ΔQ 所需要的近似值. 在实际应用中，通过在子区间 $[x, x+dx]$ 上以"匀"代"非匀"或者把子区间 $[x, x+dx]$ 近似看成一点，用乘法所求得的近似值往往就符合上述要求，可以作为 ΔQ 所需要的近似值，即为所寻求的积分微元 $dQ = f(x)dx$. 当然真正准确的方法就是去验证一下，这个差值的确为 dx 的高阶无穷小. 第二节的例 2.1 中，我们给读者做了一个验证的示范. 供读者参考.

习　题　5.1

由曲线 $y = f(x)$ $(f(x) \geqslant 0, x = a, x = b)$ 与 x 轴围成的平面图形绕 y 轴旋转一周产生一个旋转体，试用微元法推导出该旋转体的体积公式.

第二节　定积分的几何应用

下面介绍一些定积分在几何中的应用例子.

一、平面图形面积的计算

1. 直角坐标系的情况

在第四章中，我们已经知道，由曲线 $y = f(x)$ （$f(x) \geqslant 0$）以及直线 $x = a, x = b$ 与 x 轴所围成的曲边梯形的面积 A 是定积分

$$A = \int_a^b f(x)\mathrm{d}x,$$

其中被积表达式 $f(x)\mathrm{d}x$ 就是直角坐标系下的面积元素，它表示高为 $f(x)$，底为 $\mathrm{d}x$ 的一个矩形面积. 应用定积分，不但可以计算曲边梯形的面积，还可以计算一些比较复杂的平面图形的面积.

例 2.1　求由抛物线 $y = x^2 - 1$ 与 $y = 7 - x^2$ 所围成的平面图形(图 5.1)的面积 A.

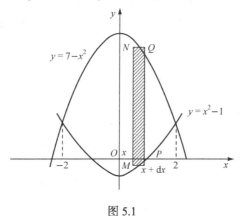

图 5.1

解　联立两个抛物线的方程，容易求得它们的交点的横坐标为 $x = \pm 2$. 容易看出，所求面积 A 是非均匀连续分布在区间 $[-2, 2]$ 上且对区间具有可加性的量，因此，可以用定积分来计算.

根据微元法，为求面积微元 $\mathrm{d}A$, 任意分割 $[-2, 2]$, 任取子区间 $[x, x + \mathrm{d}x]$. 在此区间上，图形(可以看成由两个小曲边梯形构成)的"高"可以近似看成不变的(即在此小区间上图形面积可看成均匀分布的), 它的面积 ΔA 可以用在 x 点所对应的 MN 为高、$\mathrm{d}x$ 为底的小矩形近似代替, 从而得

$$\Delta A \approx [(7 - x^2) - (x^2 - 1)]\mathrm{d}x = 2(4 - x^2)\mathrm{d}x.$$

小矩形面积与 ΔA 之差是关于 $\mathrm{d}x$ 的高阶无穷小，因而它就是所求的面积微元 $\mathrm{d}A$, 即

$$\mathrm{d}A = 2(4 - x^2)\mathrm{d}x.$$

事实上，我们也可以用横坐标为 $x + \Delta x$ 的纵坐标之差来作为近似矩形的高，这个

时候的高度为 $[7-(x+\Delta x)^2]-[(x+\Delta x)^2-1]=8-2x^2-4x\Delta x-2\Delta^2 x$, 面积微元为

$$(8-2x^2-4x\Delta x-2\Delta^2 x)\Delta x=(8-2x^2)\Delta x-4x\Delta^2 x-2\Delta^3 x.$$

两个面积微元的差值 $4x\Delta^2 x+2\Delta^3 x$ ，显然是 Δx 的二阶无穷小量.

现在将面积微元 $\mathrm{d}A$ 在区间 $[-2,2]$ 上作积分，便得所求图形面积

$$A=\int_{-2}^{2}\mathrm{d}A=2\int_{-2}^{2}(4-x^2)\mathrm{d}x=\frac{64}{3}.$$

例 2.2　求由抛物线 $\sqrt{y}=x$, 直线 $y=-x$ 及 $y=1$ 围成的平面图形(图 5.2)的面积.

解　此图形的面积是非均匀连续分布在 y 轴上的区间 $[0,1]$ 上的可加量 A. 任意分割此区间 $[0,1]$，任取一个子区间 $[y,y+\mathrm{d}y]$. 在此子区间上，将图形的"宽度"近似看作是不变的(即图形的面积可看成均匀分布的)，它的面积可用图 5.2 中阴影部分的面积来代替，则面积微元为

$$\mathrm{d}A=(\sqrt{y}+y)\mathrm{d}y.$$

在区间 $[0,1]$ 上积分即得所求图形的面积为

$$A=\int_{0}^{1}\mathrm{d}A=\int_{0}^{1}(\sqrt{y}+y)\mathrm{d}y=\frac{7}{6}.$$

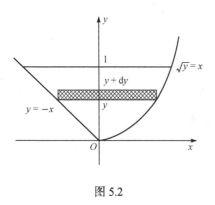

图 5.2

2. 极坐标的情况

对于某些平面图形,利用极坐标来计算它们的面积比较方便.

假设有曲线 $\rho=\rho(\theta)$ 以及射线 $\theta=\alpha,\theta=\beta$ 围成一个图形(简称为曲边扇形)，现在要计算它的面积(图 5.3). 这里 $\rho(\theta)$ 在区间 $[\alpha,\beta]$ 上连续，而且 $0\leqslant\rho(\theta)$, $0<\beta-\alpha\leqslant 2\pi$.

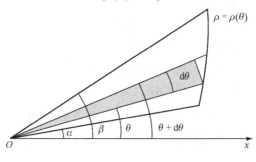

图 5.3

由于当 θ 在 $[\alpha,\beta]$ 上变动时，极径 $\rho(\theta)$ 也随之变动，因此所求图形的面积不

能直接利用扇形面积公式 $A = \frac{1}{2}R^2\theta$ 来计算.

取极角 θ 为积分变量，它的变化区间为 $[\alpha, \beta]$，相应于任意一个小区间 $[\theta, \theta + \mathrm{d}\theta]$ 的窄边曲边扇形的面积可以用半径为 $\rho(\theta)$、中心角为 $\mathrm{d}\theta$ 扇形的面积来近似代替，从而得到这个窄边曲边扇形的近似值，即曲边扇形的面积元素

$$\mathrm{d}A = \frac{1}{2}[\rho(\theta)]^2 \mathrm{d}\theta .$$

以 $\frac{1}{2}[\rho(\theta)]^2 \mathrm{d}\theta$ 为被积表达式，在闭区间 $[\alpha, \beta]$ 上作定积分，便得到所求的曲边扇形的面积为

$$A = \int_\alpha^\beta \frac{1}{2}[\rho(\theta)]^2 \mathrm{d}\theta .$$

例 2.3　求阿基米德螺线 $\rho = a\theta(a > 0)$ 相应于 $0 \leqslant \theta \leqslant 2\pi$ 一段的弧与极轴所围成的图形的面积(图 5.4).

解　在指定的这一段螺线上，θ 的变化区间为 $[0, 2\pi]$．相应于区间 $[0, 2\pi]$ 上任意一个小区间 $[\theta, \theta + \mathrm{d}\theta]$ 的窄边曲边扇形的面积近似于半径为 $a\theta$、中心角为 $\mathrm{d}\theta$ 的扇形的面积，从而得到面积元素

$$\mathrm{d}A = \frac{1}{2}(a\theta)^2 \mathrm{d}\theta .$$

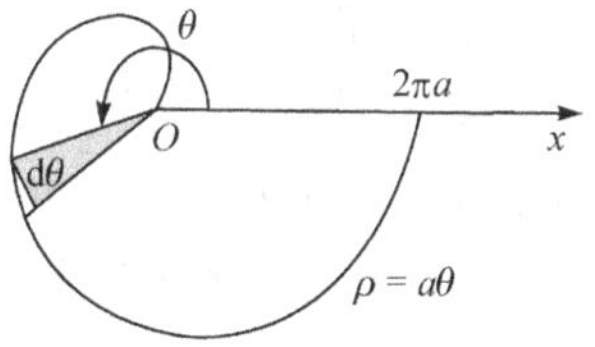

图 5.4

于是所求的面积为

$$A = \int_0^{2\pi} \frac{1}{2}(a\theta)^2 \mathrm{d}\theta = \frac{a^2}{2} \cdot \frac{\theta^3}{3}\Big|_0^{2\pi} = \frac{4}{3}a^2\pi^3 .$$

例 2.4　求心形线 $\rho = a(1 + \cos\theta)(a > 0)$ 所围成图形(图 5.5)的面积.

解　由图形的对称性可知，所求面积等于它在上半平面部分面积的 2 倍.

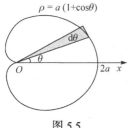

图 5.5

由于心形线的方程式由极坐标给出，它上面每点处的极径 ρ 随 θ 而变，故其围成图形的面积可以看作非均匀连续分布在关于量 θ 的区间 $[0, \pi]$ 上的可加量.

以 θ 作为积分变量，任意分割区间 $[0, \pi]$，任取子区间 $[\theta, \theta + \mathrm{d}\theta]$，在该子区间上，可以把 ρ 的值近似看成不变的，也就是将图形的面积看成关于 θ 是均匀分布的，用以 $\rho(\theta)$ 为半径、圆心角为 $\mathrm{d}\theta$ 的圆扇形(图 5.3 中的阴影部分)面积近似代替，从而面积微元为

$$dA = \frac{1}{2}\rho^2(\theta)d\theta = \frac{1}{2}a^2(1+\cos\theta)^2d\theta.$$

故所求图形的面积为

$$A = 2\int_0^\pi dA = 2\cdot\int_0^\pi\frac{1}{2}\rho^2(\theta)d\theta = a^2\int_0^\pi(1+\cos\theta)^2d\theta = \frac{3}{2}\pi a^2.$$

二、体积的计算

1. 旋转体的体积

旋转体就是由一个平面图形绕这个平面内的一条直线旋转一周而成的立体.这条直线叫做旋转轴.圆柱、圆锥、圆台、球体都可以分别看成是由矩形绕它的一条边、直角三角形绕它的一条直角边、直角梯形绕它的一条直角腰、半圆绕它的直径旋转一周而成的立体,所以它们都是旋转体.

上述旋转体都可以看作是由连续曲线 $y = f(x)$、直线 $x = a, x = b$ 以及 x 轴所围成的曲边梯形绕 x 轴旋转一周而成的立体.现在我们考虑用定积分来计算这种旋转体的体积.

取横坐标 x 为积分变量,它的变化区间为 $[a,b]$,相应于 $[a,b]$ 上的任意一个小区间 $[x, x+dx]$ 的窄边曲边梯形绕 x 轴旋转而成的薄片的体积近似于以 $f(x)$ 为底半径、dx 为高的扁圆柱体的体积(图 5.6),即体积微元为

$$dV = \pi[f(x)]^2dx.$$

以 $\pi[f(x)]^2dx$ 为被积表达式,在闭区间 $[a,b]$ 上作定积分,便得到所求旋转体的体积为

$$V = \int_a^b\pi[f(x)]^2dx.$$

例 2.5　连接坐标原点 O 以及点 $P(h,r)$ 的直线,直线 $x = h$ 以及 x 轴围成一个直角三角形(图 5.7). 将它绕 x 轴旋转一周构成一个底半径为 r、高为 h 的圆锥体.计算这个圆锥体的体积.

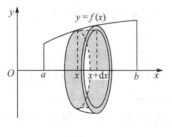

图 5.6

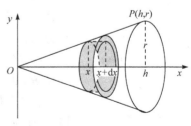

图 5.7

解　过原点 O 及点 $P(h,r)$ 的直线方程为

$$y = \frac{rx}{h}.$$

取横坐标 x 为积分变量,它的变化区间为 $[0,h]$,圆锥体相应于 $[0,h]$ 上的任意一个小区间 $[x, x + dx]$ 的薄片的体积近似于以 $\frac{rx}{h}$ 为底半径、dx 为高的扁圆柱体的体积(图 5.7),即体积微元为

$$dV = \pi \left(\frac{rx}{h} \right)^2 dx.$$

于是所求的圆锥体的体积为

$$V = \int_0^h \pi \left(\frac{rx}{h} \right)^2 dx = \frac{\pi r^2}{h^2} \left. \frac{x^3}{3} \right|_0^h = \frac{\pi h r^2}{3}.$$

例 2.6　一个平面图形由双曲线 $xy = a(a > 0)$ 与直线 $x = a, x = 2a$ 及 x 轴围成(图 5.8(a)),计算该图形绕下列直线旋转一周所产生的旋转体体积:

(1) x 轴(图 5.8(b));　　(2) 直线 $y = 1$(图 5.8(c));　　(3) y 轴(图 5.8(d)).

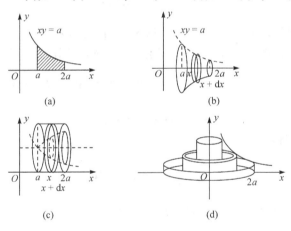

图 5.8

解　此题也是求立体体积问题,能用定积分来计算,而且建立积分表达式的步骤和思路也相似.

(1) 分割区间 $[a, 2a]$,任取子区间 $[x, x + dx]$. 过点 x 与 $x + dx$ 分别做垂直于 x 轴的平面,则该立体被这两个平面截出一个"薄片". 该"薄片"的上、下底面积近似相等,所以可以把它近似地看成一圆柱体. 其底面积为

$$A(x) = \pi y^2 = \pi \left(\frac{a}{x} \right)^2,$$

高为 dx,于是体积微元

$$dV_1 = A(x)dx = \pi\left(\frac{a}{x}\right)^2 dx,$$

所求旋转体的体积为

$$V_1 = \int_a^{2a} dV_1 = \int_a^{2a} A(x)dx = \pi \int_a^{2a} \frac{a}{x}\bigg|^2 dx = \frac{\pi a}{2}.$$

(2) 过 x 与 $x+dx$ 且垂直于 x 轴的两平面截出该立体的一块"薄饼",该薄片上、下底面均为圆环,它们的面积可以近似地看成相等. 因此,该"薄片"体积的近似值,即所求的体积微元为

$$dV_2 = A(x)dx = \left[\pi \cdot 1^2 - \pi\left(1 - \frac{a}{x}\right)^2\right]dx = \pi\left(2\frac{a}{x} - \frac{a^2}{x^2}\right)dx,$$

积分即得所求旋转体的体积

$$V_2 = \int_a^{2a} A(x)dx = \pi \int_a^{2a}\left(2\frac{a}{x} - \frac{a^2}{x^2}\right)dx = \pi a\left(2\ln 2 - \frac{1}{2}\right).$$

(3) 分割区间 $[a,2a]$,任取子区间 $[x,x+dx]$,把该子区间对应的小曲边梯形近似地看成是小矩形(图 5.8(d)). 因而它绕 y 轴旋转一周产生的立体可以看成是一个内半径为 x、外半径为 $x+dx$、高为 $y = \dfrac{a}{x}$ 的"圆柱壳". 从而所求的体积微元为

$$dV_3 = 2\pi xy dx = 2\pi a dx,$$

积分所求立体的体积

$$V_3 = \int_a^{2a} 2\pi a dx = 2\pi a^2.$$

2. 平行截面面积为已知的立体的体积

从计算旋转体体积的过程中可以看出:如果一个立体不是旋转体,但是却知道该立体上垂直于一定轴的各个截面的面积,那么,这个立体的体积也可以用定积分来计算.

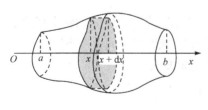

图 5.9

如图 5.9 所示,取上述定轴为 x 轴,并假设该立体在过点 $x=a,x=b$ 而且垂直于 x 轴的两个平面之间. 以 $A(x)$ 表示过点 x 而且垂直于 x 轴的截面面积. 假定 $A(x)$ 为已知的 x 连续函数. 取 x 为积分变量,它的变化区间为 $[a,b]$,立体中相应于 $[a,b]$ 上任意一个小区间

$[x,x+dx]$ 的一个薄片的体积,近似于底面积为 $A(x)$、高为 dx 的扁柱体的体积,即体积微元

$$dV = A(x)dx.$$

以 $A(x)dx$ 为被积表达式,在闭区间 $[a,b]$ 上作定积分,便得到所求的立体的体积

$$V = \int_a^b A(x)dx.$$

例 2.7 一个平面经过半径为 R 的圆柱体的底圆中心,并且与底面交角成角 α,计算这个平面截圆柱体所得的立体的体积(图 5.10).

解 取这个平面与圆柱体的底面的交线为 x 轴,底面上过圆中心,而且垂直于 x 轴的直线为 y 轴. 那么,底圆的方程为 $x^2+y^2=R^2$. 立体中过 x 轴上的点 x 而且垂直于 x 轴的截面是一个直角三角形. 它的两条 直角边 的 长度 分别为 $y, y\tan\alpha$,即 $\sqrt{R^2-x^2}$ 和 $\sqrt{R^2-x^2}\tan\alpha$. 因而截面积为 $A(x) = \frac{1}{2}R^2 - x^2\tan\alpha$,所求的立体体积为

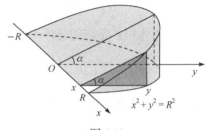

图 5.10

$$V = \int_{-R}^{R} \frac{1}{2}R^2 - x^2\tan\alpha dx = \int_0^R R^2 - x^2\tan\alpha dx = \tan\alpha \cdot \left(R^2 x - \frac{x^3}{3}\right)\Big|_0^R = \frac{2}{3}R^3\tan\alpha.$$

例 2.8 两个半径为 R 的圆柱体中心轴垂直相交,求它们公共部分的体积 V.

解 由对称性,我们只画出该图形的 1/8 并建立坐标系如图 5.11 所示,过 x 轴上区间 $[0,R]$ 中任一点 x 处作垂直于 x 轴的横截面,则该截面为一个正方形(图 5.11 中阴影部分),其边长为 $y = \sqrt{R^2-x^2}$,面积为 $A(x) = y^2 = R^2 - x^2$.

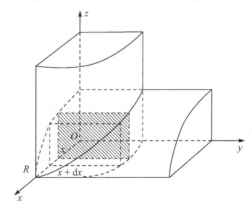

图 5.11

容易看出, 该图形在第一卦限中部分的体积 V_1 是非均匀连续分布在区间 $[0,R]$ 上的可加量, 因此可以用定积分来计算.

任意分割区间 $[0,R]$, 任取子区间 $[x,x+\mathrm{d}x]$. 过子区间 $[x,x+\mathrm{d}x]$ 的两端点分别做垂直于 x 轴的平面, 则介于这两个平面间的"薄片"的上、下底面的面积可近似看作是相等的, 也就是将该子区间上"薄片"的体积看成均匀分布的, 近似用柱体的体积代替, 得体积微元为

$$\mathrm{d}V = A(x)\mathrm{d}x = (R^2 - x^2)\mathrm{d}x.$$

从而

$$V_1 = \int_0^R A(x)\mathrm{d}x = \int_0^R (R^2 - x^2)\mathrm{d}x = \frac{2}{3}R^3.$$

整个立体体积 V 是该部分体积的 8 倍, 因而

$$V = 8V_1 = \frac{16}{3}R^3.$$

三、曲线长度的定义和计算

我们知道, 圆的周长可以利用圆的内接正多边形的周长当边数无限增多时的极限来确定. 现在用类似的方法来建立平面的连续曲线弧长的概念, 从而应用定积分来计算弧长.

如图 5.12, 假设 A, B 是曲线弧的两个端点. 在弧 $\overset{\frown}{AB}$ 上依次任取分点 $A = M_0$, $M_1, M_2, \cdots, M_{i-1}, M_i, M_{i+1}, \cdots, M_{n-2}, M_{n-1}, M_n = B$, 并依次连接相邻的分点得到一个折线. 当分点的数目无限增加而且每一个小段 $\overset{\frown}{M_{i-1}M_i}$ 都缩向一点时, 如果此折线的长度 $\sum_{i=1}^{n}|M_{i-1}M_i|$ 的极限存在, 那么称此极限为曲线弧 $\overset{\frown}{AB}$ 的弧长, 并称曲线弧 $\overset{\frown}{AB}$ 是可求长的.

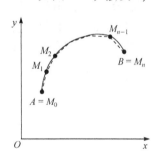

图 5.12

对于光滑的曲线弧, 我们有如下结论.

定理 2.1 光滑的曲线弧是可求长的.

这个定理我们不加证明. 由于光滑曲线弧是可求长的, 故而可以应用定积分来计算弧长. 下面我们利用定积分的元素法来讨论平面光滑曲线弧长的计算公式.

假设曲线弧由参数方程

$$\begin{cases} x = \varphi(t), \\ y = \psi(t) \end{cases} \quad (\alpha \leqslant t \leqslant \beta)$$

给出, 其中 $\varphi(t), \psi(t)$ 在区间 $[\alpha, \beta]$ 上具有连续导数, 而且 $\varphi'(t), \psi'(t)$ 不同时为零.

先来计算这曲线弧的长度.

取参数 t 为积分变量，它的变化区间为 $[\alpha,\beta]$. 相应于 $[\alpha,\beta]$ 上任意一个小区间 $[t,t+\mathrm{d}t]$ 的小弧段的长度 Δs 近似等于对应的弦的长度 $\sqrt{(\Delta x)^2+(\Delta y)^2}$. 因为

$$\Delta x=\varphi(t+\mathrm{d}t)-\varphi(t)\approx\mathrm{d}x=\varphi'(t)\mathrm{d}t,$$
$$\Delta y=\psi(t+\mathrm{d}t)-\psi(t)\approx\mathrm{d}y=\psi'(t)\mathrm{d}t,$$

所以 Δs 的近似值(弧微分)即弧长元素为

$$\mathrm{d}s=\sqrt{(\mathrm{d}x)^2+(\mathrm{d}y)^2}=\sqrt{(\varphi'(t))^2(\mathrm{d}t)^2+(\psi'(t))^2(\mathrm{d}t)^2}=\sqrt{(\varphi'(t))^2+(\psi'(t))^2}\mathrm{d}t$$

于是所求弧长为

$$s=\int_\alpha^\beta\sqrt{(\varphi'(t))^2+(\psi'(t))^2}\mathrm{d}t.$$

当曲线弧长由直角坐标方程 $y=f(x)(a\leqslant x\leqslant b)$ 给出，其中 $f(x)$ 在区间 $[a,b]$ 上具有一阶连续导数，这时曲线弧有参数方程

$$\begin{cases}x=x,\\y=f(x)\end{cases}(a\leqslant x\leqslant b),$$

从而所求的弧长为

$$s=\int_a^b\sqrt{1+y'^2}\mathrm{d}x.$$

当曲线弧由极坐标方程 $\rho=\rho(\theta)(\alpha\leqslant t\leqslant\beta)$ 给出，其中 $\rho(\theta)$ 在 $[\alpha,\beta]$ 上具有连续导数，则由直角坐标与极坐标的关系可得

$$\begin{cases}x=x(\theta)=\rho(\theta)\cos\theta,\\y=y(\theta)=\rho(\theta)\sin\theta\end{cases}(\alpha\leqslant t\leqslant\beta),$$

这就是以极角 θ 为参数的曲线弧的参数方程. 于是，弧长元素为

$$\mathrm{d}s=\sqrt{(x'(\theta))^2+(y'(\theta))^2}\mathrm{d}\theta=\sqrt{\rho^2(\theta)+(\rho'(\theta))^2}\mathrm{d}\theta.$$

从而所求弧长为

$$s=\int_\alpha^\beta\sqrt{\rho^2(\theta)+(\rho'(\theta))^2}\mathrm{d}\theta.$$

例 2.9　计算曲线 $y=\dfrac{2}{3}x^{\frac{3}{2}}$ 上相应于 $a\leqslant x\leqslant b$ 的一段弧的长度(图 5.13).

解　因为 $y'=x^{\frac{1}{2}}$，从而弧长元素

$$\mathrm{d}s=\sqrt{1+(x^{\frac{1}{2}})^2}\mathrm{d}x=\sqrt{1+x}\mathrm{d}x.$$

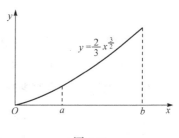

图 5.13

因此, 所求弧长为

$$s = \int_a^b \sqrt{1+x}\mathrm{d}x = \left[\frac{2}{3}(1+x)^{\frac{3}{2}}\right]\Bigg|_a^b = \frac{2}{3}(1+b)^{\frac{3}{2}} - \frac{2}{3}(1+a)^{\frac{3}{2}}.$$

例 2.10　计算摆线

$$\begin{cases} x = a(\theta - \sin\theta), \\ y = a(1 - \cos\theta) \end{cases}$$

的一拱 $(0 \leqslant \theta \leqslant 2\pi)$ 的长度(图 5.14).

解　弧长元素为

$$\mathrm{d}s = \sqrt{a^2(1-\cos\theta)^2 + a^2\sin^2\theta}\mathrm{d}\theta = a\sqrt{2(1-\cos\theta)}\mathrm{d}\theta = 2a\sin\frac{\theta}{2}\mathrm{d}\theta.$$

从而, 所求弧长为

$$s = \int_0^{2\pi} 2a\sin\frac{\theta}{2}\mathrm{d}\theta = 2a\left(-2\cos\frac{\theta}{2}\right)\Bigg|_0^{2\pi} = 8a.$$

例 2.11　求阿基米德螺线 $\rho = a\theta (a > 0)$ 相应于 $0 \leqslant \theta \leqslant 2\pi$ 一段的弧长(图 5.15).

解　弧长元素为

$$\mathrm{d}s = \sqrt{a^2\theta^2 + a^2}\mathrm{d}\theta = a\sqrt{\theta^2 + 1}\mathrm{d}\theta.$$

于是所求弧长为

$$s = a\int_0^{2\pi}\sqrt{1+\theta^2}\mathrm{d}\theta = \frac{a}{2}\left[2\pi\sqrt{1+4\pi^2} + \ln(2\pi + \sqrt{1+4\pi^2})\right].$$

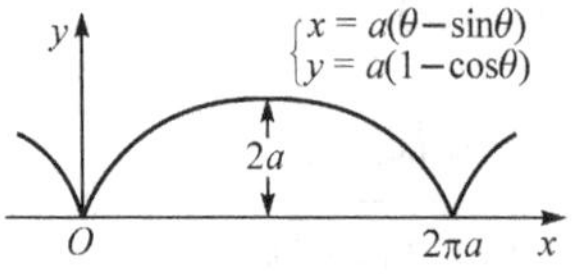

图 5.14

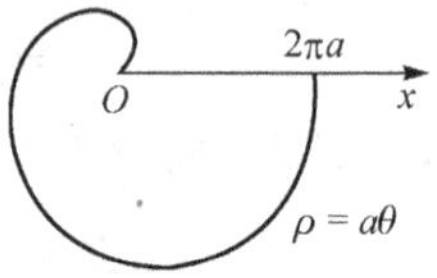

图 5.15

习　题　5.2

1. 求由下列各曲线所围成平面图形的面积:

(1) 曲线 $y = 9 - x^2, y = x^2$ 与直线 $x = 0, x = 1$;

(2) 抛物线 $y = \frac{1}{4}x^2$ 与直线 $3x - 2y - 4 = 0$;

(3) 曲线 $\sqrt{x} + \sqrt{y} = \sqrt{a}$ $(a > 0)$ 与坐标轴;

(4) 曲线 $y = \mathrm{e}^x, y = \mathrm{e}^{2x}$ 与直线 $y = 2$;

(5) $y = x(x-1)(x-2)$ 与直线 $y = 3(x-1)$;

(6) 闭曲线 $y^2 = x^2 - x^4$;

(7) 双扭线 $\rho^2 = 4\sin 2\theta$;

(8) 双扭线 $\rho^2 = 2\cos 2\theta$ 与圆 $\rho = 1$ 围成图形的公共部分;

(9) 摆线 $\begin{cases} x = a(t - \sin t), \\ y = a(1 - \cos t) \end{cases}$ 的一拱 $(0 \le t \le 2\pi)$ 与 x 轴;

(10) 星形线 $\begin{cases} x = a\cos^3 t, \\ y = a\sin^3 t \end{cases}$ 外圆 $x^2 + y^2 = a^2$ 内的部分.

2. 求下列各曲线围成的图形按指定轴旋转所产生旋转体的体积:

(1) $\dfrac{x^2}{a^2} + \dfrac{y^2}{b^2} = 1$ $(a > o, b > 0)$ 分别绕 x 轴与 y 轴;

(2) $y = \sin x$ $(0 \le x \le \pi)$ 与 x 轴, 分别绕 x 轴、y 轴与直线 $y = 1$;

(3) $x^2 + y^2 = a^2$ 绕直线 $x = -b$ $(b > a > 0)$;

(4) 心形线 $\rho = 4(1 + \cos\theta)$、射线 $\theta = 0$ 及 $\theta = \dfrac{\pi}{2}$, 绕极轴;

(5) 摆线 $\begin{cases} x = a(t - \sin t), \\ y = a(1 - \cos t) \end{cases}$ 的一拱 $(0 \le t \le 2\pi)$ 与 x 轴, 绕 y 轴, 其中 $a > 0$.

3. 立体底面为抛物线 $y = x^2$ 与直线 $y = 1$ 围成的图形, 而任一垂直于 y 轴的截面分别是:

(1) 正方形; (2) 等边三角形; (3) 半圆形.

求各种情况下立体的体积.

4. 曲线 $a^2 y = x^2 (0 < a < 1)$ 将图中边长为 1 的正方形分成 A, B 两部分.

(1) 分别求 A 绕 y 轴旋转一周与 B 绕 x 轴旋转一周所得两旋转体的体积 V_A 与 V_B;

(2) 当 a 取何值时, $V_A = V_B$?

(3) 当 a 取何值时, $V_A = V_B$ 取得最小值?

5. 设有立体, 过 x 轴上点 x $(a \le x \le b)$ 处作垂直于 x 轴的平面截该立体的截面面积为已知连续函数 $S(x)$, 立体两端点处的截面(可以缩为一点)分别对应于 $x = a$ 与 $x = b$. 证明: 该立体的体积 $V = \displaystyle\int_a^b S(x)\,\mathrm{d}x$.

第三节　定积分的物理应用

在科学技术中有很多量都需要用定积分来表达. 本节通过物理方面的例子说明运用这种方法的思想和步骤. 从物理学知道, 如果物体在做直线运动的过程中有一个不变的力 F 作用在该物体上, 而且力的方向与物体运动的方向一致, 那么, 在物体移动距离 s 时, 力 F 对物体所做的功为

$$W = F \cdot s.$$

如果物体在运动过程中所受的力是变化的，这就会遇到变力对物体做功的问题. 下面通过具体例子说明如何计算变力所做的功.

一、变力沿着直线做功

例 3.1　把一个带有电荷 $+q$ 的点电荷放在 r 轴上坐标原点 O 处，它产生一个电场. 这个电场对周围的电荷有作用力. 由物理学知识知道，如果有一个单位正电荷放在这个电场中距离原点 O 为 r 的地方，那么电场对它的作用力的大小为

$$F = k\frac{q}{r^2} \quad (k\text{是常数}).$$

当这个单位正电荷在电场中从 $r = a$ 处沿着 r 轴移动到 $r = b(a < b)$ 处时，计算电场力 F 对它所做的功.

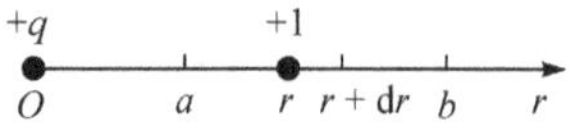

+q　　　　+1

O　　a　r r+dr b　　r

图 5.16

解　如图 5.16，在上述移动的过程中，电场力对这个单位正电荷的作用力是变化的. 取 r 为积分变量，它的变化区间为 $[a,b]$. 假设 $[r,r+dr]$ 为区间 $[a,b]$ 的任意一个小区间. 当单位正电荷从 r 移动到 $r+dr$ 时，电场力对它所做的功近似于 $k\dfrac{q}{r^2}dr$，即功的微分为

$$dW = k\frac{q}{r^2}dr.$$

于是所求的功为

$$W = \int_a^b k\frac{q}{r^2}dr = kq\left(-\frac{1}{r}\right)\bigg|_a^b = kq\left(\frac{1}{a} - \frac{1}{b}\right).$$

在计算静电场中某点的电位时，要考虑将单位正电荷从该点处移动到无穷远处时电场力所做的功 W. 此时电场力对单位正电荷所做的功就是广义积分

$$W = \int_a^{+\infty} k\frac{q}{r^2}dr = kq\left(-\frac{1}{r}\right)\bigg|_a^{+\infty} = \frac{kq}{a}.$$

例 3.2　在底面积为 S 的圆柱形容器中盛有一定量的气体. 在等温条件下，由于气体的膨胀，把容器中的一个活塞(面积为 S)从点 a 处推移到点 b 处. 计算在移动过程中，气体压力所做的功.

解　建立坐标系如图 5.17 所示，活塞的位置可以用坐标 x 来表示. 由物理学知识知道，一定量的气体在等温条件下，压强 p 与体积 V 的乘积是常数 k，即

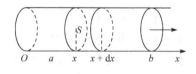

图 5.17

$$pV = k, \quad p = \frac{k}{V}.$$

因为 $V = xS$, 所以

$$p = \frac{k}{xS}.$$

于是，作用在活塞上的力

$$F = p \cdot S = \frac{k}{xS} \cdot S = \frac{k}{x}.$$

在气体膨胀过程中，体积 V 是变化的，因而 x 也是变化的，所以作用在活塞上的力也是变化的.

取 x 为积分变量，它的变化区间为 $[a,b]$. 假设 $[x, x + dx]$ 为区间 $[a,b]$ 上任意一个小区间. 当活塞从 x 移动到 $x + dx$ 时，变力 F 所做的功近似于 $\frac{k}{x}dx$，即功的微分为

$$dW = \frac{k}{x}dx.$$

于是所求的功为

$$W = \int_a^b \frac{k}{x}dx = k(\ln x)\Big|_a^b = k\ln\left(\frac{b}{a}\right).$$

例 3.3 一个圆柱形储水桶的高为 5m, 底圆半径为 3m, 桶内盛满了水. 试问要把桶内的水全部吸出需要做多少功？

解 作 x 轴如图 5.18 所示，取深度 x (单位为 m)为积分变量，它的变化区间为 $[0,5]$, 相应于 $[0,5]$ 上的任意一个小区间 $[x, x + dx]$ 的一薄层水的高度为 dx, 如果重力加速度 g 取 $9.8\text{m}/\text{s}^2$，则该薄层水的重力为 $9.8\pi 3^2 dx\ \text{kN}$. 把这薄层水吸出桶外需要做的功近似地为

$$dW = 88.2\pi x\,dx,$$

此即做功微元. 于是所求的功为

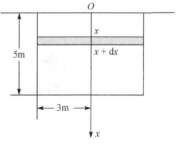

图 5.18

$$W = \int_0^5 88.2\pi x\,dx = 88.2\pi\left(\frac{x^2}{2}\right)\Bigg|_0^5 = 88.2\pi\frac{25}{2} \approx 3462(\text{kJ}).$$

二、细棒质量的计算

假设 x 轴上有一个具有质量的细棒，位于区间 $[a,b]$ 上，其密度为 $\rho(x)$

$(x \in [a,b])$，则细棒在区间 $[x, x+dx]$ 处的质量微元为 $\rho(x)dx$，细棒的总质量为

$$M = \int_a^b \rho(x)dx.$$

例 3.4　假设有一根 6m 长的金属棒 AB，而且与金属棒的端点 A 相距 x 处的密度(单位：kg/m)为 $\rho(x) = 2x^2 + 3x + 6$，求该金属棒的质量.

解　以 A 为原点、AB 方向为正方向作 x 轴，则金属棒的质量为

$$M = \int_0^6 (2x^2 + 3x + 6)dx = \left(\frac{2}{3}x^3 + \frac{3}{2}x^2 + 6x \right)\Big|_0^6 = 234(\text{kg}).$$

三、静水压力

从物理学知道，在水深为 h 处的压强为 $p = \rho g h$，这里 ρ 是水的密度，g 是重力加速度. 如果有一个面积为 A 的平板水平地放置在水深为 h 处，那么，平板一侧所受的水的压力为

$$F = p \cdot A.$$

如果平板铅直地放置在水中，那么，由于水深不同的点处压强 p 不相等，平板一侧所受到的水压力就不能用上述方法来计算. 下面举例说明它的计算方法.

例 3.5　一个横放着的圆柱形水桶，桶内盛有半桶水，假设桶的底面半径为 R，水的密度为 ρ，计算桶的一个端面上所受到的压力.

解　如图 5.19，桶的一个端面是圆，所以现在要计算的是当水平面通过圆心时，铅直放置的一个半圆的一侧所受到的水的压力.

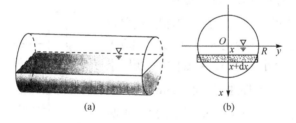

(a)　　　　　　　(b)

图 5.19

在这个圆上取过圆心而且铅直向下的直线为 x 轴，过圆心的水平线为 y 轴，对这个坐标系来讲，所讨论的半圆的方程为 $x^2 + y^2 = R^2 (0 \leqslant x \leqslant R)$. 取 x 为积分变量，它的变化区间为 $[0, R]$. 假设 $[x, x+dx]$ 为 $[0, R]$ 上的任意一个小区间，半圆上相应于 $[x, x+dx]$ 的窄条上各个点处的压强近似于 $\rho g x$，这个窄条的面积近似于 $2\sqrt{R^2 - x^2}$. 因此，该窄条一侧所受到的水压力的近似值，即压力微元(微分)为

$$dF = 2\rho g x \sqrt{R^2 - x^2}\, dx.$$

于是所求水压力为

$$F = \int_0^R 2\rho gx\sqrt{R^2-x^2}\,dx = -\rho g\int_0^R 2\sqrt{R^2-x^2}\,d(R^2-x^2)$$

$$= -\rho g\left[\frac{2}{3}(R^2-x^2)^{\frac{3}{2}}\right]\Bigg|_0^R = \frac{2}{3}\rho gR^3.$$

例 3.6 有一等腰形闸门,其上底长 10m,下底长 6m,高为 20m.该闸门所在的面与水面垂直,且上底与水面相齐.求该闸门一侧所受的水的压力.

解 首先建立坐标如图 5.20 所示,则图中直线段 AB 的方程为 $y = 5 - \dfrac{x}{10}$.

问题中闸门受到的压力不能直接用公式"压强×受力面积"来计算,其主要原因在于闸门上各点处压强随该闸门在水下的深度不同而变化.也就是说,闸门所受的水压力在区间 $[0,20]$ 上的分布是非均匀的,并且关于区间具有可加性,因此,闸门所受到的水压力可以用定积分来计算.对深度区间 $[0,20]$ 进行分割,把闸门分成许多水平细条.由于各细条上的点到水面的距离近似相等,即在细条上压力分布可近似看成均匀的,也用公式"压强 p×受力面积 A"算出各细条所受压力的近似值,将其积分即得整个闸门所受的压力.具体做法如下:

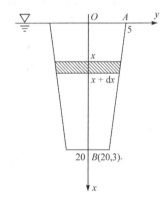

图 5.20

(1) 分割 x 轴上的区间 $[0,20]$,任取子区间 $[x,x+dx]$.该子区间所对应的闸门上的水平细条可近似看作是宽为 $2y$,高为 dx 的小矩形,其上各点到水面的距离可近似地看作 x.于是该细条所受的水压力的近似值(即压力微元)为

$$dF = pdA = \rho gx \cdot 2ydx = 2\rho gx\left(5-\frac{x}{10}\right)dx,$$

其中 p 为该细条上各点处压强的近似值,它等于 ρg(ρ 为液体密度, g 为重力加速度.此处 $\rho = 1\text{t}/\text{m}^3$, $g = 10\text{m}/\text{s}^2$)乘以深度 x, $dA = 2ydx$ 为该细条面积的近似值.

(2) 在 $[0,20]$ 上作积分就得到整个闸门所受的压力

$$F = \int_0^{20} dF = \int_0^{20} 2\rho gx\left(5-\frac{x}{10}\right)dx = \frac{44}{3}\times 10^6 (\text{N}).$$

例 3.7 一个半球形容器,其半径为 $R(\text{m})$,容器中盛满了水,若将容器中水全部从容器口抽出,问需做功多少?

解 我们知道,在 $K(\text{N})$ 常力的作用下物体通过的位移为 $H(\text{m})$ 时,力所做的功为 $W = KH(\text{J})$.

由于不同深度的水层与容器口的距离不同，因而抽出各层水所做的功也就不同. 也就是说，抽完水需要做的功在$[0,R]$上的分布是非均匀的，并且关于区间具有可加性，因此，不能直接利用上述乘法公式，而要采用积分的方法. 在过该容器球心的断面上建立坐标系如图 5.21 所示，则该断面边界上半圆弧的方程为

$$x^2 + y^2 = R^2 \quad (x \geqslant 0).$$

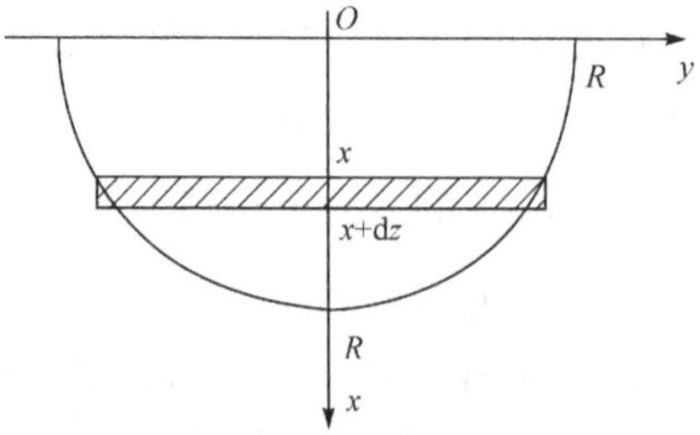

分割 x 轴上的区间$[0,R]$，任取子区间$[x,x+\mathrm{d}x]$，则与该子区间对应的一薄层水体积的近似值为

$$\mathrm{d}V = \pi y^2 \mathrm{d}x = \pi(R^2 - x^2)\mathrm{d}x.$$

水的密度 $\rho = 1(\mathrm{t}/\mathrm{m}^3)$，将这一薄层水抽到容器口所经过的位移可近似地看作是相同的，均为 $-x$. 就是说，在该子区间上抽水需做的功的分布可看成是均匀的，因而，把这一薄层水抽到容器口克服重力所做的功微元为

$$\mathrm{d}W = (-x)(-\rho g \mathrm{d}V) = x \cdot g \pi y^2 \mathrm{d}x = x \cdot g \pi (R^2 - x^2)\mathrm{d}x.$$

图 5.21

在区间$[0,R]$上积分便得抽完水所需要做的功(取 g=10 m/s^2)

$$W = \int_0^R \mathrm{d}W = g\pi \int_0^R x(R^2 - x^2)\mathrm{d}x = \frac{\pi R^2}{4} \cdot 10^4.$$

四、引力

从物理学知道，质量分别为 m_1, m_2，相距为 r 的两个质点间的引力的大小为

$$F = G\frac{m_1 m_2}{r^2},$$

其中 G 为引力系数，引力的方向沿着两个质点的连续方向.

如果要计算一根细棒对一个质点的引力，那么，由于细棒上各个点与该质点的距离是变化的，而且各个点对于该质点的引力的方向也是变化的. 因此就不能应用上述公式来计算. 下面举例说明它的计算方法.

例 3.8　假设有一长度为 l,线密度为 μ 的均匀细直棒，在其中垂线上距离棒 a 单位处有一个质量为 m 的质点 M,试计算该棒对质点 M 的引力.

解　取坐标系如图 5.22 所示，使得棒位于 y 轴

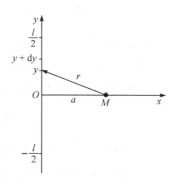

图 5.22

上，质点 M 位于 x 轴上，棒的中点为原点 O. 取 y 为积分变量，它的变化区间为 $\left[-\dfrac{l}{2},\dfrac{l}{2}\right]$. 假设 $[y,y+\mathrm{d}y]$ 为 $\left[-\dfrac{l}{2},\dfrac{l}{2}\right]$ 上的任意一个小区间，把细直棒上相应于 $[y,y+\mathrm{d}y]$ 的一个小段近似地看成质点，其质量为 $\mu\mathrm{d}y$，与 M 相距 $\sqrt{a^2+y^2}$. 因此可以按照两个质点间的引力计算公式求出这个小段细直棒对质点 M 的引力 ΔF 的大小为

$$\Delta F \approx \frac{Gm\mu\mathrm{d}y}{a^2+y^2},$$

从而求出 ΔF 在水平方向的分力 ΔF_x 的近似值，即细直棒对质点 M 的引力在水平方向分力 F_x 的元素为

$$\mathrm{d}F_x = -\frac{Gam\mu\mathrm{d}y}{(a^2+y^2)^{\frac{3}{2}}}.$$

于是得到引力在水平方向的分力为

$$F_x = -\int_{-\frac{l}{2}}^{\frac{l}{2}}\frac{Gam\mu}{(a^2+y^2)^{\frac{3}{2}}}\mathrm{d}y = -\frac{2Gm\mu l}{a}\cdot\frac{1}{\sqrt{4a^2+l^2}}.$$

由对称性可知，引力在铅直方向的分力为 $F_y = 0$.

当细直棒的长度 l 很大的时候，可视 l 趋于无穷. 此时，引力的大小为 $\dfrac{2Gm\mu}{a}$，方向与细直棒垂直而且由 M 指向细棒.

例 3.9 有一长为 l 的均匀带电直导线，电荷线密度(即单位长度导线的带电量)为 δ，与导线位于同一直线上相距为 a 处放置一个带电量为 q 的点电荷，求它们之间的作用力.

解 根据库仑(Coulomb)定律，两个带电量分别为 q_1,q_2 且相距为 r 的点电荷之间的作用力为

$$F = k\frac{q_1q_2}{r^2}.$$

现在与点电荷 q 作用的是一段带电直导线，其上各点与电点荷 q 间的距离不同，作用力将随点在导线上的位置不同而变化. 也就是说，点电荷与导线间的作用力在 $[a,a+l]$ 上是非均匀分布的，并且关于区间具有可加性，因此不能直接运用库仑定律，要用定积分来计算，建立坐标系如图 5.23 所示，分割区间 $[a,a+l]$，把子区间 $[x,x+\mathrm{d}x]$ 上一小段导线近似地看成是一个点电荷，其带电量近似等于 $\delta\mathrm{d}x$. 应用库仑定律，这一小段导线与

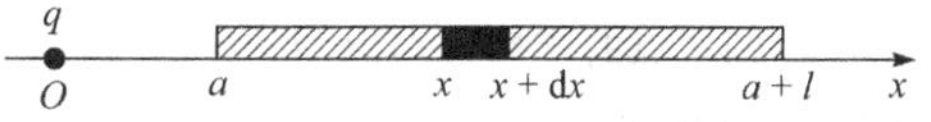

图 5.23

点电荷 q 之间作用力的近似值(作用力微元)为

$$dF = kq\delta \frac{1}{x^2} dx.$$

在 $[a, a+l]$ 上作积分得到整个导线与点电荷 q 的作用力为

$$F = \int_a^{a+l} kq\delta \frac{1}{x^2} dx = kq\delta \left(\frac{1}{a} - \frac{1}{a+l} \right).$$

例 3.10 在例 3.9 中，如果点电荷 q 位于导线的中垂线上，且与导线相距为 a (图 5.24)，求它们之间的作用力.

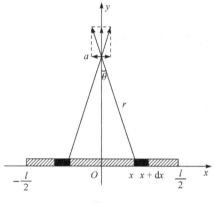

图 5.24

解 建立坐标系如图 5.24 所示. 类似于例 3.7 中的分析可知，若分割 x 轴上的区间 $\left[\frac{-l}{2}, \frac{l}{2} \right]$，则子区间 $[x, x+dx]$ 上一小段导线与点电荷 q 的作用力的大小近似等于

$$dF = k \frac{q\delta dx}{r^2} = kq\delta \frac{dx}{a^2 + x^2}.$$

值得注意的是，不能直接对上式作积分求导线与点电荷之间的作用力. 这是因为各小段与点电荷作用力的方向不在同一直线上，它们的合力应是"向量和"而不是"代数和". 因而所求作用力对区间不具有可加性. 对这种情况，一般的处理方法是，把各小段与 q 的作用力都沿 x 轴与 y 轴分解，由于两个分力都具有对对区间的可加性，分别把各小段与 q 的作用力的分力相加，从而求出合力在两坐标轴上的分力. 由对称性不难看出，合力 F 在 x 轴上分力 $F_x = 0$，因而，只要计算 F 在 x 轴上的分力 F_y. 由于

$$dF = dF \cos\theta = kq\delta \frac{dx}{a^2 + x^2} \frac{a}{\sqrt{a^2 + x^2}} = kq\delta a \frac{dx}{(a^2 + x^2)^{\frac{3}{2}}},$$

积分得所求作用力为

$$F = F_y = \int_{-\frac{l}{2}}^{\frac{l}{2}} dF_y = kq\delta a \int_{-\frac{l}{2}}^{\frac{l}{2}} \frac{dx}{(a^2 + x^2)^{\frac{3}{2}}} = 2kq\delta a \frac{l}{\sqrt{4a^2 + l^2}}.$$

习 题 5.3

1. 两质点的质量分别为 M 和 m，相距为 a. 现将质点 m 沿两质点连线向外移动距离 l，求克服引力所做的功.

2. 有一直角三角形板，其直角顶点到斜边的高为 h，将其铅直放入水中.

(1) 如果直角顶点在水面，斜边在水下且与水面平行；

(2) 如果斜边与水面相齐.

分别求出这两种情况下该板一侧所受到的水压力.

3. 将长、短半轴分别为 a 与 b 的一椭圆板铅直放入水中，长为 $2a$ 的轴与水面平行.

(1) 如果水面刚好淹没该板的一半；(2) 如果水面刚好淹没该板.

分别求两种情况下该板一侧受到的水压力.

4. 以下各种容器中均装满水，分别求把各容器中的水全部从容器口抽出克服重力所做的功：

(1) 容器为圆柱形，高为 H，底半径为 R；

(2) 容器为圆锥形，高为 H，底半径为 R；

(3) 容器为圆台形，高为 H，上底半径为 R，下底半径为 r，且 $R>r$；

(4) 容器为抛物线 $y=x^2(0\leqslant x\leqslant 2)$ 的弧段绕 y 轴旋转所产生的旋转面.

5. 一圆柱形物体，底半径为 R，高为 H，该物体铅直立于水中，且上底面与水面相齐. 现将它铅直打捞出来，试对下列两种情况分别计算使该物体刚刚脱离水面时需要做的功：

(1) 该物体的密度 $\mu=1$（与水的密度相等）；

(2) 该物体的密度 $\mu>1$.

6. 一个半径为 R 的半圆环导线，均匀带电，电荷密度为 δ. 在圆心处放置一个带电量为 q 的点电荷，求它们之间的作用力.

7. 一个半径为 R 的圆环导线，均匀带电，电荷密度为 δ. 在过圆心且垂直于环所在平面的直线上与圆心相距为 a 之处有一个带电量为 q 的点电荷. 求导线与点电荷之间的作用力.

8. 一开口容器的侧面与底面分别是由曲线段 $y=x^2-1(1\leqslant x\leqslant 2)$ 和直线段 $y=0(0\leqslant x\leqslant 1)$ 绕 y 轴旋转而成. 现以 $2\text{m}^3/\text{min}$ 的速度向容器内注水. 试求当水面高度上升到容器深度一半时水面上升的速度. 设坐标轴上长度单位为 m.

9. (人口统计模型)　我们知道，一般来说城市人口的分布密度 $P(r)$ 随着与市中心距离 r 的增加而减小. 设某城市1990年的人口密度为 $Pr=\dfrac{4}{r^2+20}$（10万人/km²），试求该市距市中心 2km 的范围内的人口数.

10. 设一半径为 1 的球有一半浸入水中，球的体密度为 1，问将此球从水中取出需多少功？

总 习 题 五

1. 填空：

(1) 曲线 $y=x^3-5x^2+6x$ 与 x 轴所围成的图形的面积 $A=$_____；

(2) 曲线 $y=\dfrac{\sqrt{3}}{3(3-x)}$ 上相应于 $1\leqslant x\leqslant 3$ 的一段弧的长度 $s=$_____.

2. 以下两个题目中给出了四个结论，从中选出一个正确的结论：

(1) 假设 x 轴上有一个长度为 l，线密度为常数 u 的细棒，在与细棒右端的距离为 a 处有一个质量为 m 的质点 M，已知万有引力常量为 G，则质点 M 与细棒之间的引力的大小为(　　).

(A) $\displaystyle\int_{-l}^{0}\frac{Gmu}{\left(a-x\right)^{2}}\mathrm{d}x$;　　　　　　　　　　(B) $\displaystyle\int_{0}^{l}\frac{Gmu}{\left(a-x\right)^{2}}\mathrm{d}x$;

(C) $\displaystyle 2\int_{\frac{l}{2}}^{0}\frac{Gmu}{\left(a-x\right)^{2}}\mathrm{d}x$;　　　　　　　　(D) $\displaystyle 2\int_{0}^{\frac{l}{2}}\frac{Gmu}{\left(a-x\right)^{2}}\mathrm{d}x$.

(2) 假设在区间 $[a,\ b]$ 上 $f(x)>0,f'(x)>0,f''(x)<0$, 令 $A_1=\displaystyle\int_{a}^{b}f(x)\mathrm{d}x$, $A_2=f(a)(b-a)$,

$A_3=\dfrac{1}{2}[f(a)+f(b)](b-a)$, 则有(　　).

(A) $A_1<A_2<A_3$;　　　　　　　　(B) $A_2<A_1<A_3$;

(C) $A_3<A_1<A_2$;　　　　　　　　(D) $A_2<A_3<A_1$.

3. 一根金属棒长 3m, 离棒左端 x m 处的线密度为 $\rho=\dfrac{1}{\sqrt{x+1}}$. 问 x 为何值时, $[0,x]$ 一段的质量为全棒质量的一半.

4. 求由曲线 $\rho=a\sin\theta$, $\rho=a(\sin\theta+\cos\theta)(a>0)$ 所围成的图形公共部分的面积.

5. 如第 5 题图所示, 从下到上依次有三条曲线 $y=x^2,y=2x^2$ 和曲线 C. 假设对曲线 $y=2x^2$ 上的任意一点 P, 所对应的面积 S_1 和 S_2 恒等, 求曲线 C 的方程.

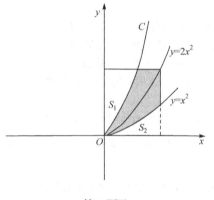

第 5 题图

6. 假设抛物线 $y=ax^2+bx+c$ 通过点 $(0,0)$, 而且当 $x\in[0,1]$ 时 $y\geqslant 0$. 试确定 a,b,c 的值, 使得抛物线 $y=ax^2+bx+c$ 与直线 $x=1,y=0$ 所围成的图形的面积为 $\dfrac{4}{9}$, 而且使得该图形绕 x 轴旋转而成的旋转体体积最小.

7. 过坐标原点作曲线 $y=\ln x$ 的切线, 该切线与曲线 $y=\ln x$ 及 x 轴围成的平面图形为 D.

(1) 求平面图形 D 的面积; (2) 求平面图形 D 绕直线 $x=\mathrm{e}$ 以及 x 轴旋转一周所得的旋转体的体积 V.

8. 求由曲线 $y=x^{\frac{3}{2}}$, 直线 $x=4$ 以及 x 轴所围成的图形绕 y 轴旋转而成的旋转体的体积.

9. 求圆盘 $(x-2)^2+y^2\leqslant 1$ 绕 y 轴旋转而成的旋转体的体积.

10. 求抛物线 $y=\dfrac{1}{2}x^2$ 被圆 $x^2+y^2=3$ 所截下的有限部分的弧长.

11. 半径为 r 的球沉入水中, 球的上部与水面相切, 球的密度与水相同, 现将球从水中取出, 需要做多少功?

12. 边长为 a 和 b 的矩形薄板, 与液面成 α 角度斜沉于液体内, 长边平行于液面而位于深 h 处, 假设 $a>b$, 液体的密度为 ρ, 试求薄板每一个面所受到的压力.

13. 假设星形线 $x=a\cos^3 t,y=a\sin^3 t$ 上面每一点处的线密度的大小等于该点到原点距离的立方, 在原点处有一个单位质点, 求星形线在第一象限的弧段对这个质点的引力.

14. 某个建筑工程打地基的时候, 需要用汽锤将桩打进土层. 汽锤每一次打击, 都要克服土层对桩的阻力作功. 假设土层对桩的阻力的大小与桩被打进地下的深度成正比(比例系数为 $k, k > 0$). 汽锤第一次击打将桩打进地下 a m. 根据设计方案,要求汽锤每一次击打桩时所做的功与前一次所做的功之比为常数 r $(0 < r < 1)$. 问:

(1) 汽锤击打桩 3 次以后,可以将桩打进地下多深?

(2) 如果击打次数不限,则汽锤最多能够将桩打进地下多深?

第六章　常微分方程

数学模型是连接数学与其他科学的纽带. 数学模型中的方程一般可分为代数方程、微分方程和积分方程. 如果方程中含有未知函数的导数(偏导数)或微分, 则称为微分方程. 称未知函数为一元函数的微分方程为常微分方程, 未知函数为多元函数的微分方程为偏微分方程. 本章研究几种常见的可以求解的常微分方程.

第一节　微分方程的基本概念

首先通过两个简单的例子来说明有关微分方程的几个基本概念.

例 1.1　设一平面曲线通过 xOy 平面上的点 $(1, 2)$, 曲线上任一点 (x, y) 处的切线斜率为 $2x$, 求该曲线的方程.

解　设所求曲线的方程为 $y = y(x)$, 根据导数的几何意义, 它满足

$$\frac{\mathrm{d}y}{\mathrm{d}x} = 2x \quad 或 \quad \mathrm{d}y = 2x\mathrm{d}x.$$

这是一个含未知数 $y = y(x)$ 的导数(或微分)的关系式. 两端对 x 积分得

$$y = \int 2x\mathrm{d}x = x^2 + C,$$

其中 C 是任意常数. 根据题目要求, 它还应满足附加条件: $y|_{x=1} = 2$. 将此条件代入上式即得 $C = 1$, 因此所求曲线的方程为

$$y = x^2 + 1.$$

例 1.2　设质量为 m 的质点从高为 H 的地方自由下落(图 6.1), 其初速度为 v_0. 不考虑空气的阻力, 试求质点在下落过程中高度 h 与时间 t 的关系.

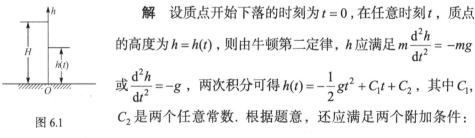

图 6.1

解　设质点开始下落的时刻为 $t = 0$, 在任意时刻 t, 质点的高度为 $h = h(t)$, 则由牛顿第二定律, h 应满足 $m\dfrac{\mathrm{d}^2 h}{\mathrm{d}t^2} = -mg$ 或 $\dfrac{\mathrm{d}^2 h}{\mathrm{d}t^2} = -g$, 两次积分可得 $h(t) = -\dfrac{1}{2}gt^2 + C_1 t + C_2$, 其中 C_1, C_2 是两个任意常数. 根据题意, 还应满足两个附加条件:

$h\big|_{t=0}=H, v=\dfrac{\mathrm{d}h}{\mathrm{d}t}\bigg|_{t=0}=v_0$，将它们代入上式可得 $C_1=v_0, C_2=H$ ，因此所求的 $h(t)$ 应为

$$h(t)=H-\frac{1}{2}gt^2+v_0 t.$$

一般地，称含有未知函数导数(或微分)的方程为**微分方程**. 在上面两个例子中的方程 $\dfrac{\mathrm{d}y}{\mathrm{d}x}=2x, \dfrac{\mathrm{d}^2 h}{\mathrm{d}t^2}=-g$ 就是两个简单的微分方程. 又如

$$y\mathrm{d}x+x\mathrm{d}x=0, \quad y''+2y'+2y=\mathrm{e}^x, \quad y''+(y')^3=x$$

等都是微分方程. 如果方程中的未知函数 y 是一元函数，则称该方程为**常微分方程**.

微分方程中所含未知函数的最高阶导数(或微分)的阶数，称为该方程的阶. 例如，$\dfrac{\mathrm{d}y}{\mathrm{d}x}=2x, y\mathrm{d}x+x\mathrm{d}y=0$ 都是一阶微分方程，而 $\dfrac{\mathrm{d}^2 h}{\mathrm{d}t^2}=-g, y''+2y'+3y=\mathrm{e}^x$，$y''+(y')^3=x$ 都是二阶微分方程.

满足微分方程的函数 $y=y(x)$ 称为该方程的**解**，实际上，我们也称与微分方程等价的代数方程是微分方程的解. 换句话说，如果将函数 $y=y(x)$ 及其导数(或者微分)代入微分方程，能够使得它变成恒等式，那么函数 $y=y(x)$ 就称为该方程的解. 例如 $y=x^2+C, y=x^2+1$ 都是方程 $\dfrac{\mathrm{d}y}{\mathrm{d}x}=2x$ 的解. 而 $h=H-\dfrac{1}{2}gt^2+v_0 t$，$h=-\dfrac{1}{2}gt^2+C_1 t+C_2$ 都是方程 $\dfrac{\mathrm{d}^2 h}{\mathrm{d}t^2}=-g$ 的解.

如果微分方程的解中含有任意常数，并且其中独立的任意常数的个数等于该方程的阶数，则称这样的解为微分方程的通解. 两个任意常数称为独立的，是指它们不能通过运算合并成一个. 例如，$y=x^2+C, h=-\dfrac{1}{2}gt^2+C_1 t+C_2$ 分别是方程 $\dfrac{\mathrm{d}y}{\mathrm{d}x}=2x, \dfrac{\mathrm{d}^2 h}{\mathrm{d}t^2}=-g$ 的通解. 不难验证，$h=-\dfrac{1}{2}gt^2+C_1 t, h=-\dfrac{1}{2}gt^2+C_1+2C_2$ 虽然都是二阶方程 $\dfrac{\mathrm{d}^2 h}{\mathrm{d}t^2}=-g$ 的解，但不是通解. 这是因为前者只含有一个任意常数，后者虽然形式上含有两个任意常数，但是它们并不独立，只要令 $C=C_1+2C_2$, 就合并成为一个常数.

微分方程的通解反映了由该方程所描写的某一类运动过程的一般变化规律(例 1.2 中的通解反映了自由落体运动在物体下落过程中高度 h 随时间 t 的一般变

化规律),要确定某个运动过程的特定规律(例 1.2 中质点自高为 H 处以初速度 v_0 自由下落的运动规律),还必须根据问题的具体情况,提出一些附加条件来确定通解中的任意常数,这种附加条件叫做定解条件. 像例 1.2 与例 1.1 中的那种反映运动初始状态或者曲线在某一个点特定的状态的定解条件叫做初值条件或者初始条件. 一般地,n 阶微分方程的初值条件有 n 个,就是当自变量 x 取某确定的值 x_0 时,未知函数及其从一阶到 $n-1$ 阶导数的值, 即

$$y|_{x=x_0}=y_0,\quad y'|_{x=x_0}=y_1,\quad \cdots,\quad y^{(n-1)}|_{x=x_0}=y_{n-1},$$

微分方程的不含任意常数的解,称为**特解**. 一般地, 它可以利用定解条件(例如初值条件)由通解确定出其中的任意常数后得到. 例如, $y=x^2+1$ 是方程 $\dfrac{\mathrm{d}y}{\mathrm{d}x}=2x$ 满足初值条件 $y|_{x=1}=2$ 的特解, 而 $h(t)=H-\dfrac{1}{2}gt^2+v_0t$ 是方程 $\dfrac{\mathrm{d}^2h}{\mathrm{d}t^2}=-g$ 满足初值条件 $h|_{t=0}=H$ 与 $\dfrac{\mathrm{d}h}{\mathrm{d}t}\Big|_{t=0}=v_0$ 的特解.

习 题 6.1

1. 指出下面微分方程的阶数, 并判断其是否是线性方程:

(1) $x^2y''+xy'+2y=\sin x$;　　　　　(2) $(1+y^2)y''+xy'+y=\mathrm{e}^x$;

(3) $y''+\sin(x+y)=\sin x$;　　　　　(4) $y^{(m)}+y''+y=0$;

(5) $y'=f(x,y)$;　　　　　　　　　(6) $F(x,y,y',y'',y''')=0$;

(7) $y''+p(x)y'+q(x)y=g(x)$;　　　(8) $y'+xy^2=0$.

2. 验证下列各个函数是相应的微分方程的解:

(1) $y''-y=0,\ y=\mathrm{sh}x$;

(2) $y'=y^2-(1+x^2)y+2x,\ y=1+x^2$;

(3) $(1+x^2)y'+xy=2x,\ y=2+c\sqrt{1-c^2}$;

(4) $y''+y=\sec x,\ y=\cos x\ln\cos x+x\sin x,\ 0<x<\dfrac{\pi}{2}$;

(5) $y'-2xy=1,\ y=\mathrm{e}^{x^2}\displaystyle\int_0^x\mathrm{e}^{-t^2}\mathrm{d}t+\mathrm{e}^{x^2}$;

(6) $y'=\dfrac{f'(x)}{g(x)}y^2-\dfrac{g'(x)}{f(x)},\ y=-\dfrac{g(x)}{f(x)}$;

(7) $y^{(4)}+y=0,\ y=\exp\left(\dfrac{\sqrt{2}}{2}x\right)\cos\left(\dfrac{\sqrt{2}}{2}x\right)$.

第二节　可分离变量的方程

形如

$$\frac{dy}{dx} = f(x)g(y) \tag{2.1}$$

的微分方程称为**可分离变量方程**. 对于这类方程，如果 $g(y) \neq 0$，那么它就可写成

$$\frac{dy}{g(y)} = f(x)dx. \tag{2.2}$$

此时，变量 x 与 y 已被分离在等号两边.

设 f 与 g 都是连续函数，$y = y(x)$ 是原方程的任一解，将它代入(2.2)式，则有

$$\frac{y'(x)dx}{g[y(x)]} = f(x)dx,$$

两端对 x 积分，得

$$\int \frac{y'(x)}{g[y(x)]} dt = \int f(x)dx + C.$$

在解微分方程时，为了突出任意常数 C，常把 $\int f(x)dx$ 中所含的任意常数 C 明确写出来. 根据不定积分的第一换元积分法，得

$$\int \frac{dy}{g(x)} = \int f(x)dx + C, \tag{2.3}$$

由此式所确定的隐函数 $y = y(x)$ 就是方程(2.2)的通解. 事实上，将它两边微分即得 (2.2)式，所以它是方程(2.2)的解. 其中含有一个任意常数 C，所以是方程(2.2)的 通解. 又因为，凡方程(2.2)的解都是方程(2.1)的解，所以(2.3)式就是原方程(2.1) 的通解. 这种通过分离变量来求解微分方程的方法叫做**分离变量法**.

如果存在常数 y_0，使 $g(y_0) = 0$，那么 $y = y_0$ 显然满足方程(2.1)，从而也是原 方程(2.1)的解. 如果 $y = y_0$ 包含在(2.3)式中(即它可由(2.3)式中 C 取某特定常数得 到)，那么，我们也把包含 $y = y_0$ 的(2.3)式理解为方程(2.1)的通解.

例 2.1　求微分方程 $\dfrac{dy}{dx} = 2xy$ 的通解.

解　该方程是变量可分离方程. 设 $y \neq 0$，分离变量得

$$\frac{dy}{y} = 2xdx,$$

两端积分，则

$$\int \frac{dy}{y} = \int 2x dx + C.$$

从而得

$$\ln|y| = x^2 + C_1.$$

故

$$|y| = e^{x^2 + C_1} = e^{C_1} e^{x^2} \quad 或 \quad y = Ce^{x^2},$$

其中 $C = \pm e^{c_1}$ 是非零的任意常数.

由于 $y = 0$ 显然也是原方程的解，只要允许 C 可以取零，那么它就可以包含在 $y = Ce^{x^2}$ 中. 因此，所求方程的通解可以写成 $y = Ce^{x^2}$，其中 C 为任意常数.

例 2.2   求微分方程 $xy dx + (x^2 + 1) dy = 0$ 满足初值条件 $y|_{x=0} = 3$ 的特解.

解   设 $y \neq 0$, 分离变量得

$$\frac{dy}{y} = -\frac{x}{x^2 + 1} dx.$$

两端积分得

$$\ln|y| = \frac{1}{2}\ln(x^2 + 1) + C_1.$$

所以

$$y = \frac{c}{\sqrt{x^2 + 1}},$$

其中 $C = \pm e^{C_1}$，这就是所求方程的通解. 将初值条件代入，得知 $C = 1$，故 $y = \frac{1}{\sqrt{x^2 + 1}}$ 即为所求特解.

有一些一阶微分方程不属于可分离变量的方程，不能直接利用前面介绍的方法求解. 但是，只要通过一个适当的变换，就能够化为可分离变量方程. 下面介绍几个常见的类型.

形如

$$\frac{dy}{dx} = f\left(\frac{y}{x}\right) \tag{2.4}$$

的一阶微分方程称为**齐次微分方程**，其中 f 是连续函数.

例如，方程 $\dfrac{dy}{dx} = \left(\dfrac{y}{x}\right)^2 + 1$, $\dfrac{dy}{dx} = \sin\dfrac{y}{x}$ 都是齐次方程；方程 $\dfrac{dy}{dx} = \dfrac{2x + 3y}{x - 4y}$ 也是

一个齐次方程, 因为它能够转化为 $\dfrac{\mathrm{d}y}{\mathrm{d}x} = \dfrac{2 + 3\dfrac{y}{x}}{1 - 4\dfrac{y}{x}}$. 对于这一类方程, 通过一个变量

代换就可以化成变量分离方程. 事实上, 令 $u = \dfrac{y}{x}$ 或者 $y = ux$, 则 $\dfrac{\mathrm{d}y}{\mathrm{d}x} = u + x\dfrac{\mathrm{d}u}{\mathrm{d}x}$,

代入(2.4)式, 可以得到

$$u + x\frac{\mathrm{d}u}{\mathrm{d}x} = f(u)$$

或者

$$x\frac{\mathrm{d}u}{\mathrm{d}x} = f(u) - u.$$

这就是一个变量可分离方程. 利用分离变量法求得通解以后, 再将 $u = \dfrac{y}{x}$ 代回

便得到齐次方程(2.4)的通解.

例 2.3 求方程 $x\dfrac{\mathrm{d}y}{\mathrm{d}x} - y = 2\sqrt{xy}$ 的通解.

解 方程两端同时除以 x, 便得到一个齐次微分方程

$$\frac{\mathrm{d}y}{\mathrm{d}x} - \frac{y}{x} = 2\sqrt{\frac{y}{x}}.$$

令 $u = \dfrac{y}{x}$, 则 $\dfrac{\mathrm{d}y}{\mathrm{d}x} = u + x\dfrac{\mathrm{d}u}{\mathrm{d}x}$, 代入上面的式子, 方程变为

$$x\frac{\mathrm{d}u}{\mathrm{d}x} = 2\sqrt{u}. \tag{2.5}$$

分离变量(如果 $u \neq 0$)

$$\frac{\mathrm{d}u}{2\sqrt{u}} = \frac{\mathrm{d}x}{x},$$

两端积分可得

$$\sqrt{u} = \ln|x| + C_1$$

或者

$$\mathrm{e}^{\sqrt{u}} = Cx.$$

将 $u = \dfrac{y}{x}$ 代回便得到所求方程的通解为 $\mathrm{e}^{\sqrt{\frac{y}{x}}} = Cx$.

容易看出 $u = 0$ 也是方程(2.5)一个解, 因此 $u = 0$ 也是原方程的一个解, 但是它并不在通解的表达式中. 因此需要将它找回来. 如何知道哪些解是计算过程中

丢失的, 在后面的时候需要找回来呢? 其实, 比较简单, 经常都是在计算的过程中, 需要变形, 用到除法的时候, 因为做除法使得函数定义域减少了. 像上面的例子中, 除法的前提就是 $u \neq 0$, 这就使得函数 u 定义域减少了, 而且 $u = 0$ 也正好是解, 从而需要补回来.

习　题　6.2

1. 用分离变量法求下列微分方程的解:

(1) $\dfrac{\mathrm{d}y}{\mathrm{d}x} = \dfrac{x}{y}$;

(2) $x\mathrm{d}y - y\ln y\mathrm{d}x = 0$;

(3) $\dfrac{\mathrm{d}y}{\mathrm{d}x} = \dfrac{\sqrt{1-y^2}}{\sqrt{1-x^2}}$;

(4) $\dfrac{x}{1+y}\mathrm{d}x - \dfrac{y}{1+x}\mathrm{d}y = 0, y\big|_{x=0} = 1$;

(5) $(xy^2 + x)\mathrm{d}x + (y - x^2 y)\mathrm{d}y = 0$;

(6) $\arctan y\mathrm{d}y + (1+y^2)x\mathrm{d}x = 0$.

2. 求下列一阶线性微分方程的通解:

(1) $y' - 2y = x + 2$;

(2) $xy' - 3y = x^4 \mathrm{e}^x$;

(3) $(1+x^2)y' - 2xy = (1+x^2)^2$;

(4) $\cos x^2 \dfrac{\mathrm{d}y}{\mathrm{d}x} + y = \tan x$;

(5) $x\ln x\mathrm{d}y + (y - \ln x)\mathrm{d}x = 0$;

(6) $xy' - y = \dfrac{x}{\ln x}$.

3. 求下列齐次微分方程的解:

(1) $x^2 + y^2 + 3xy\dfrac{\mathrm{d}y}{\mathrm{d}x} = 0$;

(2) $xy' = y\ln\dfrac{y}{x}$;

(3) $(x^3 + y^3)\mathrm{d}x - 3xy^2\mathrm{d}y = 0$;

(4) $y' = \dfrac{x}{y} + \dfrac{y}{x}, y\big|_{x=-1} = 2$.

4. 用适当的方法求下列微分方程的通解:

(1) $y' - x^2 y^2 = y$;

(2) $3y^2 y' - y^3 = x + 1$;

(3) $y' = \dfrac{1}{\mathrm{e}^y + x}$;

(4) $(\cos y - 2x)' = 1$;

(5) $\dfrac{\mathrm{d}y}{\mathrm{d}x} = (x+y)^2$;

(6) $y' = \sin(x - y + 1)^2$;

(7) $yy' - y^2 = x^2$;

(8) $xy' + y = y(\ln x + \ln y)$;

(9) $\cos y\mathrm{d}x + (x - 2\cos y)\sin y\mathrm{d}y = 0$;

(10) $(x^2 + y^2 + 2x)\mathrm{d}x + 2y\mathrm{d}y = 0$.

5. 设有微分方程 $\dfrac{\mathrm{d}y}{\mathrm{d}x} = \varphi\left(\dfrac{ax+by+c}{dx+ey+f}\right)$, 其中 $\varphi(u)$ 为连续函数, a,b,c,d,e,f 为常数.

(1) 若 $ae \neq cd$, 证明: 可适当选取常数 h 和 k , 使变换 $x = u + h, y = v + k$ 把该方程化为齐次微分方程.

(2) 若 $ae = cd$, 证明: 可用一适当的变换把该方程化为变量分离方程.

(3) 用(1)或(2)中的方法分别求微分方程

$$\frac{\mathrm{d}y}{\mathrm{d}x}=\frac{x+y-1}{x-y-6} \quad 与 \quad \frac{\mathrm{d}y}{\mathrm{d}x}=\frac{x-y+1}{x-y}$$

的通解.

第三节　一阶线性微分方程

未知函数及其导数都是一次的一阶微分方程称为**一阶线性微分方程**，它的一般形式是

$$y'+P(x)y=Q(x).\tag{3.1}$$

若 $Q(x)\equiv0$ ，上式变为

$$y'+P(x)y=0,\tag{3.2}$$

称为与方程(3.1)相对应的**齐次线性微分方程**，而前面的方程(3.1)称为非齐次线性微分方程，其中 $P(x)$ 和 $Q(x)$ 为连续函数.

易知齐次线性微分方程(3.2)是变量分离方程，若 $y\neq0$,分离变量后得

$$\frac{\mathrm{d}y}{y}=-P(x)\mathrm{d}x,$$

两端积分，即得其通解为

$$\ln|y|=-\int P(x)\mathrm{d}x+C_1$$

或

$$y=C\mathrm{e}^{-\int P(x)\mathrm{d}x}.\tag{3.3}$$

显然， $y=0$ 也是方程的解，并且能包含在通解(3.3)中. 今后在解题中不再一一说明.

下面讨论如何求对应的非齐次线性微分方程的解. 设方程(3.1)的解为 $y=y(x)$ ，则

$$y(x)\Big/\mathrm{e}^{-\int P(x)\mathrm{d}x}$$

必定是 x 的函数，不妨记为 $h(x)$. 事实上，如果 $h(x)$ 是一个常数 C ，则由(3.3)式， $y=C\mathrm{e}^{-\int P(x)\mathrm{d}x}$ 必是齐次线性方程(3.2)的解，而不可能是非齐次线性方程(3.1)的解. 因此，非齐次线性微分方程(3.1)的解应为如下形式：

$$y=h(x)\mathrm{e}^{-\int P(x)\mathrm{d}x}.\tag{3.4}$$

为了求得方程(3.1)的解，只要将它代入(3.1)式确定 $h(x)$ 就行了. 由于

$$y' = h'(x)\mathrm{e}^{-\int P(x)\mathrm{d}x} - h(x)P(x)\mathrm{e}^{-\int P(x)\mathrm{d}x} = h'(x)\mathrm{e}^{-\int P(x)\mathrm{d}x} - P(x)y ,$$

代入(3.1)，得

$$h'(x)\mathrm{e}^{-\int P(x)\mathrm{d}x} - P(x)y + P(x)y = Q(x).$$

从而有

$$h'(x) = Q(x)\mathrm{e}^{\int P(x)\mathrm{d}x}.$$

所以

$$h(x) = \int Q(x)\mathrm{e}^{\int P(x)\mathrm{d}x}\mathrm{d}x + C.$$

将它代入(3.4)式便得到非齐次线性微分方程(3.1)的通解

$$y = \mathrm{e}^{-\int P(x)\mathrm{d}x}\left[\int Q(x)\mathrm{e}^{\int P(x)\mathrm{d}x}\mathrm{d}x + C\right]. \tag{3.5}$$

　　上述通过将齐次线性微分方程通解中的任意常数 C 换成待定函数 $h(x)$ 求对应非齐次线性微分方程通解的方法称为常数变异法. 如果通解公式(3.5)可以写成如下形式：

$$y = C\mathrm{e}^{-\int P(x)\mathrm{d}x} + \mathrm{e}^{-\int P(x)\mathrm{d}x}\int Q(x)\mathrm{e}^{\int P(x)\mathrm{d}x}\mathrm{d}x.$$

那么易见，右端第一项就是齐次线性微分方程(3.2)的通解，第二项是非齐次线性微分方程(3.1)的一个特解(因为它可以由(3.5)式中取 $C = 0$ 得到). 从而得知，非齐次线性微分方程的通解等于它的一个特解与它所对应的齐次线性微分方程的通解之和.

　　求解非齐次线性微分方程时，不必套用通解公式(3.5)，最好直接使用常数变异法.

例 3.1　求微分方程 $\dfrac{\mathrm{d}x}{\mathrm{d}t} + x = t$ 的通解.

　　解　由分离变量法容易得到对应的齐次线性微分方程 $\dfrac{\mathrm{d}x}{\mathrm{d}t} + x = 0$ 的通解为 $x = C\mathrm{e}^{-t}$. 再用常数变异法求原方程的通解. 设其通解为

$$x = h(t)\mathrm{e}^{-t}. \tag{3.6}$$

则

$$\frac{\mathrm{d}x}{\mathrm{d}t} = h'(t)\mathrm{e}^{-t} - h(t)\mathrm{e}^{-t}.$$

代入原方程并化简可得

$$h'(t) = te^{-t}.$$

从而有

$$h(t) = \int te^t dt = te^t - e^t + C.$$

将它代入(3.6)式，得到原方程的通解 $x = (te^t - e^t + C)e^{-t} = Ce^{-t} + t - 1$.

例 3.2 求微分方程 $\dfrac{dy}{dx} = \dfrac{y}{y^3 + x}$ 的通解和满足初值条件 $y|_{x=0} = 1$ 的特解.

解 表面上看，此方程不是线性微分方程. 但是，如果把 y 看作自变量，x 看作因变量，此方程可以改写成

$$\frac{dx}{dy} = \frac{y^3 + x}{y} = \frac{1}{y}x + y^2. \tag{3.7}$$

那么，就得到一个关于未知数 x 的一阶非齐次线性微分方程了. 利用公式非常容易求解. 下面讨论一下不用公式时步骤的"复杂情况".

先求解对应的齐次线性微分方程 $\dfrac{dx}{dy} = \dfrac{1}{y}x$.

分离变量后积分可得 $\ln|x| = \ln|y| + \ln|C|$. 从而得到齐次线性微分方程的通解为 $x = Cy$.

下面用常数变异法来求解非齐次线性微分方程的通解. 令 $x = h(y)y$, 则

$$\frac{dx}{dy} = h'(y)y + h(y).$$

代入方程(3.7)中并化简，可以得到 $h'(y) = y$, 从而

$$h(y) = \frac{1}{2}y^2 + C.$$

于是原方程的通解为

$$x = \frac{1}{2}y^3 + Cy.$$

代入初值条件 $y|_{x=0} = 1$ 可得 $C = \dfrac{1}{2}$, 这样，所求的特解为 $x = \dfrac{1}{2}(y^2 + 1)y$.

形如

$$\frac{dy}{dx} + P(x)y = Q(x)y^\alpha \quad (\alpha \neq 0, 1) \tag{3.8}$$

的方程称为**伯努利(Bernoulli)方程**，其中 $P(x), Q(x)$ 为连续函数.

这一类方程可以通过一类变量代换转化为线性微分方程. 事实上，用 y^α 同时除以方程的两端，我们可以得到

$$y^{-\alpha}\frac{\mathrm{d}y}{\mathrm{d}x}+P(x)y^{1-\alpha}=Q(x).$$

作变量代换 $u=y^{1-\alpha}$，则 $\dfrac{\mathrm{d}u}{\mathrm{d}x}=(1-\alpha)y^{-\alpha}\dfrac{\mathrm{d}y}{\mathrm{d}x}$，从而上式变为线性微分方程

$$\frac{\mathrm{d}u}{\mathrm{d}x}+(1-\alpha)P(x)u=(1-\alpha)Q(x). \tag{3.9}$$

只要求得方程(3.9)的通解，再将 $u=y^{1-\alpha}$ 代入便得到方程(3.8)的通解.

例 3.3　求解方程 $\dfrac{\mathrm{d}x}{\mathrm{d}t}-tx=t^{3}x^{2}$ 的通解.

解　这是一个伯努利方程，令 $u=x^{-1}$，则 $\dfrac{\mathrm{d}u}{\mathrm{d}x}=-x^{-1}\dfrac{\mathrm{d}x}{\mathrm{d}t}$. 于是原方程变为非齐次线性微分方程

$$\frac{\mathrm{d}u}{\mathrm{d}t}+tu=-t^{3}.$$

容易求得其通解为

$$u=2-t^{2}-C\mathrm{e}^{-\frac{1}{2}t^{2}}.$$

从而得到原方程的通解为

$$x=\left(2-t^{2}-C\mathrm{e}^{-\frac{1}{2}t^{2}}\right)^{-1}.$$

容易看出，$x=0$ 也是原方程的解，但是它并不包含在通解中，需要补上.

下面是其他可以利用变量代换法求解的一阶微分方程举例.

例 3.4　求方程 $y'=\cos(x+y)$ 的通解.

解　令 $u=x+y$，则 $\dfrac{\mathrm{d}u}{\mathrm{d}x}=1+y'$，于是原方程变为

$$\frac{\mathrm{d}u}{\mathrm{d}x}=\cos u+1=2\cos^{2}\frac{u}{2}.$$

当 $\cos\dfrac{u}{2}\neq 0$ 时，分离变量并积分可得

$$\int\frac{\mathrm{d}u}{2\cos^{2}\dfrac{u}{2}}=\int\mathrm{d}x.$$

从而有

$$\tan\frac{u}{2}=x+C.$$

所以原方程的通解为

$$\tan\left(\frac{x+y}{2}\right) = x + C.$$

当 $\cos\dfrac{u}{2} = 0$ 时，$u = \pi + 2k\pi\,(k = 0, \pm 1, \pm 2, \pm 3, \cdots)$，即 $y = -x + \pi + 2k\pi\,(k = 0, \pm 1,$
$\pm 2, \pm 3, \cdots)$，显然满足原方程，故而也是解.

例 3.5　求解方程 $\dfrac{dy}{dx} = \dfrac{x}{\cos y} - \tan y$ 满足初值条件 $y|_{x=0} = \dfrac{\pi}{4}$ 的特解.

解　先将所给的方程化为下面的形式

$$\cos y \frac{dy}{dx} + \sin y = x.$$

令 $u = \sin y$，则 $\dfrac{du}{dx} = \cos y\dfrac{dy}{dx}$，从而原方程又变为一阶线性方程：

$$\frac{du}{dx} + u = x.$$

不难求得它的通解为

$$u = Ce^{-x} + x - 1.$$

从而所给的方程的通解为

$$\sin y = Ce^{-x} + x - 1 \quad \text{或者} \quad y = \arcsin(Ce^{-x} + x - 1).$$

代入初值条件 $C = \dfrac{\sqrt{2}}{2} + 1$，故而所求的特解为

$$y = \arcsin\left[\left(\frac{\sqrt{2}}{2} + 1\right)e^{-x} + x - 1\right].$$

习　题　6.3

求下列方程的解：

(1) $\dfrac{dy}{dx} = y + \sin x$;

(2) $\dfrac{dx}{dt} + 3x = e^{2t}$;

(3) $\dfrac{dy}{dx} = -y\cos x + \dfrac{1}{2}\sin 2x$;

(4) $\dfrac{dy}{dx} - \dfrac{n}{x}y = x^n e^x$;

(5) $\dfrac{dy}{dx} = \dfrac{x^4 + y^3}{xy^2}$;

(6) $\dfrac{dy}{dx} = \dfrac{y}{x + y^3}$;

(7) $x\dfrac{dy}{dx} + y = x^3$;

(8) $(y\ln x - 2)y\,dx = x\,dy$;

(9) $\dfrac{dy}{dx} = \dfrac{e^y + 3x}{x^2}$;

(10) $y = e^x + \displaystyle\int_0^x y(t)\,dt$.

第四节　可以降阶的高阶微分方程

一、三类可降阶微分方程及其解法

一般来说,方程的阶数越高,求解也越复杂. 下面仅仅就二阶微分方程为主,介绍可以适当地变量代换降低方程的阶数(称为降阶法)求解的三类可降阶微分方程.

1. $y^{(n)} = f(x)$ 型方程

这类方程的特征是右端仅含自变量 x . 因此, 通过 n 次积分就能得到它的通解. 应当注意的是, 每次积分都要出现一个任意常数, 因而通解中含有 n 个独立的任意常数.

2. $y'' = f(x, y')$ 型方程

这类方程的特征是方程中不显含未知函数 y . 因此, 只要作变量代换 $y' = p$, 则 $y'' = \dfrac{\mathrm{d}p}{\mathrm{d}x}$, 原方程就化成以 p 为未知函数的一阶微分方程

$$\frac{\mathrm{d}p}{\mathrm{d}x} = f(x, p).$$

若能求出其通解 $p = F(x, C_1)$,代入 $\dfrac{\mathrm{d}p}{\mathrm{d}x} = p$, 便得

$$\frac{\mathrm{d}p}{\mathrm{d}x} = F(x, C_1).$$

再积分一次, 即得原方程的通解

$$y = \int F(x, C_1)\mathrm{d}x + C_2.$$

例 4.1 求微分方程 $(1 + x^2)y'' = 2xy'$ 满足初值条件 $y|_{x=0} = 1, y'|_{x=0} = 3$ 的特解.

解 令 $y' = p$, 则 $y'' = \dfrac{\mathrm{d}p}{\mathrm{d}x}$,代入方程得

$$(1 + x^2)\frac{\mathrm{d}p}{\mathrm{d}x} = 2xp.$$

分离变量得

$$\frac{\mathrm{d}p}{p} = \frac{2x}{1 + x^2}\mathrm{d}x.$$

两端积分, 得

$$\ln|p| = \ln(1+x^2) + \ln|C_1|.$$

从而

$$p = C_1(1+x^2),$$

即

$$\frac{\mathrm{d}y}{\mathrm{d}x} = C_1(1+x^2).$$

两端再次积分，得

$$y = C_1\left(x + \frac{x^3}{3}\right) + C_2,$$

代入初值条件，得 $C_1 = 3, C_2 = 1$，故所求特解为

$$y = x^3 + 3x + 1.$$

3. $y'' = f(y, y')$ 型方程

这类方程的特征是方程中不显含自变量 x．作变换 $y' = p$，以 p 为未知函数，y 为自变量，则复合函数求导法则：

$$y'' = \frac{\mathrm{d}p}{\mathrm{d}x} = \frac{\mathrm{d}p}{\mathrm{d}y} \cdot \frac{\mathrm{d}y}{\mathrm{d}x} = p\frac{\mathrm{d}p}{\mathrm{d}y}.$$

于是原方程化为关于 p 与 y 的一阶微分方程

$$p\frac{\mathrm{d}p}{\mathrm{d}y} = f(y, p).$$

若能求出它的通解 $p = F(y, C_1)$，代入 $y' = p$，得

$$\frac{\mathrm{d}y}{\mathrm{d}x} = F(y, C_1).$$

解此方程就可以得到原方程的通解．

例 4.2　求微分方程 $yy'' - (y')^2 = 0$ 的通解.

解　令 $y' = p$，则 $y'' = p\dfrac{\mathrm{d}p}{\mathrm{d}y}$，代入方程得

$$yp\frac{\mathrm{d}p}{\mathrm{d}y} - p^2 = 0,$$

即

$$p\left(\frac{\mathrm{d}p}{\mathrm{d}y} - p\right) = 0.$$

由 $p=0$ 解得 $y=C$, 由方程 $y\dfrac{\mathrm{d}p}{\mathrm{d}y}=p$ 通过分离变量法解得 $p=C_1y$. 再次使用分离变量法可以求得

$$y=C_2\mathrm{e}^{C_1x},$$

即为原方程的通解($y=C$ 包含在通解中).

例 4.3　求微分方程 $y'y'''-2(y'')^2=0$ 的通解.

解　此方程既不含未知函数 y, 也不含自变量 x, 因此可用解第 2, 3 两类方程的两种不同方法求解, 但在解题过程中应当根据具体情况, 灵活运用.

先令 $y'=p$, 按照第 2 类方程的解法, 则有

$$y''=\frac{\mathrm{d}p}{\mathrm{d}x}, \quad y'''=\frac{\mathrm{d}^2p}{\mathrm{d}x^2}.$$

代入方程得

$$p\frac{\mathrm{d}^2p}{\mathrm{d}x^2}-2\left(\frac{\mathrm{d}p}{\mathrm{d}x}\right)^2=0. \tag{4.1}$$

易见它不是显含 x 的第 3 类方程, 因此令 $\dfrac{\mathrm{d}p}{\mathrm{d}x}=q$, 则 $\dfrac{\mathrm{d}^2p}{\mathrm{d}x^2}=q\dfrac{\mathrm{d}q}{\mathrm{d}p}$. 代入(4.1)式, 得

$$pq\frac{\mathrm{d}q}{\mathrm{d}p}-2q^2=0.$$

当 $q=\dfrac{\mathrm{d}p}{\mathrm{d}x}=y''\neq0$ 且 $p\neq0$ 时, 有

$$\frac{\mathrm{d}q}{q}=\frac{2\mathrm{d}p}{p},$$

解之易得 $q(p)=\tilde{C}_1p^2$. 再由

$$\frac{\mathrm{d}p}{\mathrm{d}x}=q(p)=\tilde{C}_1p^2,$$

可以解得 $p=\dfrac{1}{C_1x+C_2}$, 其中 $C_1=-\tilde{C}_1$. 最后, 由方程

$$\frac{\mathrm{d}y}{\mathrm{d}x}=p=\frac{1}{C_1x+C_2}$$

就能求得原方程的通解

$$y=\frac{1}{C_1}\ln\left|C_1x+C_2\right|+C_3. \tag{4.2}$$

当 $q = \dfrac{\mathrm{d}p}{\mathrm{d}x} = y'' = 0$ 时，则知

$$y = A_1 x + A_2 \quad \text{（其中 } A_1, A_2 \text{ 为任意常数）} \tag{4.3}$$

也是原方程的解，若 $p = y' = 0$，则有 $y = A$（任意常数），它包含在解(4.3)中.

值得注意的是，如果要求例 4.3 中方程的特解，那么，当初值条件 $y'' \ne 0$ 时，应将它代入(4.2)式来求；当 $y'' = 0$ 时，则应代入(4.3)式来求.

用微分方程解决实际问题的一般步骤如下：

(1) 根据问题的实际背景，利用数学方法和有关学科的知识，建立微分方程与定解条件，也就是建立问题的数学模型；

(2) 根据方程的类型，用适当的方法求解出方程的通解，并根据定解条件确定特解；

(3) 对所得结果进行具体分析，解释它的实际意义，如果它与实际相差甚远，就修改模型，重新求解.

上述步骤中的关键和难点是第(1)步. 因为建立实际问题的数学模型没有一般的方法可以遵循，所以读者应在不断地练习和实践中，逐步培养综合运用所学的知识分析和解决实际问题的能力. 至于第(3)步，由于它与有关学科知识密切相关，这里不做过多讨论. 下面举一些例子.

二、可降阶高阶微分方程的应用

例 4.4　设自然坐标原点到一曲线上任意一点的距离，等于曲线在该点的切线与 x 轴的交点到该点的距离. 若此曲线通过点 $(1,2)$，试求它的方程.

解　(1) 建立微分方程与定解条件. 设所求曲线的方程为 $y = y(x), P(x, y)$ 为曲线上的任意一点，PQ 为曲线在点 P 处的切线. 按题意，线段 $\overline{OP}$ 与 $\overline{PQ}$ 的长度相等(图 6.2)，

$$|\overline{OP}| = |\overline{PQ}|$$

为求 $|\overline{PQ}|$ 的长度，先写出切线的方程

$$Y - y = y'(X - x).$$

当 $Y = 0$ 时，得点 Q 的横坐标为 $X = x - \dfrac{y}{y'}$. 所以

$$|\overline{PQ}| = \sqrt{(x - X)^2 + y^2} = \sqrt{\left(\frac{y}{y'}\right)^2 + y^2}.$$

由 $|\overline{OP}| = |\overline{PQ}|$ 得

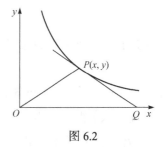

图 6.2

$$\sqrt{x^2 + y^2} = \sqrt{\left(\frac{y}{y'}\right)^2 + y^2}.$$

化简得微分方程

$$x^2 = \left(\frac{y}{y'}\right)^2 \quad 或 \quad y' = \pm\frac{y}{x}.$$

由已知，曲线过点 $(1,2)$，所以初值条件为 $y|_{x=1} = 2$.

(2) 解微分方程. 用分离变量法容易得方程的通解为 $y = C_1 x$ 或 $y = \dfrac{C_2}{x}$（C_1，C_2 为任意常数）. 代入初值条件可得所求曲线方程的方程为

$$y = 2x \quad 或 \quad y = \frac{2}{x}.$$

容易验证，直线 $y = 2x$ 与双曲线 $y = \dfrac{2}{x}$ 都是所求的曲线.

例 4.5 (放射同位素的衰变与考古问题)　根据原子物理学理论，放射性同位素碳-14(记作 ^{14}C)在 t 时刻的衰变速度与该时刻 ^{14}C 的含量成正比. 生物体在未死亡时通过新陈代谢能不断地摄取 ^{14}C，并且尸体的 ^{14}C 开始衰变. 研究生物死亡后(初始时刻设为 $t = 0$)体内 ^{14}C 的含量随时间 t 的变化规律.

解　(1) 建立微分方程与定解条件. 设生物在死亡后 t 时刻体内 ^{14}C 的含量为 $x(t)$，则 t 的衰变速度为 $\dfrac{\mathrm{d}x}{\mathrm{d}t}$. 根据假设

$$\frac{\mathrm{d}x}{\mathrm{d}t} = -kx,$$

其中 $k > 0$ 为比例常数，负号表示 ^{14}C 的含量是不断递减的. 由已知初始条件为 $x|_{t=0} = x_0$.

(2) 解方程. 分离变量

$$\frac{\mathrm{d}x}{\mathrm{d}t} = -k\mathrm{d}t.$$

两边积分可得方程的通解为 $x = C\mathrm{e}^{-kt}$，代入初始条件便得所求特解为

$$x = x_0 \mathrm{e}^{-kt}.$$

(3) 由所得结果可知，死亡生命体内 ^{14}C 的含量随时间 t 按指数规律不断衰减. 据此，人们既可以由生命死亡的时间估算出某尸体内 ^{14}C 的含量，也可以由死亡生命体内 ^{14}C 的现存量估算生命死亡的时间. 下面来讨论后面这个问题.

设 ^{14}C 的半衰期(由给定数量的 ^{14}C 衰减到一半的时间)为 T ，即 $x(T) = \dfrac{x_0}{2}$. 将

它代入到 $x = x_0 \mathrm{e}^{-kt}$ 中得 $k = \dfrac{\ln 2}{T}$ ，故

$$x(t) = x_0 \mathrm{e}^{-\frac{\ln 2}{T}t} .$$

由此解得死亡生命体内 ^{14}C 的存量与死亡时间 t 的关系为

$$t = \frac{T}{\ln 2} \ln\left(\frac{x_0}{x}\right) . \tag{4.4}$$

由于 x_0 与 x 不便于测量，由此，常改用下面的方法来求死亡时间 t .

由于

$$x'(t) = -kx_0 \mathrm{e}^{-kt}, \quad x'(0) = -kx(0) = -kx_0,$$

所以

$$\frac{x'(0)}{x'(t)} = \frac{x_0}{x} .$$

考古学家与地质学家就是利用上面的公式来估算文物或化石的年代. 例如，长沙马王堆一号墓于 1972 年 8 月出土时，测得出土木炭标本中 ^{14}C 平均原子衰变速度为 29.78 次/min. 人在刚死亡时体内所含 ^{14}C 平均原子衰变速率与新砍伐木材烧成的木炭中 ^{14}C 的平均原子衰变速率相同，为 38.37 次/min. 又知 ^{14}C 的半衰期为 5568 a，将它们代入(4.4)式，可以算得

$$\frac{x'(0)}{x'(t)} = \frac{x_0}{x}, \quad t = \frac{5568}{\ln 2} \ln\left(\frac{38.37}{29.78}\right) \approx 2036(\mathrm{a}) .$$

因此马王堆一号墓大约是 2000 多年前的汉墓.

例 4.6 (减肥问题)　减肥的问题实际上是减少体重的问题. 假如某人每天的饮食可产生 A J 热量，用于基本新陈代谢每天所消耗的热量为 B J，用于锻炼所消耗的热量为 $C(\mathrm{J}/\mathrm{d}\cdot\mathrm{kg})$. 为简化计算，假定增加(或减少)体重所需热量全由脂肪提供，脂肪的含热量为 $D(\mathrm{J}/\mathrm{d}\cdot\mathrm{kg})$. 求此人体重随时间的变化规律.

解　(1) 建立微分方程与定解条件. 设 t 时刻(单位：d(天))的体重为 $\omega(t)$ ，根据热平衡原理，在 $\mathrm{d}t$ 时间内，

人体热量的改变量 = 吸收的热量 − 消耗的热量.

由此得

$$D\mathrm{d}\omega = [A - B - C\omega(t)]\mathrm{d}t .$$

记 $a = \dfrac{A-B}{D}$ ，$b = \dfrac{C}{D}$ ，则得方程

$$\frac{\mathrm{d}\omega}{\mathrm{d}t} = a - b\omega(t).$$

设开始减肥时刻为 $t = 0$，体重为 ω_0，于是初始条件为

$$\omega(t)\big|_{t=0} = \omega_0.$$

(2) 解微分方程. 由分离变量容易解得方程的通解为

$$\omega(t) = \mathrm{e}^{-bt}\left(C + \frac{a}{b}\mathrm{e}^{bt}\right).$$

代入初始条件可得特解为

$$\omega(t) = \frac{a}{b} + \left(\omega_0 - \frac{a}{b}\right)\mathrm{e}^{-bt}.$$

(3) 由上面的结果易得如下结论：

(a) 由于 $\lim\limits_{t\to\infty}\omega(t) = \dfrac{a}{b}$，因此，随着时间的增加体重将逐渐趋于常数 $\dfrac{a}{b}$. 又 $\dfrac{a}{b} = \dfrac{A-B}{C}$，因此只要节制饮食，加强锻炼，调节新陈代谢，使体重达到你希望的值是可能的.

(b) 若 $a = 0$，$A = B$，则 $\omega = \omega_0\mathrm{e}^{-bt}$. 这就是说，如果吃太少，摄取的热量仅够维持新陈代谢的需要，那么 $\lim\limits_{t\to\infty}\omega(t) = 0$. 因此，长此以往，就有生命危险！

(c) 若 $b = 0$，即 $C = 0$，则方程变为 $\dfrac{\mathrm{d}\omega}{\mathrm{d}t} = a$，解得 $\omega = at + \omega_0$. 当 $t \to \infty$ 时，$\omega \to \infty$. 这表明，如果只吃饭，不活动，不锻炼. 身体就会越来越胖，也是非常危险的！

(d) 可以进一步讨论限时减肥(例如，举重运动员参赛前体重要降到规定的数值)或限时增肥(例如，养猪场要在一定的时间内使猪的重量达到一定数值)问题. 为此，就要设计出 a 与 b 的最佳组合，使体重在限期 $t = T$ 时达到允许的体重，即

$$\tilde{w} = \frac{a}{b} + \left(w_0 - \frac{a}{b}\right)\mathrm{e}^{-bt}.$$

这个问题比较复杂，我们不再详细讨论.

三、生物种群繁殖的数学模型

马尔萨斯模型

1798 年，马尔萨斯(Malthus)对生物种群的繁殖规律提出一种看法. 他认为，一种群中个体数量增长率与该时刻的个体数量成正比. 设 $x(t)$ 表示该种群在 t 时

刻的个体数量, 则其增长率

$$\frac{\mathrm{d}x}{\mathrm{d}t} = rx(t) \tag{4.5}$$

或相对增长率

$$\frac{1}{x} \cdot \frac{\mathrm{d}x}{\mathrm{d}t} = r,$$

其中常数 $r = B - D, B$ 和 D 分别为该种群个体的平均生育率与死亡率.

模型(4.5)是一个简单的微分方程. 用分离变量法可求得其满足初值条件 $x(0) = x_0$ 的特解为

$$x(t) = x_0 \mathrm{e}^{rt}. \tag{4.6}$$

由(4.6)式可见, 个体数量 $x(t)$ 将随 t 呈指数形式增长. 这一变化规律, 在短时期内是与实验数据大致符合的. 但当 $t \to \infty$ 时, 则有 $x(t) \to +\infty$, 这与客观现实不符. 因此, 需要分析原因, 修改数学模型.

逻辑斯谛(Logistic)模型

1838 年 Verhulst 指出, 导致上述不符合客观现实情况的主要原因在于马尔萨斯模型未能考虑"密度制约"因素. 事实上, 种群生活在一定的环境中, 在资源给定的情况下, 个体数目越多, 每一个体获得的资源就越少, 这将制约其生育率, 增加其死亡率. 因而相对增长率 $\frac{1}{x} \cdot \frac{\mathrm{d}x}{\mathrm{d}t}$ 不应是一个常数 r, 而是 r 乘上一个"密度制约"因子. 这个因子是一个随 x 而单调减小的函数, 设其为 $\left(1 - \frac{x}{k}\right)$, 其中 k 称为环境的容纳量, 它反映资源的丰富程度. 于是 Verhulst 提出下述的逻辑斯谛模型:

$$\frac{\mathrm{d}x}{\mathrm{d}t} = rx\left(1 - \frac{x}{k}\right). \tag{4.7}$$

这也是可分离变量的微分方程.

分离变量后积分得

$$\int r\mathrm{d}t = \int \frac{\mathrm{d}x}{x\left(1 - \dfrac{x}{k}\right)} = \int \frac{1}{x}\mathrm{d}x + \frac{1}{k}\int \frac{1}{1 - \dfrac{x}{k}}\mathrm{d}x.$$

从而可求得方程(4.7)的通解为

$$x = \frac{k}{1 + Ce^{-rt}}.$$

设初值条件为 $x(0) = x_0$, 则相应的特解为

$$x = \frac{kx_0}{(k-x_0)\mathrm{e}^{-rt}+x_0}.\qquad (4.8)$$

由(4.8)式可见，当 $t \to \infty$ 时，$x(t) \to k$，这说明随着时间的增长，此种群个体数量将最终稳定为 k，它就是环境对该种群的容纳量.

习　题　6.4

1. 求下列微分方程的通解：

(1)　$y'' = \dfrac{1}{1+x^2}$;

(2)　$y'' = y' + x$;

(3)　$y''' = y''$;

(4)　$y'' = 1+(y')^2$;

(5)　$yy''+1 = (y')^2$.

2. 设一曲线过点 $(1,0)$，曲线上任意一点 $P(x,y)$ 处的切线在 y 轴上的截距等于该点到原点的距离，求此曲线的方程.

3. 一曲线经过点 $(2,8)$，曲线上任一点到两坐标轴的垂线和两坐标轴构成的矩形被该曲线分为两部分，其中一部分的面积恰好是另一部分面积的两倍，求此曲线的方程.

4. 设有质量为 m 的降落伞以初速 v_0 开始降落，若空气阻力与速度成正比，求降落伞下降的速度与时间的关系.

5. 容器内装有 10L 盐水，其中含盐 1Kg. 现在以 $3(\mathrm{L}/\min)$ 的速度注入净水，同时以 $2(\mathrm{L}/\min)$ 的速度抽出盐水，试求 1h 后容器内溶液的含盐量.

6. 由经济学知，市场上的商品价格的变化率与商品的过剩需求量(即需求量与供给量的差)成正比. 假设某种商品的供给量 Q_1 与需求量 Q_2 都是价格 P 的线性函数.

$$Q_1 = -a+bp, \qquad Q_2 = c-dp,$$

其中 a,b,c,d 都是正常数，试求该商品价格随时间的变化规律.

7. 海上的一只游船上有 800 人，其中一人患有某种传染病，12 小时后，有 3 人被感染发病，由于这种传染病没有早期症状，所以感染者未被及时隔离，若疫苗能在 60 至 72 小时运到船上，传染病的传播与受感染的人数和未感染的人数之积成正比. 试估算疫苗运到时的发病人数.

8. 研究肿瘤细胞增殖动力学，能为肿瘤的临床治疗提供一定的理论依据. 试按下述两种假设分别建立肿瘤生长的数学模型并求解.

(1) 设肿瘤体积 V 随时间 t 增大的速率与 Vb 成正比，其中 b 为常数(称为形状参数). 开始测得肿瘤体积为 V_0，试分别求当 $b=2/3$，当 $b=1$ 时 V 随时间变化的规律，以及当 $b=1$ 时肿瘤体积增加一倍所需的时间(称为倍增时间).

(2) 设肿瘤体积 V 随时间 t 增大的速率与 V 成正比，但比例系数 k 不是常数，它随时间 t

的增大而减少，并且减小的速率与当时 k 的值成正比，比例系数为常数. 试求 V 随时间 t 的变化规律、倍增时间及肿瘤体积的理论上限值.

9. (冷却定律与破案问题) 按照牛顿冷却定律，温度为 T 的物体在温度为 T_0 的环境中冷却的速度与温差 $T-T_0$ 成正比. 请你用该定律分析下面的条件. 某公安人员于晚上 7 时 30 分发现一具女尸，当晚 8 时 20 分法医测得尸体温度为 32.6℃. 一小时后，尸体被抬走时又测得尸体温度为 31.4℃，假定室温在几个小时内均为 21.1℃. 由案情分析得知张某是此案的主要犯罪嫌疑人，但张某矢口否认，并有证人说：“下午张某一直在办公室，下午 5 时打了一个电话后才离开办公室”. 从办公室到行凶现场步行需 5 min，问张某是否能被排除在犯罪嫌疑人之外？

10. 设函数 $y = y(x)$ 在 $(0, \infty)$ 内可微，求 $y = y(x)$，使它满足

$$x \int_0^x y(t)\mathrm{d}t = (x+1)\int_0^x ty(t)\mathrm{d}t.$$

11. 设 f 是 $C^{(1)}$ 类函数，且

$$f(x+t) = \frac{f(x)+f(t)}{1-f(x)f(t)}, \quad f'(0) = 3.$$

试求导出 $f(x)$ 所满足的微分方程，并求 $f(x)$.

第五节 常系数线性方程的解

在一些实际的例子中，我们知道，除了前面讨论的一阶方程以外，还将遇到其他类型的非一阶的微分方程. 在这一节中，我们将讨论二阶以及二阶以上的微分方程，即高阶微分方程. 在微分方程的理论中，线性微分方程是非常值得重视的一部分内容. 这不仅仅是因为线性微分方程的一般理论已经被研究得非常清楚，而且线性微分方程是研究非线性微分方程的基础，它在物理和工程技术中也有着广泛的应用. 本节重点讲述线性方程的基本理论和线性常系数方程的解法，对于高阶方程的降阶问题和二阶方程的解法也做专门介绍.

一、常系数高阶线性微分方程的一般形式

我们讨论如下的 n 阶线性微分方程：

$$\frac{\mathrm{d}^n x}{\mathrm{d}t^n} + a_1(t)\frac{\mathrm{d}^{n-1} x}{\mathrm{d}t^{n-1}} + \cdots + a_{n-1}(t)\frac{\mathrm{d}x}{\mathrm{d}t} + a_n(t)x = f(t), \tag{5.1}$$

其中 $a_i(t)(i = 1, 2, \cdots, n)$ 以及 $f(t)$ 都是区间 $a \leqslant t \leqslant b$ 上的连续函数.

如果 $f(t) \equiv 0$，则方程变为

$$\frac{\mathrm{d}^n x}{\mathrm{d}t^n} + a_1(t)\frac{\mathrm{d}^{n-1} x}{\mathrm{d}t^{n-1}} + \cdots + a_{n-1}(t)\frac{\mathrm{d}x}{\mathrm{d}t} + a_n(t)x = 0. \tag{5.2}$$

我们称它为 n 阶齐次线性微分方程, 简称为齐次方程, 而称一般的方程(5.1)为 n 阶非齐次线性微分方程, 简称非齐次线性方程, 并且通常把方程(5.2)叫做对应于方程(5.1)的齐次线性方程.

同一阶方程一样, 高阶方程也存在着是否有解和解是否唯一的问题. 因此, 作为讨论的基础, 我们首先来给出方程(5.1)的解的存在唯一性定理.

定理 5.1　　如果 $a_i(t)(i=1,2,\cdots,n)$ 以及 $f(t)$ 都是区间 $a \leqslant t \leqslant b$ 上的连续函数, 则对于任何一个 $t_0 \in [a,b]$ 以及任意的 $x_0, x_0^{(1)}, \cdots, x_0^{(n-1)}$, 方程(5.1)存在唯一解 $x = \varphi(t)$, 定义于区间 $[a,b]$ 上, 而且满足初始条件:

$$\varphi(t_0) = x_0, \quad \varphi'(t_0) = x_0^{(1)}, \cdots, \varphi^{(n-1)}(t_0) = x_0^{(n-1)}. \tag{5.3}$$

我们不给出这个定理的证明, 相关的证明可以参考数学专业相关的常微分方程教材. 从这个定理可以看出, 初始条件唯一地确定了方程(5.1)的解, 而且这个解在所有 $a_i(t)(i=1,2,\cdots,n)$ 以及 $f(t)$ 都连续的整个区间 $a \leqslant t \leqslant b$ 上有定义.

二、函数线性空间与函数组的线性相关与线性无关

作为基础知识, 首先我们介绍向量的线性空间的概念. 一个数集 Ω, 它的元素为一个数组 $\boldsymbol{x} = (x_1, x_2, \cdots, x_n)$, 这个数组称为一个向量, 如果这个数集中的向量按照其上所定义的加法和数乘(加法和数乘称为线性运算)满足下面的 8 个条件, 则称数集 Ω 为一个线性空间.

(1) 对于 Ω 中的任意的 $\boldsymbol{x}$ 与 $\boldsymbol{y}$, $\boldsymbol{x} + \boldsymbol{y} = \boldsymbol{y} + \boldsymbol{x}$;

(2) 对于 Ω 中的任意的 $\boldsymbol{x}, \boldsymbol{y}$ 与 $\boldsymbol{z}$, $(\boldsymbol{x} + \boldsymbol{y}) + \boldsymbol{z} = \boldsymbol{x} + (\boldsymbol{y} + \boldsymbol{z})$;

(3) 有一个元素 $\boldsymbol{0}$ 存在, 对于任意一个向量 $\boldsymbol{x}$, 它使得 $\boldsymbol{x} + \boldsymbol{0} = \boldsymbol{x}$;

(4) 对于每一个 $\boldsymbol{x} \in \Omega$, 都有一个元素 $\boldsymbol{y} \in \mathbf{R}$, 使得 $\boldsymbol{x} + \boldsymbol{y} = \boldsymbol{0}$ ("逆元素");

(5) 对于任意一个 $\boldsymbol{x} \in \Omega$, $1 \cdot \boldsymbol{x} = \boldsymbol{x}$;

(6) 对于任意一个 $\boldsymbol{x} \in \Omega$, 以及任意实数 α 以及 β, $\alpha(\beta \boldsymbol{x}) = (\alpha\beta)\boldsymbol{x}$;

(7) 对于任意一个 $\boldsymbol{x} \in \Omega$, 以及任意实数 α 以及 β, $(\alpha + \beta)\boldsymbol{x} = \alpha\boldsymbol{x} + \beta\boldsymbol{x}$;

(8) 对于任意一个 $\boldsymbol{x}, \boldsymbol{y} \in \Omega$, 以及任意实数 α, $\alpha(\boldsymbol{x} + \boldsymbol{y}) = \alpha\boldsymbol{x} + \alpha\boldsymbol{y}$.

假设 $\boldsymbol{x}_1, \boldsymbol{x}_2, \cdots, \boldsymbol{x}_m$ 是线性空间 Ω 的一组向量, $k_1, k_2, \cdots, k_m$ 是实数, 向量

$$\boldsymbol{y} = k_1 \boldsymbol{x}_1 + k_2 \boldsymbol{x}_2 + \cdots + k_m \boldsymbol{x}_m$$

称为向量组 $\boldsymbol{x}_1, \boldsymbol{x}_2, \cdots, \boldsymbol{x}_m$ 的线性组合, 实数 $k_1, k_2, \cdots, k_m$ 称为这个线性组合的系数.

考虑向量 $\boldsymbol{y} = \boldsymbol{0}$ 时, 实数 $k_1, k_2, \cdots, k_m$ 的取值情况. 如果存在实数 $k_1, k_2, \cdots, k_m$ 不全为零而使得线性组合所得到的向量 $\boldsymbol{y} = \boldsymbol{0}$, 则称向量组 $\boldsymbol{x}_1, \boldsymbol{x}_2, \cdots, \boldsymbol{x}_m$ 线性相关. 如果不存在不全为零的实数 $k_1, k_2, \cdots, k_m$, 使得线性组合所得到的向量 $\boldsymbol{y} = \boldsymbol{0}$; 或者反过来说, 只有当 $k_1 = 0, k_2 = 0, \cdots, k_n = 0$ 时, 才能够使得 $\boldsymbol{y} = \boldsymbol{0}$, 则称向量组

$x_1, x_2, \cdots, x_m$ 线性无关. 下面举出几个例子来说明这个概念.

(1) 对于二维空间 $\mathbf{R}^2$ 中的向量 $x = (1,0), y = (2,0)$, 显然可以找到系数 $k_1 = -2$, $k_2 = 1$, 使得线性组合所得到的向量 $z = k_1 x + k_2 y = \mathbf{0}$. 从而可以知道向量组 x, y 线性相关.

(2) 对于二维空间 $\mathbf{R}^2$ 中的向量 $x = (1,0), y = (0,2)$, 则找不到系数 $k_1 \neq 0$ 或者 $k_2 \neq 0$, 使得线性组合所得到的向量 $z = k_1 x + k_2 y = \mathbf{0}$. 用反证法, 容易证明这个结论. 事实上, 假设存在系数 $k_1 \neq 0$ 或者 $k_2 \neq 0$, 使得向量 $z = \mathbf{0}$, 根据向量加法有 $z = k_1(1,0) + k_2(0,2) = (k_1, 2k_2) = \mathbf{0} = (0,0)$, 则有 $k_1 = 0, k_2 = 0$. 从而可以知道向量组 x, y 线性无关.

(3) 对于三维空间 $\mathbf{R}^3$ 中的向量 $x = (1,0,-3), y = (2,-2,4), z = (6,-3,-3)$ 可以找到系数 $k_1 = 1, k_2 = \dfrac{1}{2}, k_3 = -\dfrac{1}{3}$ 使得线性组合所得到的向量 $w = k_1 x + k_2 y + k_2 z = \mathbf{0}$. 从而可知向量组 x, y, z 线性相关.

(4) 对于三维空间 $\mathbf{R}^3$ 中的向量 $x = (1,0,0), y = (0,2,0), z = (0,0,3)$, 不存在不全为零的实数 $k_1, k_2 \cdots; k_3$, 使得线性组合所得到的向量 $w = k_1 x + k_2 y + k_2 z = \mathbf{0}$. 利用反证法与(2)一样证明.

具体的针对 n 维空间 $\mathbf{R}^n$ 的系数 $k_1, k_2, \cdots, k_m$ 是否存在以及系数的准确寻找方法, 由于涉及比较多的线性代数的知识, 就不细讲了.

函数线性相关和线性无关的概念与此类似. 即对于在区间 $[a,b]$ 上都有定义的函数组 $h_1(x), h_2(x), \cdots, h_m(x)$, 如果在点 $x_0 \in [a,b]$ 上存在一组不全为零的实数 k_1, $k_2, \cdots, k_m$, 使得

$$k_1 h_1(x) + k_2 h_2(x) + \cdots + k_m h_m(x) = 0,$$

则称函数组 $h_1(x), h_2(x), \cdots, h_m(x)$ 在点 x_0 处线性相关, 如果对于区间 $[a,b]$ 上的任意一个点 $x \in [a,b]$ 都能够找到一组不全为零的实数 $k_1, k_2, \cdots, k_m$, 使得

$$k_1 h_1(x) + k_2 h_2(x) + \cdots + k_m h_m(x) = 0,$$

则称函数组 $h_1(x), h_2(x), \cdots, h_m(x)$ 在区间 $[a,b]$ 上线性相关, 否则称为线性无关. 也就是, 只有当 $k_1 = 0, k_2 = 0, \cdots, k_m = 0$ 时, 才能使得

$$k_1 h_1(x) + k_2 h_2(x) + \cdots + k_m h_m(x) = 0,$$

则称函数组 $h_1(x), h_2(x), \cdots, h_m(x)$ 在区间 $[a,b]$ 上线性无关.

下面我们列举几个例子.

(1) 特别地, 对于两个函数 y_1, y_2, 当其中一个为 0 函数时, 显然有 y_1, y_2 线性相关. 当 y_1, y_2 都不为 0 函数时, 有

$$y_1, y_2 \text{线性相关} \Leftrightarrow \frac{y_1}{y_2} \equiv C, \text{即} y_1 = Cy_2, \forall x \in I.$$

(2) 函数组 $h_1(x) = \sin^2 x, h_2(x) = 1 - \cos^2 x, x \in [-\pi, \pi]$. 当 $k_1 = -1, k_2 = 1$ 时，对任意的 $x \in [-\pi, \pi]$，恒有 $k_1 h_1(x) + k_2 h_2(x) = -\sin^2 x + 1 - \cos^2 x = 0$. 从而可知在区间 $[-\pi, \pi]$ 上，函数 $h_1(x) = \sin^2 x$ 与函数 $h_2(x) = 1 - \cos^2 x$ 线性相关.

(3) 函数组 $h_1(x) = \sin x, h_2(x) = \cos x, x \in [-\pi, \pi]$. 不存在实常数 $k_1 \neq 0$ 或者 $k_2 \neq 0$，使得对于任意的 $x \in [-\pi, \pi]$，恒有 $k_1 h_1(x) + k_2 h_2(x) = k_1 \sin x + k_2 \cos x = 0$. 否则，假设存在 $k_1 \neq 0$ 或者 $k_2 \neq 0$，使得对于任意的 $x \in [-\pi, \pi]$，恒有 $k_1 h_1(x) + k_2 h_2(x) = k_1 \sin x + k_2 \cos x = 0$，不妨假设 $k_1 \neq 0$，则可以从上式中解出 $k_2 = -k_1 \tan x$，虽然 k_1 为实常数，但是 k_2 却不是实常数，它是一个函数，矛盾. 从而可知在区间 $[-\pi, \pi]$ 上，函数 $h_1(x) = \sin x$ 与函数 $h_2(x) = \cos x$ 线性相关.

(4) 函数组 $h_1(x) = x, h_2(x) = x^2, \cdots, h_m(x) = x^m, x \in [a, b]$. 不存在实常数当 $k_1, k_2, \cdots, k_m$ 不全为零时，使得对于任意的 $x \in [a, b]$，恒有 $k_1 x + k_2 x^2 + \cdots + k_m x^m = 0$. 这个问题的具体证明，需要参考线性代数的知识，此处就不加证明了. 需要的读者可以参考线性代数教材.

(5) 可以证明，函数组 $\mathrm{e}^{r_1 x}, x \mathrm{e}^{r_2 x}; 1, x; \mathrm{e}^x, x \mathrm{e}^x$ 都是线性无关的.

三、常系数线性高阶方程的解的性质和结构

首先来看二阶方程的情况. 二阶线性微分方程的一般形式是

非齐次方程　　$y'' + p(x)y' + q(x)y = f(x)$. 　　　　　　　　　(5.4)

齐次方程　　$y'' + p(x)y' + q(x)y = 0$. 　　　　　　　　　　　(5.5)

如果方程(5.5)与方程(5.4)的左边相同，就称(5.5)为(5.4)的对应的齐次方程. 本节中所有定理的结论与求解方法都可以直接推广到 n 阶线性微分方程的情形.

定理 5.2 (二阶线性齐次微分方程解的叠加原理)　假设 $y_1(x), y_2(x)$ 是方程(5.5)的两个解，则对于任意常数 C_1, C_2，函数

$$y = C_1 y_1(x) + C_2 y_2(x) \tag{5.6}$$

是(5.5)的解.

证明　把(5.6)式代入方程(5.5)的左边计算可得

$$(C_1 y_1''(x) + C_2 y_2''(x)) + p(x)(C_1 y_1'(x) + C_2 y_2'(x)) + q(x)(C_1 y_1(x) + C_2 y_2(x))$$
$$= C_1 \left[y_1''(x) + p(x)y'(x)_1 + q(x)y_1(x) \right] + C_2 \left[y_2''(x) + p(x)y_2'(x) + q(x)y_2(x) \right] = 0.$$

所以(5.6)的确是方程(5.5)的解.

必须指出，方程(5.5)是二阶方程，(5.6)式中的函数虽然有两个常数，但是这

两个常数却并不一定独立. 因此(5.6)并不一定是(5.5)的通解. 为了让(5.6)式中的函数确实是方程(5.5)的通解, 函数 $y_1(x), y_2(x)$ 还是要满足一些条件, 即函数 $y_1(x)$, $y_2(x)$ 要线性无关. 如果函数 $y_1(x), y_2(x)$ 满足线性无关的条件, 则有如下定理.

定理 5.3 (二阶线性齐次微分方程通解的结构)　假设 $y_1(x), y_2(x)$ 是方程(5.5)的两个线性无关的特解, 则函数

$$y = C_1 y_1(x) + C_2 y_2(x) \quad (C_1, C_2 是任意常数)$$

是(5.5)的通解.

定理 5.4 (二阶线性非齐次微分方程通解的结构)　假设 $y^*(x)$ 是方程(5.4)的一个特解, $Y(x)$ 是对应的齐次方程(5.5)的通解, 则

$$y = Y(x) + y^*(x) \tag{5.7}$$

是非齐次方程(5.4)的通解.

证　将(5.7)式代入(5.4)式的左边可得

$$[Y''(x) + y^{*''}(x)] + p(x)[Y'(x) + y^{*'}(x)] + q(x)[Y(x) + y^*(x)]$$
$$= [Y''(x) + p(x)Y'(x) + q(x)Y(x)] + [y^{*''}(x) + p(x)y^{*'}(x) + q(x)y^*(x)]$$
$$= 0 + f(x) = f(x).$$

因此, $y = Y(x) + y^*(x)$ 是方程(5.4)的解, 又由于(5.7)中含有两个任意常数, 因此它是方程(5.4)的通解.

定理 5.5 (二阶线性非齐次微分方程解的叠加原理)　假设非齐次方程(5.4)的右边项 $f(x)$ 是 n 个项之和, 即

$$f(x) = f_1(x) + f_2(x) + \cdots + f_n(x).$$

而 $y_i^*(x)$ 是方程

$$y'' + p(x)y' + q(x)y = f_i(x) \quad (i = 1, 2, \cdots, n)$$

的特解, 则

$$y^* = y_1^*(x) + y_2^*(x) + \cdots + y_n^*(x)$$

是方程

$$y'' + p(x)y' + q(x)y = f_1(x) + f_2(x) + \cdots + f_n(x)$$

的特解.

定理 5.5, 读者可以自己证明.

现在我们将上面的结论推广到 n 阶方程, 对于 n 阶齐次线性方程

$$\frac{d^n x}{dt^n} + a_1(t)\frac{d^{n-1}x}{dt^{n-1}} + \cdots + a_{n-1}(t)\frac{dx}{dt} + a_n(t)x = 0, \tag{5.8}$$

根据"常数可以从微分符号提出来"和"和的导数等于导数之和"的法则，容易得到下面的齐次线性方程叠加原理.

定理 5.6 (叠加原理)　如果 $x_1(t), x_2(t), \cdots, x_k(t)$ 是方程(5.8)的 k 个解，则它们的线性组合 $c_1 x_1(t) + c_2 x_2(t) + \cdots + c_k x_k(t)$ 是(5.8)的解，这里 $c_1, c_2, \cdots, c_k$ 是任意常数.

注意到一个不高于 n 次的多项式，它最多可以有 n 个不同的根. 因此，它所考虑的区间上不能有多于 n 个零点，更不可能恒为零，因此有下面的定理.

定理 5.7　n 阶齐次线性方程(5.8)一定存在 n 个线性无关的解.

定理 5.8 (通解结构定理)　如果 $x_1(t), x_2(t), \cdots, x_n(t)$ 是方程(5.8)的 n 个线性无关的解，则方程(5.8)的通解可以表示为

$$x = c_1 x_1(t) + c_2 x_2(t) + \cdots + c_n x_n(t), \tag{5.9}$$

其中 $c_1, c_2, \cdots, c_n$ 是任意常数. 而且通解(5.9)包括了方程(5.8)的所由解.

推论　方程(5.8)线性无关解的最大个数等于 n. 因此可以得出结论：n 阶齐次线性方程的所有解构成一个 n 维线性空间.

方程(5.8)的一组 n 个线性无关解称为方程的一个基本解组. 显然基本解组不是唯一的.

上面我们考虑了齐次方程的情况，下面来看 n 阶非齐次线性方程

$$\frac{\mathrm{d}^n x}{\mathrm{d} t^n} + a_1(t) \frac{\mathrm{d}^{n-1} x}{\mathrm{d} t^{n-1}} + \cdots + a_{n-1}(t) \frac{\mathrm{d} x}{\mathrm{d} t} + a_n(t) x = f(t). \tag{5.10}$$

知道了齐次线性方程通解的结构，以此为基础就不难解决非齐次线性方程通解的结构问题. 我们有如下定理.

定理 5.9　假设 $x_1(t), x_2(t), \cdots, x_n(t)$ 为方程(5.8)的基本解组，$x^*(t)$ 是方程(5.10)的某一个解，则方程(5.10)的通解可以表示为

$$x = c_1 x_1(t) + c_2 x_2(t) + \cdots + c_n x_n(t) + x^*(t), \tag{5.11}$$

其中 $c_1, c_2, \cdots, c_n$ 为任意常数，而且这个通解(5.11)包括了方程组(5.10)的所有解.

证明　根据定理 5.8 容易知道(5.11)是方程(5.10)的解，它包含有 n 个任意常数，就像定理 5.6 的证明过程一样，不难证明这些常数是彼此独立的，因此，它是方程(5.10)的通解. 现在假设 $\tilde{x}(t)$ 是方程(5.10)的任意一个解，则由定理 5.4，$\tilde{x}(t) - x^*(t)$ 是方程(5.8)的解，根据定理 5.6，必有一组确定的常数 $\tilde{c}_1, \tilde{c}_2, \cdots, \tilde{c}_n$，使得

$$\tilde{x}(t) - x^*(t) = \tilde{c}_1 x_1(t) + \tilde{c}_2 x_2(t) + \cdots + \tilde{c}_n x_n(t),$$

即

$$\tilde{x}(t) = \tilde{c}_1 x_1(t) + \tilde{c}_2 x_2(t) + \cdots + \tilde{c}_n x_n(t) + x^*(t).$$

这就是说，方程(5.10)的任意一个解可以由(5.11)表出，其中 $\tilde{c}_1, \tilde{c}_2, \cdots, \tilde{c}_n$ 为相

应的确定的常数. 由于 $\tilde{c}_1, \tilde{c}_2, \cdots, \tilde{c}_n$ 的任意性, 这就证明了通解表达式(5.11)包括方程(5.10)的所有解. 定理证明完毕.

上面的定理告诉我们, 要解非齐次线性方程, 只需要知道它的一个解和对应的齐次线性方程的基本解组. 我们进一步指出, 只要知道对应的齐次线性方程的基本解组就可以利用常数变异法求得非齐次线性方程的解.

假设 $x_1(t), x_2(t), \cdots, x_n(t)$ 是方程(5.8)的基本解组, 因而

$$x = c_1 x_1(t) + c_2 x_2(t) + \cdots + c_n x_n(t) \tag{5.12}$$

为(5.8)的通解. 把其中的任意常数 c_i 看作 t 的待定函数 $c_i(t)$ $(i = 1, 2, \cdots, n)$, 这时(5.12)变为

$$x = c_1(t) x_1(t) + c_2(t) x_2(t) + \cdots + c_n(t) x_n(t). \tag{5.13}$$

将它代入方程(5.1), 就得到 $c_1(t), c_2(t), \cdots, c_n(t)$ 必须满足的一个方程, 但是待定函数有 n 个, 即 $c_1(t), c_2(t), \cdots, c_n(t)$, 为了确定它们, 必须再找出 $n-1$ 个限制条件, 在理论上, 这些另加的条件可以任意给出, 给出这些条件的方法有无穷多种, 当然还是以运算简便为宜. 为此, 我们将按照下面的方法来给出这 $n-1$ 个条件.

等式(5.13)对 t 微分, 得到

$$x' = c_1(t) x_1'(t) + c_2(t) x_2'(t) + \cdots + c_n(t) x_n'(t) + x_1(t) c_1'(t) + x_2(t) c_2'(t) + \cdots + x_n(t) c_n'(t).$$

令

$$x_1(t) c_1'(t) + x_2(t) c_2'(t) + \cdots + x_n(t) c_2'(t) = 0, \tag{5.14-1}$$

得到

$$x' = c_1(t) x_1'(t) + c_2(t) x_2'(t) + \cdots + c_n(t) x_n'(t). \tag{5.15-1}$$

上式对 t 微分, 并像上面一样, 令含有函数 $c_i'(t)$ 的部分等于零, 我们又得到一个条件

$$x_1'(t) c_1'(t) + x_2'(t) c_2'(t) + \cdots + x_n'(t) c_n'(t) = 0 \tag{5.14-2}$$

和表达式

$$x'' = c_1(t) x_1''(t) + c_2(t) x_2''(t) + \cdots + c_n(t) x_n''(t). \tag{5.15-2}$$

继续上面的做法, 在最后一次我们得到第 $n-1$ 个条件

$$x_1^{(n-2)}(t) c_1'(t) + x_2^{(n-2)}(t) c_2'(t) + \cdots + x_n^{(n-2)}(t) c_n'(t) = 0 \tag{5.14-(n-1)}$$

和表达式

$$x^{(n-1)} = c_1(t) x_1^{(n-1)}(t) + c_2(t) x_2^{(n-1)}(t) + \cdots + c_n(t) x_n^{(n-1)}(t). \tag{5.15-(n-1)}$$

最后，(5.15-$(n-1)$))对 t 微分可以得到

$$x^{(n)} = c_1(t)x_1^{(n)}(t) + c_2(t)x_2^{(n)}(t) + \cdots + c_n(t)x_n^{(n)}(t) + x_1^{(n-1)}(t)c_1'(t)$$
$$+ x_2^{(n-1)}(t)c_2'(t) + \cdots + x_n^{(n-1)}(t)c_n'(t). \qquad (5.15\text{-}n)$$

现在将式子(5.13)，(5.15-1)，(5.15-2)，$\cdots$，(5.15-n)，代入(5.10)，并且注意到 $x_1(t), x_2(t), \cdots, x_n(t)$ 是(5.8)的解，得到

$$x_1^{(n-1)}(t)c_1'(t) + x_2^{(n-1)}(t)c_2'(t) + \cdots + x_n^{(n-1)}(t)c_n'(t) = f(t). \qquad (5.14\text{-}n)$$

这样就得到了含有 n 个未知函数 $c_i'(t)$ ($i = 1, 2, \cdots, n$) 的 n 个方程(5.14-1)，(5.14-2)，$\cdots$，(5.14-n)，它们组成一个线性代数方程组，其行列式就是 $W[x_1(t), x_2(t), \cdots, x_n(t)]$，它不等于零，因而方程组的解可以唯一确定，假设已经求得

$$c_i'(t) = \varphi_i(t), \quad i = 1, 2, \cdots, n,$$

积分可得

$$c_i(t) = \int \varphi_i(t)\mathrm{d}t + \gamma_i, \quad i = 1, 2, \cdots, n,$$

这里 γ_i 是任意常数. 将所得 $c_i(t)$ ($i = 1, 2, \cdots, n$) 的表达式代入(5.13)，立即可以得方程(5.10)的解

$$x = \sum_{i=1}^n \gamma_i x_i(t) + \sum_{i=1}^n x_i(t)\int \varphi_i(t)\mathrm{d}t = \int \varphi_i(t)\mathrm{d}t + \gamma_i.$$

显然，它是方程(5.10)的通解. 为了得到方程的一个解，只需要给常数 γ_i, ($i = 1, 2, \cdots, n$) 以确定的值. 例如，当取 $\gamma_i = 0$ ($i = 1, 2, \cdots, n$) 时，即解得 $x = \sum_{i=1}^n x_i(t)\int \varphi_i(t)\mathrm{d}t$.

从这里可以看出，如果已经知道对应的齐次线性微分方程的基本解组，那么非齐次线性微分方程的任何一个解可以求积分得到. 因此，对于线性微分方程来说，关键是求出齐次线性微分方程的基本解组.

例 5.1　求方程 $x'' + x = \dfrac{1}{\cos t}$ 的通解，已知它对应的齐次线性微分方程的基本解组为 $\cos t, \sin t$.

解　应用常数变易法，令

$$x = c_1(t)\cos t + c_2(t)\sin t,$$

将它代入方程，则可以得到决定 $c_1'(t), c_2'(t)$ 的两个方程

$$\cos t\, c_1'(t) + \sin t\, c_2'(t) = 0,$$

以及

$$-\sin t\, c_1'(t) + \cos t\, c_2'(t) = \frac{1}{\cos t},$$

解得

$$c_1'(t) = -\frac{\sin t}{\cos t}, \quad c_2'(t) = 1,$$

由此可得

$$c_1(t) = \ln|\cos t| + \gamma_1, \quad c_2(t) = t + \gamma_2.$$

于是得到原方程的通解为

$$x = \gamma_1 \cos t + \gamma_2 \sin t + \cos t \ln|\cos t| + t \sin t,$$

其中 γ_1, γ_2 为任意常数.

例 5.2 求方程 $tx'' - x' = t^2$ 在区域 $t \neq 0$ 上的所有解.

解 对应的齐次线性微分方程为 $tx'' - x' = 0$, 直接积分就求得其基本解组, 事实上, 将方程改写为

$$\frac{x''}{x'} = \frac{1}{t},$$

积分即得 $x' = At$. 所以 $x = \frac{1}{2}At^2 + B$, 这里 A, B 为任意常数. 易见有基本解组 $1, t^2$.

为了应用上面的结论, 我们将方程改写为

$$x'' - \frac{1}{t}x' = t,$$

并将 $x = c_1(t) + c_2(t)t^2$ 代入, 可得决定 $c_1'(t), c_2'(t)$ 的两个方程

$$c_1'(t) + t^2 c_2'(t) = 0, 2 \quad tc_2'(t) = t,$$

于是

$$c_1(t) = -\frac{1}{6}t^3 + \gamma_1, \quad c_2(t) = \frac{1}{2}t + \gamma_2.$$

故而得到原方程的通解为

$$x = \gamma_1 + \gamma_2 t^2 + \frac{1}{3}t^3,$$

这里 γ_1, γ_2 是任意常数. 根据定理 5.9 可知, 这个通解包括了方程的所有解.

四、二阶常系数线性齐次微分方程的解

关于线性微分方程的通解的结构问题, 从理论上说, 可以认为在前面的小节中已经解决了, 但是求方程通解的方法还没有具体给出. 事实上, 对于一般的线性微分方程, 没有普遍的解法. 本小节介绍在求解问题上能够彻底解决的一类方程——常系数线性微分方程以及可以转化为这一类型的方程. 我们将看到, 为了

求得常系数齐次线性微分方程的通解,只需要一个代数方程而不必通过积分运算.对于某些特殊的非齐次线性微分方程,也可以通过代数运算和微分运算求得它的通解.我们一定要记住常系数线性微分方程所固有的这种简单特性.

在讨论常系数线性微分方程的解法时,需要涉及实变量的复值函数与复值解的问题,我们在下面先予以介绍.

1. 复值函数与复值解

如果对于区间 $a \leqslant t \leqslant b$ 中的每一实数 t,有复数 $z(t) = \varphi(t) + \mathrm{i}\psi(t)$ 与它对应,其中 $\varphi(t)$ 和 $\psi(t)$ 是在区间 $a \leqslant t \leqslant b$ 上定义的实函数, $\mathrm{i} = \sqrt{-1}$ 是虚数单位,我们就说在区间 $a \leqslant t \leqslant b$ 上给定了一个复值函数 $z(t)$. 如果实函数 $\varphi(t),\psi(t)$ 当 t 趋于 t_0 时有极限,我们就称复值函数 $z(t)$ 当 t 趋于 t_0 时有极限,并且定义

$$\lim_{t \to t_0} z(t) = \lim_{t \to t_0} \varphi(t) + \mathrm{i}\lim_{t \to t_0} \psi(t).$$

如果 $\lim\limits_{t \to t_0} z(t) = z(t_0)$,则称 $z(t)$ 在 t_0 连续. 显然 $z(t)$ 在 t_0 连续相当于 $\varphi(t),\psi(t)$ 在 t_0 连续. 当 $z(t)$ 在区间 $a \leqslant t \leqslant b$ 上每一个点都连续的时候,则称 $z(t)$ 在区间 $a \leqslant t \leqslant b$ 上连续. 如果极限 $\lim\limits_{t \to t_0} \dfrac{z(t) - z(t_0)}{t - t_0}$ 存在,则称 $z(t)$ 在 t_0 有导数(可微),而且记此极限为 $\dfrac{\mathrm{d}z(t_0)}{\mathrm{d}t}$ 或者 $z'(t_0)$. 显然 $z(t)$ 在 t_0 处有导数相当于 $\varphi(t),\psi(t)$ 在 t_0 处有导数,而且

$$\frac{\mathrm{d}z(t_0)}{\mathrm{d}t} = \frac{\mathrm{d}\varphi(t_0)}{\mathrm{d}t} + \mathrm{i}\frac{\mathrm{d}\psi(t_0)}{\mathrm{d}t}.$$

如果 $z(t)$ 在区间 $a \leqslant t \leqslant b$ 上每点处都有导数,则称 $z(t)$ 在区间 $a \leqslant t \leqslant b$ 上有导数. 对于高阶导数可以类似地定义.

假设 $z_1(t),z_2(t)$ 是定义在 $a \leqslant t \leqslant b$ 上的可微函数, c 是复值常数,容易验证下列等式成立:

$$\frac{\mathrm{d}}{\mathrm{d}t}[z_1(t) + z_2(t)] = \frac{\mathrm{d}z_1(t)}{\mathrm{d}t} + \frac{\mathrm{d}z_2(t)}{\mathrm{d}t},$$

$$\frac{\mathrm{d}}{\mathrm{d}t}[cz_1(t)] = c\frac{\mathrm{d}z_1(t)}{\mathrm{d}t},$$

$$\frac{\mathrm{d}}{\mathrm{d}t}[z_1(t) \cdot z_2(t)] = \frac{\mathrm{d}z_1(t)}{\mathrm{d}t} \cdot z_2(t) + \frac{\mathrm{d}z_2(t)}{\mathrm{d}t} \cdot z_1(t).$$

在讨论常系数线性微分方程时,函数 e^{Kt} 将起到非常重要的作用,这里 K 是复值常数.我们现在给出它的定义,并且讨论它的简单性质.

假设 $K = \alpha + \mathrm{i}\beta$ 是任意一个复数，这里 α, β 是实数，而 t 为实数变量，我们定义

$$\mathrm{e}^{Kt} = \mathrm{e}^{\alpha t}(\cos\beta t + \mathrm{i}\sin\beta t).$$

由上述定义立即推得

$$\cos\beta t = \frac{1}{2}(\mathrm{e}^{\mathrm{i}\beta t} + \mathrm{e}^{-\mathrm{i}\beta t}), \quad \sin\beta t = \frac{1}{2}(\mathrm{e}^{\mathrm{i}\beta t} - \mathrm{e}^{-\mathrm{i}\beta t}).$$

如果以 $\bar{K} = \alpha - \mathrm{i}\beta$ 表示复数 $K = \alpha + \mathrm{i}\beta$ 的共轭复数. 那么容易证明

$$\mathrm{e}^{\bar{K}t} = \overline{\mathrm{e}^{Kt}}.$$

此外，函数 e^{Kt} 还有如下重要性质：

(1) $\mathrm{e}^{(K_1 + K_2)t} = \mathrm{e}^{K_1 t} \cdot \mathrm{e}^{K_2 t}$.

事实上，记 $K_1 = \alpha_1 + \mathrm{i}\beta_1, K_2 = \alpha_2 + \mathrm{i}\beta_2$，那么由定义得到

$$\begin{aligned}\mathrm{e}^{(K_1+K_2)t} &= \mathrm{e}^{(\alpha_1+\alpha_2)+\mathrm{i}(\beta_1+\beta_2)t} = \mathrm{e}^{(\alpha_1+\alpha_2)t}[\cos(\beta_1+\beta_2)t + \sin(\beta_1+\beta_2)t]\\ &= \mathrm{e}^{(\alpha_1+\alpha_2)t}[\cos\beta_1 t \cdot \cos\beta_2 t - \sin\beta_1 t \cdot \sin\beta_2 t\\ &\quad + \mathrm{i}(\sin\beta_1 t \cdot \cos\beta_2 t + \cos\beta_1 t \cdot \sin\beta_2 t)]\\ &= \mathrm{e}^{\alpha_1 t}(\cos\beta_1 t + \mathrm{i}\sin\beta_1 t) \cdot \mathrm{e}^{\alpha_2 t}(\cos\beta_2 t + \mathrm{i}\sin\beta_2 t)\\ &= \mathrm{e}^{K_1 t} \cdot \mathrm{e}^{K_2 t}.\end{aligned}$$

(2) $\dfrac{\mathrm{d}\mathrm{e}^{Kt}}{\mathrm{d}t} = K\mathrm{e}^{Kt}$，其中 t 为实变量.

事实上，假设 $K = \alpha + \mathrm{i}\beta$，则

$$\begin{aligned}\frac{\mathrm{d}\mathrm{e}^{Kt}}{\mathrm{d}t} &= \frac{\mathrm{d}}{\mathrm{d}t}[\mathrm{e}^{(\alpha+\mathrm{i}\beta)t}] = \frac{\mathrm{d}}{\mathrm{d}t}[\mathrm{e}^{\alpha t}\cdot\mathrm{e}^{\mathrm{i}\beta t}] = \frac{\mathrm{d}\mathrm{e}^{\alpha t}}{\mathrm{d}t}\cdot\mathrm{e}^{\mathrm{i}\beta t} + \mathrm{e}^{\alpha t}\frac{\mathrm{d}\mathrm{e}^{\mathrm{i}\beta t}}{\mathrm{d}t}\\ &= \alpha\mathrm{e}^{\alpha t}\cdot\mathrm{e}^{\mathrm{i}\beta t} + \mathrm{e}^{\alpha t}\frac{\mathrm{d}}{\mathrm{d}t}(\cos\beta t + \mathrm{i}\sin\beta t)\\ &= \alpha\mathrm{e}^{(\alpha+\mathrm{i}\beta)t} + \mathrm{e}^{\alpha t}(-\beta\sin\beta t + \mathrm{i}\beta\cos\beta t)\\ &= \alpha\mathrm{e}^{Kt} + \mathrm{i}\beta\mathrm{e}^{\alpha t}\cdot\mathrm{e}^{\mathrm{i}\beta t} = (\alpha+\mathrm{i}\beta)\mathrm{e}^{Kt} = K\mathrm{e}^{Kt}.\end{aligned}$$

注意到 $\dfrac{\mathrm{d}}{\mathrm{d}t}[K\mathrm{e}^{Kt}] = K\dfrac{\mathrm{d}\mathrm{e}^{Kt}}{\mathrm{d}t}$，由(2)容易得到

(3) $\dfrac{\mathrm{d}^n\mathrm{e}^{Kt}}{\mathrm{d}t^n} = K^n\mathrm{e}^{Kt}$.

综上所述，可以得到一个简单的结论，就是实变量的复值函数的求导公式与实变量的实值函数的求导公式完全类似，而复指数函数具有与实指数函数完全类似的性质. 这可以帮助我们记忆上面的结果.

现在我们引进线性微分方程的复数值解的定义. 定义于区间 $a \leqslant t \leqslant b$ 上的实变量复值函数 $x = z(t)$ 称为方程(5.1)的复值解，如果

$$\frac{\mathrm{d}^n z(t)}{\mathrm{d}t^n} + a_1(t)\frac{\mathrm{d}^{n-1}z(t)}{\mathrm{d}t^{n-1}} + \cdots + a_{n-1}(t)\frac{\mathrm{d}z(t)}{\mathrm{d}t} + a_n(t)z(t) = f(t)$$

对于 $a \leqslant t \leqslant b$ 恒成立.

最后, 我们给出在今后讨论中要用到的两个简单的结论.

定理 5.10　如果方程(5.2)中的所有系数 $a_i(t)$ $(i=1,2,\cdots,n)$ 都是实值函数, 而 $x = z(t) = \varphi(t) + \mathrm{i}\psi(t)$ 是方程的复值解, 则 $z(t)$ 的实部 $\varphi(t)$、虚部 $\psi(t)$ 和共轭复值函数 $\bar{z}(t)$ 也都是方程(4.2)的解.

定理 5.11　如果方程

$$\frac{\mathrm{d}^n z(t)}{\mathrm{d}t^n} + a_1(t)\frac{\mathrm{d}^{n-1}z(t)}{\mathrm{d}t^{n-1}} + \cdots + a_{n-1}(t)\frac{\mathrm{d}z(t)}{\mathrm{d}t} + a_n(t)z(t) = u(t) + \mathrm{i}v(t)$$

有复值解 $x = u(t) + \mathrm{i}v(t)$, 这里 $a_i(t)$ $(i=1,2,\cdots,n)$ 以及 $u(t), v(t)$ 都是实值函数, 那么这个解的实部 $u(t)$ 和虚部 $v(t)$ 分别是方程

$$\frac{\mathrm{d}^n z(t)}{\mathrm{d}t^n} + a_1(t)\frac{\mathrm{d}^{n-1}z(t)}{\mathrm{d}t^{n-1}} + \cdots + a_{n-1}(t)\frac{\mathrm{d}z(t)}{\mathrm{d}t} + a_n(t)z(t) = u(t)$$

和

$$\frac{\mathrm{d}^n z(t)}{\mathrm{d}t^n} + a_1(t)\frac{\mathrm{d}^{n-1}z(t)}{\mathrm{d}t^{n-1}} + \cdots + a_{n-1}(t)\frac{\mathrm{d}z(t)}{\mathrm{d}t} + a_n(t)z(t) = v(t)$$

的解.

证明留给读者作为练习.

2. 二阶齐次线性方程的求解

回顾一阶齐次线性微分方程

$$\frac{\mathrm{d}x}{\mathrm{d}t} = \lambda x,$$

其中 λ 为常数, 它的通解可以利用分离变量法立即得到

$$x = c\mathrm{e}^{\lambda t}.$$

特别地, 对于二次齐次线性微分方程

$$\ddot{x} + a_1\dot{x} + a_2 x = 0. \tag{5.16}$$

可以假设其有类似的解, 从而得到, λ 需要满足下面的特征方程

$$\lambda^2 + a_1\lambda + a_2 = 0. \tag{5.17}$$

这个方程的根显然只有三种可能的情况, 从而方程(5.16)的通解也只有下列三种形式:

1° 如(5.17)有相异实根 $\lambda = \lambda_1, \lambda = \lambda_2 (\lambda_1 \neq \lambda_2)$, 则方程(5.16)的通解为

$$x = C_1 e^{\lambda_1 t} + C_2 e^{\lambda_2 t} \quad (C_1, C_2 \text{ 为任意常数}).$$

2° 如果(5.17)有重实根 $\lambda = \lambda_1 = \lambda_2$，则方程(5.16)的通解为

$$x = (C_1 + C_2 t) e^{\lambda_1 t} \quad (C_1, C_2 \text{ 为任意常数}).$$

3° 如果(5.17)有共轭复根 $\lambda_1 = \alpha + \mathrm{i}\beta, \lambda_2 = \alpha - \mathrm{i}\beta$，则 $e^{\lambda_1 t} = e^{\alpha x}(\cos\beta x + \mathrm{i}\sin\beta x)$ 和 $e^{\lambda_2 t} = e^{\alpha x}(\cos\beta x - \mathrm{i}\sin\beta x)$ 为方程(5.16)的复数域的基本解组，而复数解的实部和虚部，即函数组 $e^{\alpha x}\cos\beta x, e^{\alpha x}\sin\beta x$ 就是方程的基本解组，从而该方程的通解为

$$e^{\alpha x}(C_1\cos\beta x + C_2\sin\beta x) \quad (C_1, C_2 \text{为任意常数}).$$

例 5.3 求解微分方程 $y'' + 2y' - 3y = 0$.

解 特征方程为 $\lambda^2 + 2\lambda - 3 = 0$，解得特征根为

$$\lambda_1 = 1, \quad \lambda_2 = -3.$$

所以通解为

$$y = C_1 e^x + C_2 e^{-3x}.$$

例 5.4 求解微分方程 $y'' + 4y' + 4y = 0$.

解 特征方程为 $\lambda^2 + 4\lambda + 4 = (\lambda + 2)^2 = 0$，解得特征根为

$$\lambda_1 = \lambda_2 = -2.$$

所以通解为

$$y = e^{-2x}(C_1 + C_2 x).$$

例 5.5 求解微分方程 $y'' + 4y = 0$.

解 特征方程为 $\lambda^2 + 4 = (\lambda - 2\mathrm{i})(\lambda + 2\mathrm{i}) = 0$，解得特征根为

$$\lambda_1 = 2\mathrm{i}, \quad \lambda_2 = -2\mathrm{i}.$$

所以通解为

$$y = C_1\cos 2x + C_2\sin 2x.$$

五、n 阶常系数线性齐次微分方程的解

假设齐次线性微分方程中所有的系数都是常数，即方程有如下的形状

$$L[x] \equiv \frac{\mathrm{d}^n x}{\mathrm{d}t^n} + a_1 \frac{\mathrm{d}^{n-1} x}{\mathrm{d}t^{n-1}} + \cdots + a_{n-1} \frac{\mathrm{d}x}{\mathrm{d}t} + a_n x = 0, \tag{5.18}$$

其中 $a_1, a_2, \cdots, a_n$ 为常数. 我们称(5.18)为 n 阶常系数齐次线性微分方程. 正如前面所指出的，它的求解问题可以归结为代数方程的求根问题，现在就来具体讨论方程(5.18)的解法. 按照一般理论，为了求方程(5.18)的通解，只需要求出它的基本解组. 下面介绍(5.18)的基本解组的欧拉(Euler)待定指数函数法(又称为特征根法).

回顾一阶常系数齐次线性微分方程

$$\frac{\mathrm{d}x}{\mathrm{d}t} + ax = 0,$$

我们知道，它有形如 $x = \mathrm{e}^{-at}$ 的解，而且它的通解就是 $x = C\mathrm{e}^{-at}$. 这启示我们对于方程也试试求指数函数形式的解

$$x = \mathrm{e}^{\lambda t}, \tag{5.19}$$

其中 λ 是待定常数，可以是实的，也可以是复的.

注意到

$$L[\mathrm{e}^{\lambda t}] \equiv \frac{\mathrm{d}^n \mathrm{e}^{\lambda t}}{\mathrm{d}t^n} + a_1 \frac{\mathrm{d}^{n-1}\mathrm{e}^{\lambda t}}{\mathrm{d}t^{n-1}} + \cdots + a_{n-1}\frac{\mathrm{d}\mathrm{e}^{\lambda t}}{\mathrm{d}t} + a_n \mathrm{e}^{\lambda t}$$

$$= (\lambda^n + a_1\lambda^{n-1} + \cdots + a_{n-1}\lambda + a_n)\mathrm{e}^{\lambda t} \equiv F(\lambda)\mathrm{e}^{\lambda t},$$

其中 $F(\lambda) = \lambda^n + a_1\lambda^{n-1} + \cdots + a_{n-1}\lambda + a_n$ 是 λ 的 n 次多项式. 易知，(5.19)为方程(5.18)的解的充要条件是 λ 是代数方程

$$F(\lambda) \equiv \lambda^n + a_1\lambda^{n-1} + \cdots + a_{n-1}\lambda + a_n = 0 \tag{5.20}$$

的根. 因此，方程(5.20)将起着预示方程(5.18)的解的特性的作用，我们称它为方程(5.18)的特征方程，它的根就称为特征根. 下面根据特征根的不同情况分别进行讨论.

(1) 特征根是单根的情形.

假设 $\lambda_1, \lambda_2, \cdots, \lambda_{n-1}, \lambda_n$ 是特征方程(5.20)的 n 个彼此不相等的根，则相应地方程(5.18)有如下形式的 n 个解：

$$\mathrm{e}^{\lambda_1 t}, \mathrm{e}^{\lambda_2 t}, \cdots, \mathrm{e}^{\lambda_n t}, \tag{5.21}$$

我们指出这 n 个解在区间 $a \le t \le b$ 上线性无关，从而组成方程的基本解组.

如果 $\lambda_i (i = 1, 2, \cdots, n)$ 均为实数，则(5.21)是方程(5.18)的 n 个线性无关的实值解，而方程(5.18)的通解可以表示为

$$x = c_1\mathrm{e}^{\lambda_1 t} + c_2\mathrm{e}^{\lambda_2 t} + \cdots + c_n\mathrm{e}^{\lambda_n t},$$

其中 $c_1, c_2, \cdots, c_n$ 为任意常数.

如果特征方程有复根，则因为方程的系数是实常数，复根将成对共轭地出现. 假设 $\lambda_1 = \alpha + \mathrm{i}\beta$ 是一个特征根，则 $\lambda_2 = \alpha - \mathrm{i}\beta$ 也是特征根，因而与这对共轭复根对应的，方程(5.21)有两个复值解

$$\mathrm{e}^{(\alpha+\mathrm{i}\beta)t} = \mathrm{e}^{\alpha t}(\cos\beta t + \mathrm{i}\sin\beta t), \quad \mathrm{e}^{(\alpha-\mathrm{i}\beta)t} = \mathrm{e}^{\alpha t}(\cos\beta t - \mathrm{i}\sin\beta t).$$

根据定理 5.10，它们的实部和虚部也是方程的解. 这样一来，对应于特征方程的一对共轭复根 $\lambda = \alpha \pm \mathrm{i}\beta$，我们可以求得方程(5.18)的两个实值解

$$\mathrm{e}^{\alpha t}\cos\beta t, \quad \mathrm{e}^{\alpha t}\sin\beta t .$$

(2) 特征根有重根的情况.

假设特征方程有 k 重根, 则

$$F(\lambda_1) = F'(\lambda_1) = \cdots = F^{(k-1)}(\lambda_1) = 0, \quad F^{(k)}(\lambda_1) \neq 0 .$$

先假设 $\lambda_1 = 0$, 即特征方程有因子 λ^k, 于是

$$a_n = a_{n-1} = \cdots = a_{n-k+1} = 0,$$

也就是特征方程的形状为

$$\lambda^n + a_1\lambda^{n-1} + \cdots + a_{n-k}\lambda^k = 0,$$

而对应的方程(5.18)变为

$$\frac{\mathrm{d}^n x}{\mathrm{d}t^n} + a_1\frac{\mathrm{d}^{n-1}x}{\mathrm{d}t^{n-1}} + \cdots + a_{n-k}\frac{\mathrm{d}^k x}{\mathrm{d}t^k} = 0,$$

易见它有 k 个解 $1, t, t^2, \cdots, t^{k-1}$, 而且它们是线性无关的. 这样一来, 特征方程的 k 重零根就对应于方程(5.18)的 k 个线性无关解.

如果这个 k 重根 $\lambda_1 \neq 0$, 我们作变量变换 $x = y\mathrm{e}^{\lambda_1 t}$, 注意到

$$x^{(m)} = (y\mathrm{e}^{\lambda_1 t})^{(m)} = \mathrm{e}^{\lambda_1 t}\left[y^{(m)} + m\lambda_1 y^{(m-1)} + \frac{m(m-1)}{2!}\lambda_1^2 y^{(m-2)} + \cdots + \lambda_1^m y \right],$$

可得

$$L[y\mathrm{e}^{\lambda_1 t}] = \left(\frac{\mathrm{d}^n y}{\mathrm{d}t^n} + b_1\frac{\mathrm{d}^{n-1}y}{\mathrm{d}t^{n-1}} + \cdots + b_{n-1}\frac{\mathrm{d}y}{\mathrm{d}t} + b_n y \right)\mathrm{e}^{\lambda_1 t} = L_1[y]\mathrm{e}^{\lambda_1 t}.$$

于是方程(5.18)化为

$$L_1[y] \equiv \frac{\mathrm{d}^n y}{\mathrm{d}t^n} + b_1\frac{\mathrm{d}^{n-1}y}{\mathrm{d}t^{n-1}} + \cdots + b_{n-1}\frac{\mathrm{d}y}{\mathrm{d}t} + b_n y = 0, \tag{5.22}$$

其中 $b_1, b_2, \cdots, b_{n-1}, b_n$ 仍为常数, 而相应的特征方程为

$$G(\mu) \equiv \mu^n + b_1\mu^{n-1} + \cdots + b_{n-1}\mu + b_n = 0, \tag{5.23}$$

直接计算易得

$$F(\mu + \lambda_1)\mathrm{e}^{(\mu+\lambda_1)t} = L[\mathrm{e}^{(\mu+\lambda_1)t}] = L_1[\mathrm{e}^{\mu t}]\mathrm{e}^{\lambda_1 t} = G(\mu)\mathrm{e}^{(\mu+\lambda_1)t},$$

因此

$$F(\mu + \lambda_1) = G(\mu),$$

从而

$$F^{(j)}(\mu + \lambda_1) = G^{(j)}(\mu), \quad j = 1, 2, \cdots, k.$$

可见(5.20)的根 $\lambda = \lambda_1$ 对应于(5.23)的根 $\mu = \mu_1 = 0$ ，而且重数相同，这样，问题就化为前面已经讨论过的情况.

我们知道，方程(5.23)的 k_1 重根 $\mu_1 = 0$ 对应于方程(5.22)的 k_1 个解 $y = 1, t, t^2, \cdots,$ t^{k_1-1} . 因而对应于特征方程(5.22)的 k_1 重根 λ_1 ，方程(5.21)有 k_1 个解

$$\mathrm{e}^{\lambda_1 t}, t\mathrm{e}^{\lambda_1 t}, t^2 \mathrm{e}^{\lambda_1 t}, \cdots, t^{k_1-1}\mathrm{e}^{\lambda_1 t}. \tag{5.24}$$

同样，假设特征方程(5.23)的其他根 $\lambda_2, \lambda_3, \cdots, \lambda_m$ 的重数依次为 $k_2, k_3, \cdots, k_m$, $k_i \geqslant 1$ (单根 λ_j 相当于 $k_j = 1$). 而且 $k_1 + k_2 + k_3 + \cdots + k_m = n, \lambda_i \neq \lambda_j$ (当 $i \neq j$). 则方程(5.18)对应地有解

$$\begin{cases} \mathrm{e}^{\lambda_2 t}, t\mathrm{e}^{\lambda_2 t}, t^2\mathrm{e}^{\lambda_2 t}, \cdots, t^{k_2-1}\mathrm{e}^{\lambda_2 t}, \\ \cdots\cdots \\ \mathrm{e}^{\lambda_m t}, t\mathrm{e}^{\lambda_m t}, t^2\mathrm{e}^{\lambda_m t}, \cdots, t^{k_m-1}\mathrm{e}^{\lambda_m t}. \end{cases} \tag{5.25}$$

下面我们证明(5.24)和(5.25)全体 n 个解构成方程(5.21)的基本解组.

假设这些函数线性相关，则有

$$\sum_{r=1}^m \left(A_0^{(r)} + A_1^{(r)} t + \cdots + A_{k_r-1}^{(r)} t^{k_r-1} \right) \mathrm{e}^{\lambda_r t} = \sum_{r=1}^m P_r(t)\mathrm{e}^{\lambda_r t} = 0, \tag{5.26}$$

其中 $A_j^{(r)}$ 是常数，不全为零. 不失一般性，假定多项式 $P_m(t)$ 至少有一个系数不等于零，即 $P_m(t) \equiv 0$. 将恒等式(5.26)除以 $\mathrm{e}^{\lambda_1 t}$ ，然后对 t 微分 k_1 次，我们得到

$$\sum_{r=1}^m Q_r(t)\mathrm{e}^{(\lambda_r - \lambda_1)t} = 0, \tag{5.27}$$

其中 $Q_r(t) = (\lambda_r - \lambda_1)^{k_1} P_r(t) + S_r(t), S_r(t)$ 为次数低于 $P_r(t)$ 的次数的多项式. 因此， $Q_r(t)$ 与 $P_r(t)$ 次数相同，而且 $Q_m(t) \neq 0$. 等式(5.27)与(5.26)类似，但是次数减少了. 如果对(5.27)施行同上的手续(这时是除以 $\mathrm{e}^{(\lambda_2-\lambda_1)t}$ 而微分 k_2 次)，我们将得到项数更少的类似于(5.26)的恒等式，如此继续下去，经过 $m-1$ 次以后，我们将得到等式

$$R_m(t)\mathrm{e}^{(\lambda_m-\lambda_{m-1})t} = 0, \tag{5.28}$$

而这是不可能的，因为 $R_m(t)$ 与 $P_m(t)$ 有相同的次数，而且 $R_m(t) \neq 0$ ，事实上，不难直接算出

$$R_m(t) = (\lambda_m - \lambda_1)^{k_1}(\lambda_m - \lambda_2)^{k_2}\cdots(\lambda_m - \lambda_{m-1})^{k_{m-1}} P_m(t) + W_m(t), \tag{5.29}$$

其中 $W_m(t)$ 是次数低于 $P_m(t)$ 的次数的多项式.

这就证明了(5.24)和(5.25)全部 n 个解线性无关，从而构成方程(5.18)的基本解组.

对于特征方程有复重根的情况，比如假设 $\lambda = \alpha + \mathrm{i}\beta$ 是 k 重特征根，则 $\bar{\lambda} =$

$\alpha - i\beta$ 也是 k 重特征根，仿照上面一样地处理，我们将得到方程(5.18)的 $2k$ 个实值解

$$e^{\alpha t}\cos\beta t, te^{\alpha t}\cos\beta t, t^2 e^{\alpha t}\cos\beta t, \cdots, t^{k-1}e^{\alpha t}\cos\beta t,$$
$$e^{\alpha t}\sin\beta t, te^{\alpha t}\sin\beta t, t^2 e^{\alpha t}\sin\beta t, \cdots, t^{k-1}e^{\alpha t}\sin\beta t. \tag{5.30}$$

例 5.6 求方程 $\dfrac{d^4 x}{dt^4} - x = 0$ 的通解.

解 特征方程 $\lambda^4 - 1 = 0$ 的根为 $\lambda_1 = 1, \lambda_2 = -1, \lambda_3 = i, \lambda_4 = -i$，有两个实根和两个复根，均是单根，故而方程的通解为

$$x = c_1 e^t + c_2 e^{-t} + c_3 \cos t + c_4 \sin t,$$

这里 c_1, c_2, c_3, c_4 是任意常数.

例 5.7 求解方程 $\dfrac{d^3 x}{dt^3} + x = 0$.

解 特征方程 $\lambda^3 + 1 = 0$ 的根为 $\lambda_1 = -1$, $\lambda_2 = \dfrac{1}{2} + i\dfrac{\sqrt{3}}{2}$, $\lambda_3 = \dfrac{1}{2} - i\dfrac{\sqrt{3}}{2}$，因此通解为

$$x = c_1 e^{-t} + e^{\frac{1}{2}t}\left[c_2\cos\left(\frac{\sqrt{3}}{2}t\right) + c_3\sin\left(\frac{\sqrt{3}}{2}t\right)\right],$$

这里 c_1, c_2, c_3, c_4 是任意常数.

例 5.8 求解方程 $\dfrac{d^3 x}{dt^3} - 3\dfrac{d^2 x}{dt^2} + 3\dfrac{dx}{dt} - x = 0$ 通解.

解 特征方程 $\lambda^3 - 3\lambda^2 + 3\lambda - 1 = 0$ 或者 $(\lambda - 1)^3 = 0$ 的根为 $\lambda_{1,2,3} = 1$，即 $\lambda = 1$ 为三重根，因此通解为

$$x = (c_1 + c_2 t + c_3 t^2)e^t,$$

这里 c_1, c_2, c_3 是任意常数.

例 5.9 求解方程 $\dfrac{d^4 x}{dt^4} + 2\dfrac{d^2 x}{dt^2} + x = 0$ 通解.

解 特征方程 $\lambda^4 + 2\lambda^2 + 1 = 0$ 或者 $(\lambda^2 + 1)^2 = 0$ 的根为 $\lambda = \pm i$ 为重根，因此方程有四个实值解

$$\cos t, \quad t\cos t, \quad \sin t, \quad t\sin t.$$

故而通解为

$$x = (c_1 + c_2 t)\cos t + (c_3 + c_4 t)\sin t,$$

这里 c_1, c_2, c_3, c_4 是任意常数.

例 5.10　求解微分方程 $\dddot{x} - \ddot{x} - \dot{x} + x = 0$.

解　特征方程为 $\lambda^3 - \lambda^2 - \lambda + 1 = 0$，解得特征根为

$$\lambda_1 = \lambda_2 = 1, \quad \lambda_3 = -1.$$

所以通解为

$$x = e^t(C_1 + C_2 t) + C_3 e^{-t}.$$

例 5.11　求解微分方程 $x^{(5)} - 3x^{(4)} + 4x^{(3)} - 4x'' + 3x' - x = 0$.

解　特征方程为 $\lambda^5 - 3\lambda^4 + 4\lambda^3 - 4\lambda^2 + 3\lambda - 1 = (\lambda - 1)^3(\lambda^2 + 1) = 0$，解得特征根为

$$\lambda_1 = \lambda_2 = \lambda_3 = 1, \ \lambda_4 = i, \ \lambda_5 = -i.$$

对应于三重特征根 $\lambda = 1$，可得三个线性无关的解 $e^t, te^t, t^2 e^t$；

对应于三重特征根 $\lambda = \pm i$，可得两个复值解 $e^{\pm it} = \cos t + i\sin t$.

取其实部与虚部，便得到两个实值解 $\cos t$ 与 $\sin t$. 这 5 个解显然线性无关，于是原方程的通解为

$$x = (C_1 + C_2 t + C_3 t^2)e^t + C_4 \cos t + C_5 \sin t.$$

六、二阶常系数线性非齐次微分方程的解

方程(5.4)中 p, q 为常数时，即得二阶常系数线性非齐次微分方程

$$y'' + py' + qy = f(x). \tag{5.31}$$

根据二阶常系数线性非齐次微分方程通解结构定理(定理 5.4)，求方程(5.31)的通解的关键在于求它的一个特解. 下面针对两种比较常见的函数类型的 $f(x)$，给出用待定系数法求方程(5.31)的一个特解的方法.

类型 I $f(x) = P_n(x)e^{\lambda x}$，其中 $P_n(x) = a_0 + a_1 x + \cdots + a_n x^n$ 是 n 次多项式

多项式函数与指数函数的乘积，求导数以后还是同一种类型的函数. 探求方程(5.31)的

$$y^* = Q(x)e^{\lambda x} \quad (Q(x)\text{是一个多项式})$$

形式的特解，其中的 λ 与 $f(x) = P_n(x)e^{\lambda x}$ 中的 λ 相同. 把 y^* 代入(5.31)经过整理可得

$$Q'' + (2\lambda + p)Q' + (\lambda^2 + p\lambda + q)Q = P_n(x). \tag{5.32}$$

方程(5.32)的右边是一个 n 次多项式，则左边必须也是一个 n 次多项式. 根据 λ 是否是对应齐次方程的特征根以及特征根的分布情况讨论如下：

(1) $\lambda^2 + p\lambda + q \neq 0$，即 λ 不是对应的齐次微分方程的特征根.

这时，可以假设 $Q = Q_n(x) = b_0 + b_1 x + \cdots + b_n x^n$，即 $Q(x)$ 与 $P_n(x)$ 是同次多项式，代入方程(5.32)比较系数，确定出 $b_0, b_1, \cdots, b_n$，即得特解

$$y^* = Q_n(x)e^{\lambda x}.$$

(2) $\lambda^2 + p\lambda + q = 0, 2\lambda + p \neq 0$，即 λ 是特征单根.

这时，可设 $Q = xQ_n(x)$，代入(5.32)式同样得到特解

$$y^* = xQ_n(x)e^{\lambda x}.$$

(3) $\lambda^2 + p\lambda + q = 0, 2\lambda + p = 0$，即 λ 是特征重根.

这时，特解具有形式

$$y^* = x^2 Q_n(x)e^{\lambda x}.$$

总之，对于这种非齐次项，可以利用待定系数法求得一个如下形式的特解

$$y^* = x^k Q_n(x)e^{\lambda x}, \quad k = \begin{cases} 0, & \lambda \text{不是特征根}, \\ 1, & \lambda \text{是特征单根}, \\ 2, & \lambda \text{是特征重根}. \end{cases}$$

例 5.12　求下列微分方程的通解：

(1) $y'' - 2y' - 3y = x + 1$;　(2) $y'' - 2y' - 3y = xe^{-x}$.

解　(1) 对应的齐次方程 $y'' - 2y' - 3y = 0$ 的特征方程为

$$r^2 - 2r - 3 = (r - 3)(r + 1) = 0.$$

解得特征根为

$$r_1 = -1, \quad r_2 = 3.$$

齐次方程的通解为

$$y(x) = C_1 e^{-x} + C_2 e^{3x}.$$

$f(x) = (x+1)e^{0x}, \lambda = 0$ 不是齐次方程的特征根，因此，可设非齐次方程有特解 $y^* = b_0 + b_1 x$，代入原方程可得

$$-3b_1 x - 2b_1 - 3b_0 = x + 1.$$

比较系数可得

$$\begin{cases} -3b_1 = 1, \\ -2b_1 - 3b_0 = 1, \end{cases} \quad \text{解得} \quad \begin{cases} b_1 = -\dfrac{1}{3}, \\ b_0 = -\dfrac{1}{9}. \end{cases}$$

因此所求的非齐次方程的通解为

$$y = C_1 e^{-x} + C_2 e^{3x} - \frac{1}{3}x - \frac{1}{9}.$$

(2) $f(x) = xe^{-x}, \lambda = -1$ 是齐次方程的特征单根, 因此, 可设非齐次方程有特解 $y^* = (b_0 + b_1 x)xe^{-x}$, 代入原方程可得

$$-8b_1 x + 2b_1 - 4b_0 = x.$$

比较系数可得

$$\begin{cases} -8b_1 = 1, \\ 2b_1 - 4b_0 = 0, \end{cases} \quad 解得 \begin{cases} b_1 = -\dfrac{1}{8}, \\ b_0 = -\dfrac{1}{16}. \end{cases}$$

因此所求的非齐次方程的通解为

$$y = C_1 e^{-x} + C_2 e^{3x} - \frac{1}{16}(x + 2x^2)e^{-x}.$$

类型 II　$f(x) = \begin{cases} P_n(x)e^{\lambda x}\cos\omega x, & \text{(A)} \\ P_n(x)e^{\lambda x}\sin\omega x. & \text{(B)} \end{cases}$

考察方程

$$y'' + py' + qy = P_n(x)e^{(\lambda+i\omega)x}, \tag{5.33}$$

即

$$y'' + py' + qy = P_n(x)e^{\lambda x}\cos\omega x + iP_n(x)e^{\lambda x}\sin\omega x. \tag{5.34}$$

如果方程(5.33)的特解为

$$\bar{y}^* = Q(x)e^{(\lambda+i\omega)x} = R(x) + iI(x),$$

其中 $Q(x)$ 是一个复值系数多项式, $R(x), I(x)$ 分别是 $\bar{y}^*$ 的实部和虚部, 这里 $\lambda + i\omega$ 中 λ, ω 与 (A),(B) 中的 λ, ω 相同, 则把 $\bar{y}^*$ 代入(5.34)可得

$$[R''(x) + pR'(x) + qR(x)] + i[I''(x) + pI'(x) + qI(x)] = P_n(x)e^{\lambda x}\cos\omega x + iP_n(x)e^{\lambda x}\sin\omega x.$$

即 $\bar{y}^*$ 的实部 $R(x)$ 是右边项为 (A) 型方程的解, 虚部 $I(x)$ 是右边项为 (B) 型方程的解. 与 I 型函数类似地分析, 可以假设方程(5.33)的特解为

$$\bar{y}^* = x^k Q_n(x)e^{(\lambda+i\omega)x}, \quad k = \begin{cases} 0, & \lambda + i\omega \text{不是特征根}, \\ 1, & \lambda + i\omega \text{是特征根}. \end{cases} \tag{5.35}$$

把 $\bar{y}^*$ 代入(5.33)式比较系数可以确定 $Q_n(x)$, 取 $\bar{y}^*$ 的实部和虚部即得 II 型右端项 $f(x)$ 的非齐次方程的特解.

另外, 我们还可以做如下的进一步分析. 假设 $Q_n(x) = R_n(x) + iI_n(x)$, 其中

$R_n(x), I_n(x)$ 都是实系数多项式，则(5.35)式可以写成

$$\begin{aligned}
\bar{y}^* &= x^k(R_n(x)+iI_n(x))e^{\lambda x}(\cos\omega x+i\sin\omega x)\\
&= x^k e^{\lambda x}[R_n(x)\cos\omega x - I_n(x)\sin\omega x]\\
&\quad + ix^k e^{\lambda x}[R_n(x)\sin\omega x + I_n(x)\cos\omega x].
\end{aligned} \tag{5.36}$$

根据导数的性质，(5.36)式中 $\bar{y}^*$ 的实部和虚部分别是 (A) 和 (B) 型非齐次项的实函数型待定解，(5.36)式中的实部和虚部是同类型的函数，即指数函数、多项式、正弦函数、余弦函数的积与和. 一般地，这类函数求导数代入(5.33)式左边时得到形如

$$f(x)=e^{\lambda x}\left[P_m(x)\cos\omega x + P_l(x)\sin\omega x\right] \quad \text{(C)}$$

的函数，其中，$P_m(x), P_l(x)$ 分别是 m 次多项式和 l 次多项式. 因此，一般地，对 (C) 型的非齐次项((A),(B) 是其特例)，为了避免复数运算，可直接假设待定特解为

$$y^*(x)=x^k e^{\lambda x}\left[R_n^{(1)}(x)\cos\omega x + R_n^{(2)}(x)\sin\omega x\right]. \tag{5.37}$$

其中 $n=\max\{m,l\}, R_n^{(1)}(x), R_n^{(2)}(x)$ 是 n 实系数待定多项式，

$$k=\begin{cases} 0, & \lambda+i\omega\text{不是特征根.}\\ 1, & \lambda+i\omega\text{是特征根.} \end{cases} \quad \text{此处的}\lambda,\omega\text{与(C)中的}\lambda,\omega\text{相同.}$$

例 5.13　求下列微分方程的一个特解：

(1)　$y''+y=4x\sin x;$　　　　　　(2)　$y''+y=xe^x\cos x;$

(3)　设 $f(x)=\sin x-\int_0^x (x-t)f(t)\mathrm{d}t$，其中$f(x)$为连续函数，求$f(x)$.

解　(1)和(2)对应的齐次方程都是 $y''+y=0$，特征方程都是 $r^2+1=0$，特征根为 $r=\pm i$.

(1)　$f(x)=4x\sin x, \lambda+i\omega=0+i\times1=i$是特征根.

解法一　可以假设实值函数形式的特解为

$$y^*=x[(a_0+a_1 x)\cos x + (b_0+b_1 x)\sin x].$$

代入方程化简可得

$$(2b_0+2a_1+4b_1 x)\cos x + (2b_1-2a_0-4a_1 x)\sin x = 4x\sin x.$$

先比较 $\cos x, \sin x$ 的系数，再比较多项式的系数可得

$$\begin{cases} 2b_0+2a_1=0,\\ 4b_1=0 \end{cases} \quad\text{和}\quad \begin{cases} 2b_1+2a_0=0,\\ -4a_1=4. \end{cases}$$

解得 $a_0=0, a_1=-1, b_0=1, b_1=0$,从而特解为

$$y^*=x\cos x - x^2\cos x.$$

解法二　所求特解是方程

$$y'' + y = 4x\mathrm{e}^{\mathrm{i}x} \tag{5.38}$$

解得虚部, $\lambda + \mathrm{i}\omega = \mathrm{i}$ 是特征根, 可设(5.38)的特解为

$$\overline{y}^* = x(b_0 + b_1 x)\mathrm{e}^{\mathrm{i}x},$$

代入方程化简可得

$$(2b_1 + 2b_0\mathrm{i} + 4b_1\mathrm{i}x)\mathrm{e}^{\mathrm{i}x} = 4x\mathrm{e}^{\mathrm{i}x}.$$

比较系数得到

$$\begin{cases} 2b_1 + 2b_0\mathrm{i} = 0, \\ 4b_1\mathrm{i} = 4 \end{cases} \quad 解得 \begin{cases} b_0 = 1, \\ b_1 = -\mathrm{i}. \end{cases}$$

从而方程(5.38)复值函数形式的解为

$$\overline{y}^* = (x - \mathrm{i}x^2)\mathrm{e}^{\mathrm{i}x} = x\cos x + x^2\sin x + \mathrm{i}(x\sin x - x^2\cos x).$$

$\overline{y}^*$ 的虚部 $y^* = x\sin x - x^2\cos x$, 即为原方程实值函数的特解.

(2) $f(x) = x\mathrm{e}^x\cos x, \lambda + \mathrm{i}\omega = 1 + \mathrm{i}$ 不是特征根, 可设实值函数形式的特解为

$$y^* = (a_0 + a_1 x)\mathrm{e}^x\cos x + (b_0 + b_1 x)\mathrm{e}^x\sin x.$$

代入原方程比较系数(从略), 或者考虑方程

$$y'' + y' = x\mathrm{e}^{(1+\mathrm{i})x}. \tag{5.39}$$

假设方程(5.39)的特解为 $\overline{y}^* = (a_0 + a_1 x)\mathrm{e}^{(1+\mathrm{i})x}$, 代入(5.39)式比较系数可得

$$\overline{y}^* = \left[\left(\frac{1}{5}x - \frac{2}{25}\right) - \mathrm{i}\left(\frac{2}{5}x - \frac{14}{25}\right)\right]\mathrm{e}^x(\cos x + \mathrm{i}\sin x).$$

取实部即得原方程的特解为

$$\overline{y}^* = \mathrm{e}^x\left[\left(\frac{1}{5}x - \frac{2}{25}\right)\cos x + \left(\frac{2}{5}x - \frac{14}{25}\right)\sin x\right].$$

(3) 由于 $f(x)$ 是连续函数, 由变上限积分的性质, $f(x)$ 具有一阶、二阶导数, 先把原积分方程改写为

$$f(x) = \sin x - x\int_0^x f(t)\mathrm{d}t + \int_0^x tf(t)\mathrm{d}t.$$

求两次导数可得

$$f''(x) + f(x) = -\sin x.$$

并且由原方程可见 $f(0) = 0, f'(0) = 1$.

特征方程 $r^2 + 1 = 0$, 特征根 $r_{1,2} = \pm\mathrm{i}$. 对应的齐次方程的通解为

$$Y = C_1\cos x + C_2\sin x.$$

由于方程右边可以看成右端项为(B)中 $P_0(x)=-1,\lambda=0,\omega=1$ 的情形，因为 $r=\lambda+\omega i$ 是特征根，此非齐次方程的一个待定特解形式，可设为 $\bar{y}^*=x(\cos x+i\sin x)$，代入原方程比较系数可得 $\bar{y}^*=\dfrac{x}{2}\cos x$，微分方程 $f''(x)+f(x)=-\sin x$ 的通解为

$$y=C_1\cos x+C_2\sin x+\frac{x}{2}\cos x,$$

特解为

$$y=\frac{1}{2}\cos x+\frac{x}{2}\cos x.$$

从例题的解题过程可见，当把方程转化为方程(5.33)(称为方程(5.31)的复化)时，通过设形如(5.35)中复值函数形式的解，再取实部(A 型)或者虚部(B 型)求特解使得待定系数法中实值函数的待定系数减少一半.

前面针对两种常见形式的非齐次项用待定系数法可以求得其特解. 对于一般的非齐次项 $f(x)$，由于对应的常系数齐次微分方程总可以求得两个线性无关解，因此可用前面的常数变易法求得非齐次微分方程的通解，我们下面举例加以说明.

例 5.14 解方程 $y''(x)+y=-\tan x,\quad 0<x<\dfrac{\pi}{2}$.

解 特征方程 $r^2+1=0$，特征根 $r_{1,2}=\pm i$. 因此对应的齐次方程 $y''(x)+y=0$ 的通解为

$$Y=C_1\cos x+C_2\sin x.$$

设非齐次方程的待定解为

$$y(x)=C_1(x)\cos x+C_2(x)\sin x.$$

由(5.10)式可得 $C_1(x),C_2(x)$ 满足方程

$$\begin{cases} C_1'(x)\sin x+C_2'(x)\cos x=0,\\ C_1'(x)\cos x-C_2'(x)\sin x=\tan x. \end{cases}$$

于是

$$C_1'(x)=\sin x,\quad C_1(x)=-\cos x+C_3.$$

$$C_2'(x)=-\frac{\sin^2 x}{\cos x}=\frac{\cos^2 x-1}{\cos x}=\cos x-\sec x,$$

可得

$$C_2(x)=\int(\cos x-\sec x)\mathrm{d}x=\sin x-\ln(\sec x+\tan x)+C_4.$$

因此原方程的通解为

$$y(x)=C_3\sin x+C_4\cos x-\cos x\ln(\sec x+\tan x).$$

七、n 阶常系数线性非齐次微分方程的解

现在讨论常系数非齐次线性微分方程

$$L_1[x] \equiv \frac{\mathrm{d}^n x}{\mathrm{d}t^n} + a_1 \frac{\mathrm{d}^{n-1} x}{\mathrm{d}t^{n-1}} + \cdots + a_{n-1} \frac{\mathrm{d}x}{\mathrm{d}t} + a_n x = f(t) \tag{5.40}$$

的求解问题，这里 $a_1, \cdots, a_{n-1}, a_n$ 是常数，而 $f(t)$ 为连续函数.

本来，有前面讨论的结果，这个问题已经可以解决了，因为可以按照四小节的方法来求出对应的齐次线性微分方程(5.8)的基本解组，再应用前面三小节所述的常数变易法，求得方程(5.1)的一个特解. 这样，根据定理 5.10 即可写出方程(5.40)的通解表达式，再利用初值条件确定通解中的任意常数，就可得到方程(5.8)的满足初值条件的解. 但是，正如大家所看到的，通过上述步骤求解往往是比较繁琐的，而且必须经过积分计算. 下面介绍当 $f(t)$ 具有某些特殊形式时所适用的一些方法——比较系数法. 它们的特点是不需要通过积分而用代数方法即可求得非齐次线性微分方程的特解，即将求解微分方程的问题转化为某一个代数问题来处理，因此比较简便.

1. 比较系数法

类型 I

假设 $f(t) = (b_0 t^m + b_1 t^{m-1} + \cdots + b_{m-1} t + b_m) \mathrm{e}^{\lambda t}$，其中 λ 以及 $b_i (i = 0, 1, 2, \cdots, m)$ 为实数常数，那么方程(5.40)有形如

$$\tilde{x} = t^k (b_0 t^m + b_1 t^{m-1} + \cdots + b_{m-1} t + b_m) \mathrm{e}^{\lambda t} \tag{5.41}$$

的特解，其中 k 为特征方程 $F(\lambda) = 0$ 的根 λ 的重数(单根相当于 $k = 1$；当 λ 不是特征根时，取 $k = 0$)，而 $B_0, B_1, \cdots, B_{m-1}, B_m$ 是待定常数，可以通过比较系数来确定.

(1) 如果 $\lambda = 0$，则此时 $f(t) = b_0 t^m + b_1 t^{m-1} + \cdots + b_{m-1} t + b_m$.

现在再分两种情形讨论.

(a) 在 $\lambda = 0$ 不是特征根的情形，即 $F(0) \neq 0$，因而 $a_n \neq 0$，这时取 $k = 0$, 以 $\tilde{x} = B_0 t^m + B_1 t^{m-1} + \cdots + B_{m-1} t + B_m$ 代入方程(5.40)，并比较 t 的同次幂的系数，得到常数 $B_0, B_1, \cdots, B_{m-1}, B_m$ 必须满足的方程

$$\begin{cases} B_0 a_n = b_0, \\ B_1 a_n + m B_0 a_{n-1} = b_1, \\ B_2 a_n + (m-1) B_1 a_{n-1} + m(m-1) B_0 a_{n-2} = b_2, \\ \qquad\qquad \cdots\cdots \\ B_m a_n + \cdots = b_m. \end{cases} \tag{5.42}$$

注意到 $a_n \neq 0$，这些待定常数 $B_0, B_1, \cdots, B_{m-1}, B_m$ 可以从方程组(5.42)唯一地逐个确定出来.

(b) 在 $\lambda = 0$ 是 k 重特征根的情形，即 $F(0) = F'(0) = \cdots = F^{(k-1)}(0) = 0$，而 $F^{(k-1)}(0) \neq 0$，也就是 $a_n = a_{n-1} = \cdots = a_{n-k+1} = 0, a_{n-k} \neq 0$，这时，相应地，方程(5.42)变为

$$\frac{\mathrm{d}^n x}{\mathrm{d}t^n} + a_1 \frac{\mathrm{d}^{n-1} x}{\mathrm{d}t^{n-1}} + \cdots + a_{n-k} \frac{\mathrm{d}^k x}{\mathrm{d}t^k} = f(t). \tag{5.43}$$

令 $\dfrac{\mathrm{d}^k x}{\mathrm{d}t^k} = z$，则方程(5.43)化为

$$\frac{\mathrm{d}^{n-k} z}{\mathrm{d}t^{n-k}} + a_1 \frac{\mathrm{d}^{n-k-1} z}{\mathrm{d}t^{n-k-1}} + \cdots + a_{n-k} z = f(t). \tag{5.44}$$

对方程(5.44)来说，由于 $a_{n-k} \neq 0, \lambda = 0$ 已经不是它的特征根，因此，由(1)知道它形如 $\tilde{z} = \tilde{B}_0 t^m + \tilde{B}_1 t^{m-1} + \cdots + \tilde{B}_{m-1} t + \tilde{B}_m$ 的特解，因而方程(5.43)有特解 $\tilde{x}$ 满足

$$\frac{\mathrm{d}^k \tilde{x}}{\mathrm{d}t^k} = \tilde{z} = \tilde{B}_0 t^m + \tilde{B}_1 t^{m-1} + \cdots + \tilde{B}_{m-1} t + \tilde{B}_m.$$

这个表明 $\tilde{x}$ 是 t 的 $m + k$ 次多项式，其中 t 的幂次 $\leqslant k - 1$ 的项带有任意常数. 但是因为我们只需要知道一个特解就够了，特别地取这些任意常数均为零，于是得到方程(5.43)(或者方程(5.40))的一个特解

$$\tilde{x} = t^k (\gamma_0 t^m + \gamma_1 t^{m-1} + \cdots + \gamma_{m-1} t + \gamma_m),$$

这里 $\gamma_0, \gamma_1, \cdots, \gamma_{m-1}, \gamma_m$ 是已经确定的常数.

(2) 如果 $\lambda \neq 0$，作变量变换 $x = y \mathrm{e}^{\lambda t}$，将方程(5.40)化为

$$\frac{\mathrm{d}^n y}{\mathrm{d}t^n} + A_1 \frac{\mathrm{d}^{n-1} y}{\mathrm{d}t^{n-1}} + \cdots + A_{n-1} \frac{\mathrm{d}y}{\mathrm{d}t} + A_n y = b_0 t^m + b_1 t^{m-1} + \cdots + b_{m-1} t + b_m, \tag{5.45}$$

其中 $A_1, \cdots, A_{n-1}, A_n$ 都是常数. 而且特征方程(5.20)的根 λ 对应于方程(5.45)的特征方程的零根，并且重数也相同. 因此，利用上面的结果就有如下的结论：

在 λ 不是特征方程(5.20)的根的情形，方程有(5.45)特解 $\overline{y} = B_0 t^m + B_1 t^{m-1} + \cdots + B_{m-1} t + B_m$，从而方程(5.41)有特解

$$\overline{x} = (B_0 t^m + B_1 t^{m-1} + \cdots + B_{m-1} t + B_m) \mathrm{e}^{\lambda t};$$

在 λ 是特征方程(5.20)的 k 重根的情形，方程(5.45)有特解 $\overline{y} = t^k (B_0 t^m + B_1 t^{m-1} + \cdots + B_{m-1} t + B_m)$，从而方程(5.40)有特解

$$\overline{y} = t^k (B_0 t^m + B_1 t^{m-1} + \cdots + B_{m-1} t + B_m) \mathrm{e}^{\lambda t}.$$

例 5.15　求方程 $\dfrac{\mathrm{d}^2 x}{\mathrm{d}t^2} - 2\dfrac{\mathrm{d}x}{\mathrm{d}t} - 3x = 3t + 1$ 的通解.

解　先求对应的齐次线性微分方程

$$\frac{\mathrm{d}^2 x}{\mathrm{d}t^2} - 2\frac{\mathrm{d}x}{\mathrm{d}t} - 3x = 0$$

的通解. 这里特征方程 $\lambda^2 - 2\lambda - 3 = 0$ 有两个根 $\lambda_1 = 3, \lambda_2 = -1$. 因此, 通解为 $x = c_1 \mathrm{e}^{3t} + c_2 \mathrm{e}^{-t}$, 其中 c_1, c_2 为任意常数. 再求非齐次线性微分方程的一个特解. 这里 $f(t) = 3t + 1, \lambda = 0$, 又因为 $\lambda = 0$ 不是特征根, 故而可以取特解形如 $\tilde{x} = A + Bt$, 其中 A, B 为待定常数. 为确定 A, B, 将 $\tilde{x} = A + Bt$ 代入原方程, 得到

$$-2B - 3A - 3Bt = 3t + 1.$$

比较系数可以得到

$$\begin{cases} -3B = 3, \\ -2B - 3A = 1. \end{cases}$$

由此可得 $B = -1, A = \dfrac{1}{3}$, 从而 $\tilde{x} = -t + \dfrac{1}{3}$, 因此, 原方程的通解为

$$x = c_1 \mathrm{e}^{3t} + c_2 \mathrm{e}^{-t} - t + \frac{1}{3}.$$

例 5.16　求方程 $\dfrac{\mathrm{d}^2 x}{\mathrm{d}t^2} - 2\dfrac{\mathrm{d}x}{\mathrm{d}t} - 3x = \mathrm{e}^{-t}$ 的通解.

解　从上面的例题我们知道对应的齐次线性微分方程的通解为

$$c_2 x = c_1 \mathrm{e}^{3t} + c_2 \mathrm{e}^{-t},$$

其中 c_1 为任意常数. 现在寻求原方程的一个特解, 这里 $f(t) = \mathrm{e}^{-t}$, 因为 $\lambda = -1$ 刚好是特征方程的单根, 故而有特解形如 $\tilde{x} = At\mathrm{e}^{-t}$, 将它代入原方程得到 $-4A\mathrm{e}^{-t} = \mathrm{e}^{-t}$, 从而 $A = -\dfrac{1}{4}$, 于是 $\tilde{x} = -\dfrac{1}{4}t\mathrm{e}^{-t}$, 而原方程的通解为

$$x = c_1 \mathrm{e}^{3t} + c_2 \mathrm{e}^{-t} - \frac{1}{4}t\mathrm{e}^{-t}.$$

例 5.17　求方程 $\dfrac{\mathrm{d}^3 x}{\mathrm{d}t^3} + 3\dfrac{\mathrm{d}^2 x}{\mathrm{d}t^2} + 3\dfrac{\mathrm{d}x}{\mathrm{d}t} + x = \mathrm{e}^{-t}$ 的通解.

解　特征方程 $\lambda^3 + 3\lambda^2 + 3\lambda + 1 = (\lambda + 1)^3 = 0$ 有三重根 $\lambda_{1,2,3} = -1$. 对应的齐次方程的通解为 $x = (c_1 + c_2 t + c_3 t^2)\mathrm{e}^{-t}$, 而且方程有形如 $\tilde{x} = t^3 (A + Bt)\mathrm{e}^{-t}$ 的特解, 将它代入方程可得

$$(6A + 24Bt)\mathrm{e}^{-t} = (t - 5)\mathrm{e}^{-t}.$$

比较系数求得 $A = -\dfrac{5}{6}, B = \dfrac{1}{24}$，从而 $\tilde{x} = \dfrac{t^3}{24}(t-20)\mathrm{e}^{-t}$，故而方程的通解为

$$x = (c_1 + c_2 t + c_3 t^2)\mathrm{e}^{-t} + \frac{t^3}{24}(t-20)\mathrm{e}^{-t},$$

其中 c_1, c_2, c_3 为任意常数.

类型 II

假设 $f(t) = [A(t)\cos\beta t + B(t)\sin\beta t]\mathrm{e}^{\alpha t}$，其中 α, β 为常数，而 $A(t), B(t)$ 是带实数系数的 t 的多项式，其中一个的次数为 m，而另外一个的次数不超过 m，那么我们有如下结论：方程(5.40)有形如

$$\tilde{x} = t^k[P(t)\cos\beta t + Q(t)\sin\beta t]\mathrm{e}^{\alpha t} \tag{5.46}$$

的特解，这里 k 为特征方程 $F(\lambda) = 0$ 的根 $\alpha + \mathrm{i}\beta$ 的重数，而 $P(t), Q(t)$ 均为待定的带实系数的次数不高于 m 的 t 的多项式，可以通过比较系数的方法来确定.

事实上，回顾一下类型 I 的讨论过程，易见，当 λ 不是实数，而是复数时，有关的结论仍然成立. 现将 $f(t)$ 表示为指数形式

$$f(t) = \frac{A(t) - \mathrm{i}B(t)}{2}\mathrm{e}^{(\alpha+\mathrm{i}\beta)t} + \frac{A(t) + \mathrm{i}B(t)}{2}\mathrm{e}^{(\alpha-\mathrm{i}\beta)t}.$$

根据非齐次线性微分方程的叠加原理，方程

$$L[x] = f_1(t) \equiv \frac{A(t) + \mathrm{i}B(t)}{2}\mathrm{e}^{(\alpha-\mathrm{i}\beta)t}$$

与

$$L[x] = f_2(t) \equiv \frac{A(t) - \mathrm{i}B(t)}{2}\mathrm{e}^{(\alpha+\mathrm{i}\beta)t}$$

的解之和必为方程(5.40)的解.

注意到 $\overline{f_1(t)} = f_2(t)$，易见，若 x_1 为 $L[x] = f_1(t)$ 的解，则 $\bar{x}_1$ 必为 $L[x] = f_2(t)$ 的解. 因此，直接利用类型 I 的结果，可知方程(4.32)有解形如

$$\bar{x} = t^k D(t)\mathrm{e}^{(\alpha-\mathrm{i}\beta)t} + t^k \overline{D(t)}\mathrm{e}^{(\alpha+\mathrm{i}\beta)t} = t^k[P(t)\cos\beta t + Q(t)\sin\beta t]\mathrm{e}^{\alpha t},$$

其中 $D(t)$ 为 t 的 m 次多项式，而 $P(t) = 2\mathrm{Re}\{D(t)\}, Q(t) = 2\mathrm{Im}\{D(t)\}$. 显然，$P(t)$，$Q(t)$ 为带实系数的 t 的多项式，其次数不高于 m. 可见上述结论成立.

注意，正确写出特解形式是待定系数法的关键问题，在此类型的求解过程中应把 $P(t), Q(t)$ 均假设为 m 次完全多项式来实际演算.

例 5.18　求方程 $\dfrac{\mathrm{d}^2 x}{\mathrm{d}t^2} + 4\dfrac{\mathrm{d}x}{\mathrm{d}t} + 4x = \cos 2t$ 的通解.

解　特征方程 $\lambda^2 + 4\lambda + 4 = 0$ 有重根 $\lambda_1 = \lambda_2 = -2$，因此，对应的齐次线性微分

方程的通解为

$$x = (c_1 + c_2 t)e^{-2t},$$

其中 c_1, c_2 为任意常数. 现在求非齐次线性微分方程的一个特解. 因为 $\pm 2i$ 不是特征根, 我们求形如 $\tilde{x} = A\cos 2t + B\sin 2t$ 的特解, 将它代入原方程并化简得到

$$8B\cos 2t - 8A\sin 2t = \cos 2t,$$

比较同类型系数可得 $A = 0, B = \dfrac{1}{8}$, 从而 $\tilde{x} = \dfrac{1}{8}\sin 2t$, 因此原方程的通解为

$$x = (c_1 + c_2 t)e^{-2t} + \frac{1}{8}\sin 2t.$$

附注　类型 II 的特殊情形

$$f(t) = A(t)e^{\alpha t}\cos\beta t \quad \text{或} \quad f(t) = B(t)e^{\alpha t}\sin\beta t.$$

可以另外用一个更加简便的方法——**复数法**求解. 下面用例子具体说明求解过程.

例 5.19　用复数法解例题 5.18.

解　由例 5.18 已知对应的齐次线性微分方程的通解为

$$x = (c_1 + c_2 t)e^{-2t}.$$

为了求非齐次线性微分方程的一个特解, 我们先求方程

$$\frac{\mathrm{d}^2 x}{\mathrm{d}t^2} + 4\frac{\mathrm{d}x}{\mathrm{d}t} + 4x = e^{-2it}$$

的特解. 这属于类型 I, 而又注意到 $2i$ 不是特征根, 故而可以假设特解为 $\tilde{x} = Ae^{2it}$, 将它代入方程并且消去因子 e^{2it} 得到 $8iA = 1$, 因而 $A = -\dfrac{i}{8}$, $\tilde{x} = -\dfrac{i}{8}e^{2it} = -\dfrac{1}{8}\cos 2t + \dfrac{1}{8}\sin 2t$, 分出它的实部 $\mathrm{Re}\{\tilde{x}\} = \dfrac{1}{8}\sin 2t$, 根据定理 5.11, 这个就是原方程的特解, 于是原方程的通解为

$$x = (c_1 + c_2 t)e^{-2t} + \frac{1}{8}\sin 2t.$$

这个通解与例 5.18 所得到的结果相同.

2. 算子解法

对方程

$$\frac{\mathrm{d}^n y}{\mathrm{d}x^n} + a_1\frac{\mathrm{d}^{n-1}y}{\mathrm{d}x^{n-1}} + \cdots + a_{n-1}\frac{\mathrm{d}y}{\mathrm{d}x} + a_n y = f(x),$$

引入记号 $D = \dfrac{\mathrm{d}}{\mathrm{d}x}$，$D^n = \dfrac{\mathrm{d}^n}{\mathrm{d}x^n}$，则对 x 求导数可以表示为 $D^n y = \dfrac{\mathrm{d}^n y}{\mathrm{d}x^n}$，称如下的表达式

$$L(D) \triangleq D^n + a_1 D^{n-1} + \cdots + a_{n-1} D + a_n \tag{5.47}$$

为一个微分算子多项式，根据导数的线性运算性质，方程可简写为

$$L(D)y = f(x). \tag{5.48}$$

易证明算子 $L(D)$ 具有如下的性质：

(1)　$L(D)\big(C_1 y_1 + C_2 y_2\big) = C_1 L(D) y_1 + C_2 L(D) y_2$；

(2)　设 $L(t) = L_1(t) L_2(t)$ 是普通多项式的乘积，则

$$L(D) = L_1(D) L_2(D) = L_2(D) L_1(D),$$

$$L(D)y = L_1(D)[L_2(D)y] = L_2(D)[L_1(D)y];$$

(3)　设 $L(t) = L_1(t) + L_2(t)$ 是两个普通多项式的和，则 $L(D) = L_1(D) + L_2(D)$，即

$$L(D)y = [L_1(D) + L_2(D)]y = L_1(D)y + L_2(D)y.$$

上述性质可以直接根据导数的性质计算验证，过程从略. 从这些性质可以看出，微分算子多项式可以像普通多项式那样进行加减和乘法运算，但是除法没有意义.

例如，设 $L(t) = t^2 - t - 2 = (t-2)(t+1)$，则相应地有

$$L(D) = (D^2 - D - 2) = (D-2)(D+1).$$

事实上，对于任何二阶可导函数 $x(t)$，

$$L(D)x = (D^2 - D - 2)x = \frac{\mathrm{d}^2 x}{\mathrm{d}t^2} - \frac{\mathrm{d}x}{\mathrm{d}t} - 2x.$$

$$(D-2)(D+1)x = (D-2)\left(\frac{\mathrm{d}x}{\mathrm{d}t} + x\right) = \frac{\mathrm{d}^2 x}{\mathrm{d}t^2} - \frac{\mathrm{d}x}{\mathrm{d}t} - 2x.$$

可见

$$L(D)x = (D-2)(D+1)x.$$

下面讨论方程的求解.

关于一阶线性方程

$$y' + P(x)y = f(x),$$

我们知道有求解公式

$$y = \mathrm{e}^{-\int P(x)\mathrm{d}x}\left[\int f(x)\mathrm{e}^{\int P(x)\mathrm{d}x}\,\mathrm{d}x + C\right]. \tag{5.49}$$

利用公式(5.49)，可以得到一种求方程的通解的简便方法.

假设方程(5.48)对应的齐次方程的 n 个特征根为 $\lambda_1, \lambda_2, \cdots, \lambda_n$ (不论其是重根还是复根)，则方程(5.48)可以写为

$$(D - \lambda_1)(D - \lambda_2)\cdots(D - \lambda_n)y = f(x). \tag{5.50}$$

令 $Z_1 = (D - \lambda_2)(D - \lambda_3)\cdots(D - \lambda_n)y$，则以 Z_1 为未知函数的一阶方程为

$$(D - \lambda_1)Z_1 = f(x), \tag{5.51}$$

则

$$\frac{dZ_1}{dx} - \lambda_1 Z_1 = f(x),$$

由公式(5.49)可得

$$Z_1 = e^{\lambda_1 x}\left[\int f(x)e^{-\lambda_1 x}dx + C_1\right].$$

从而

$$(D - \lambda_2)(D - \lambda_3)\cdots(D - \lambda_n)y = e^{\lambda_1 x}\left[\int f(x)e^{-\lambda_1 x}dx + C_1\right]. \tag{5.52}$$

方程(5.52)与(5.50)是同样形式的方程，但是比方程(5.50)降低了一阶. 令 $Z_2 = (D - \lambda_3)\cdots(D - \lambda_n)y$，方程(5.52)又可以写为

$$(D - \lambda_2)Z_2 = e^{\lambda_1 x}\left[\int f(x)e^{-\lambda_1 x}dx + C_1\right].$$

再由公式(5.49)可得

$$Z_2 = e^{\lambda_2 x}\left\{\int e^{\lambda_1 x}\left[\int f(x)e^{-\lambda_1 x}dx + C_1\right]e^{-\lambda_2 x}dx + C_2\right\}.$$

反复运用上述方法即可把解 n 阶方程(5.48)化为求解 n 个一阶线性方程的过程. 最后可得原方程的通解. 如果 $\lambda_i (i = 1, 2, \cdots, n)$ 都是实根，即直接得到实值通解；如果 $\lambda_i (i = 1, 2, \cdots, n)$ 中有复数根，则最后所得的复值解，取其实部即可.

例 5.20 求 $y'' - 5y' + 6y = e^{3x}$ 的通解.

解 原方程对应的其次方程有特征根 $\lambda_1 = 2, \lambda_2 = 3$，从而原方程可以写为

$$(D^2 - 5D + 6)y = e^{3x}, \quad 即(D - 2)(D - 3)y = e^{3x}.$$

$$(D - 3)y = e^{2x}\left(\int e^{3x} \cdot e^{-2x}dx + C_1^*\right) = e^{2x}\left(e^x + C_1^*\right) = e^{3x} + C_1^* e^{2x}.$$

进一步可得

$$y = e^{3x}\left[\int\left(e^{3x} + C_1^* e^{2x}\right)e^{-3x}dx + C_2\right] = e^{3x}\left[\int\left(1 + C_1^* e^{-x}\right)dx + C_2\right]$$

$$= e^{3x}\left[\left(x - C_1^* e^{-x}\right) + C_2\right] = e^{3x} + C_1 e^{2x} + C_2 e^{3x} \quad (C_1 = -C_1^*).$$

例 5.21 解方程 $y'' - 2y' + y = e^x$.

解 原方程可写为 $(D^2 - 2D + 1)y = e^x$, 即

$$(D-1)(D-1)y = e^x.$$

因此

$$(D-1)y = e^x \left(\int e^x \cdot e^{-x} dx + C_1 \right) = C_1 e^x + x e^x,$$

故而

$$y = e^x \left[\int \left(C_1 e^x + x e^x \right) e^{-x} dx + C_2 \right] = e^x \left[\int (C_1 + x) dx + C_2 \right] = C_1 x e^x + C_2 e^x + \frac{1}{2} x^2 e^x.$$

例 5.22 解下列方程

(1) $y'' + y = e^x \cos x$;   (2) $y'' + y = e^x \sin x$.

解 (1) 中的方程可写为

$$(D+i)(D-i)y = e^x \cos x.$$

如果直接按前面例题的方法来求解, 则有些积分的计算会复杂一些, 为此先求解方程(称为原方程的复化方程)

$$(D+i)(D-i)y = e^{(1+i)x} = e^x \cos x + i e^x \sin x.$$

然后分别取所得解的实部和虚部, 即分别得到(1)和(2)中的方程的解.

$$(D-i)y = e^{-ix} \left[\int e^{(1+i)x} \cdot e^{ix} + C_1^* \right] = e^{-ix} \left[\frac{1}{1+2i} e^{(1+2i)x} + C_1^* \right] = \frac{e^{(1+i)x}}{1+2i} + C_1^* e^{-ix}.$$

从而

$$y = e^{ix} \left[\int \left[\frac{e^{(1+i)x}}{1+2i} + C_1^* e^{-ix} \right] \cdot e^{-ix} + C_2^* \right]$$

$$= e^{ix} \left(\frac{e^x}{1+2i} - \frac{C_1^*}{2i} e^{-2ix} + C_2^* \right) = \frac{e^{(1+i)x}}{1+2i} - \frac{C_1^*}{2i} e^{-ix} + C_2^* e^{ix}$$

$$= \left[\frac{e^x}{5} (\cos x + 2\sin x) + C_1 \sin x + C_2 \cos x \right] + i \left[\frac{e^x}{5} (\sin x - 2\cos x) + C_1 \cos x + C_2 \sin x \right],$$

所以

$$y_1^* = \frac{e^x}{5} (\cos x + 2\sin x) + C_1 \sin x + C_2 \cos x,$$

$$y_2^* = \frac{e^x}{5} (\sin x - 2\cos x) + C_1 \cos x + C_2 \sin x$$

分别是方程(1)和(2)的通解.

从上面的例子可以看出，方程(5.48)的这种算子解法的特点是：把解 n 阶方程转化为一阶方程的求解，而最后直接可以得到通解表达式，对方程(5.48)的非齐次项 $f(x)$ 的函数类型没有特殊要求，原则上对于任意的连续函数 $f(x)$ 方法都适用.与前面的解法比较可以看出，对于特殊的函数类型，前面介绍的方法是待定函数与微分法的结合应用，而本段中的方法涉及多次不定积分的计算，一般而言，微分法比积分法要容易进行.

3. 欧拉方程

形状为

$$x^n \frac{d^n y}{dx^n} + a_1 x^{n-1} \frac{d^{n-1} y}{dx^{n-1}} + \cdots + a_{n-1} x \frac{dy}{dx} + b_n y = 0 \tag{5.53}$$

的方程称为**欧拉方程**，这里 $a_1, a_2, \cdots, a_n$ 为常数. 此方程可以通过变量变换化为常系数齐次线性微分方程，因而求解问题也就可以解决.

事实上，引进自变量的变换

$$x = e^t, \quad t = \ln x,$$

直接计算可以得到

$$\frac{dy}{dx} = \frac{dy}{dt} \cdot \frac{dt}{dx} = e^{-t} \frac{dy}{dt},$$

$$\frac{d^2 y}{dx^2} = e^{-t} \frac{d}{dt} \left(e^{-t} \frac{dy}{dt} \right) = e^{-2t} \left(\frac{d^2 y}{dt^2} - \frac{dy}{dt} \right).$$

利用数学归纳法不难证明：对于一切的自然数 k，均有关系式

$$\frac{d^k y}{dx^k} = e^{-kt} \left(\frac{d^k y}{dt^k} + \beta_1 \frac{d^{k-1} y}{dt^{k-1}} + \cdots + \beta_{k-2} \frac{d^2 y}{dt^2} + \beta_{k-1} \frac{dy}{dt} \right),$$

其中 $\beta_1, \beta_2, \cdots, \beta_{k-1}$ 都是常数. 于是

$$x^k \frac{d^k y}{dx^k} = \frac{d^k y}{dt^k} + \beta_1 \frac{d^{k-1} y}{dt^{k-1}} + \cdots + \beta_{k-2} \frac{d^2 y}{dt^2} + \beta_{k-1} \frac{dy}{dt}.$$

将上述关系式代入方程(4.29)，就得到常系数齐次线性微分方程

$$\frac{d^n y}{dx^n} + b_1 \frac{d^{n-1} y}{dx^{n-1}} + \cdots + b_{n-1} \frac{dy}{dx} + b_n y = 0, \tag{5.54}$$

其中 $b_1, \cdots, b_{n-1}, b_n$ 是常数，因而可以利用上述讨论的方法求出(5.54)的通解，再代回到原来的变量(注意：$t = \ln|x|$)就可以求得方程(5.53)的通解.

由上述推演过程，我们知道方程(5.54)有形如 $y = e^{\lambda t}$ 的解，从而方程(5.53)有形如 $y = x^{\lambda}$ 的解，因此可以直接求欧拉方程的形如 $y = x^K$ 的解. 以 $y = x^K$ 代入

(5.53)并且约去因子 x^K, 就得到确定 K 的代数方程

$$K(K-1)\cdots(K-n+1)+a_1K(K-1)\cdots(K-n+1)+\cdots+a_n=0, \qquad (5.55)$$

可以证明这正是(5.54)的特征方程. 因此, 方程(5.55)的 m 重实根, 对应于方程(5.53)的 m 个解

$$x^{K_0}, x^{K_0}\ln|x|, x^{K_0}\ln^2|x|, \cdots, x^{K_0}\ln^{m-1}|x|.$$

而方程(5.55)的 m 重复根 $K=\alpha+\mathrm{i}\beta$, 对应于 $2m$ 个实值解

$$x^\alpha\cos\big(\beta\ln|x|\big), x^\alpha\ln|x|\cos\big(\beta\ln|x|\big), \cdots, x^\alpha\ln^{m-1}|x|\cos\big(\beta\ln|x|\big),$$

$$x^\alpha\sin\big(\beta\ln|x|\big), x^\alpha\ln|x|\sin\big(\beta\ln|x|\big), \cdots, x^\alpha\ln^{m-1}|x|\sin\big(\beta\ln|x|\big).$$

这就完成了方程的求解.

上面的做法还是有些繁难, 下面我们介绍另外一种思想较为简单的做法——算子解法. 首先还是先作变换 $x=\mathrm{e}^t$ 或者 $t=\ln x$, 将自变量从 x 变成 t, 有

$$\frac{\mathrm{d}y}{\mathrm{d}x}=\frac{\mathrm{d}y}{\mathrm{d}t}\frac{\mathrm{d}t}{\mathrm{d}x}=\frac{1}{x}\frac{\mathrm{d}y}{\mathrm{d}t}, \quad \frac{\mathrm{d}^2y}{\mathrm{d}x^2}=\frac{1}{x^2}\left(\frac{\mathrm{d}^2y}{\mathrm{d}t^2}-\frac{\mathrm{d}y}{\mathrm{d}t}\right),$$

$$\frac{\mathrm{d}^3y}{\mathrm{d}x^3}=\frac{1}{x^3}\left(\frac{\mathrm{d}^3y}{\mathrm{d}t^3}-3\frac{\mathrm{d}^2y}{\mathrm{d}t^2}+2\frac{\mathrm{d}y}{\mathrm{d}t}\right), \cdots.$$

然后再引入算子 $D=\dfrac{\mathrm{d}}{\mathrm{d}t}$ 的记法, 上述计算结果可以写为

$$xy'=Dy,$$

$$x^2y''=(D^2-D)y=D(D-1)y,$$

$$x^3y'''=(D^3-3D^2+2D)y=D(D-1)(D-2)y,$$

可以证明, 一般地有

$$x^ky^{(k)}=D(D-1)(D-2)\cdots(D-k+1)y,$$

代入(5.53)式子可以得到以 t 为自变量的常系数线性微分方程.

例 5.23　求解方程 $x^3y'''+x^2y''-4xy'=3x^2$.

解　所求的方程为欧拉方程. 令 $x=\mathrm{e}^t$ 或者 $t=\ln x$, 原方程化为

$$D(D-1)(D-2)y+D(D-1)y-4Dy=3\mathrm{e}^{2t},$$

整理以后可得

$$(D^3-2D^2-3D)y=3\mathrm{e}^{2t},$$

即

$$\frac{\mathrm{d}^3y}{\mathrm{d}t^3}-2\frac{\mathrm{d}^2y}{\mathrm{d}t^2}-3\frac{\mathrm{d}y}{\mathrm{d}t}=3\mathrm{e}^{2t},$$

这是一个三阶常系数线性非齐次方程.

下面利用微分算子的方法来求解. 对应的齐次方程的特征方程为 $\lambda^3 - 2\lambda^2 - 3\lambda = \lambda(\lambda+1)(\lambda-3)$, 即得

$$D(D+1)(D-3)y = 3\mathrm{e}^{2t},$$

$$(D+1)(D-3)y = \int 3\mathrm{e}^{2t}\mathrm{d}t + C_1^* = \frac{3}{2}\mathrm{e}^{2t} + C_1^*,$$

$$(D-3)y = \mathrm{e}^{-t}\left[\int\left(\frac{3}{2}\mathrm{e}^{2t} + C_1^*\right)\mathrm{e}^t\mathrm{d}t + C_2^*\right]$$

$$= \mathrm{e}^{-t}\left[\int\left(\frac{3}{2}\mathrm{e}^{3t} + C_1^*\mathrm{e}^t\right)\mathrm{d}t + C_2^*\right] = \frac{1}{2}\mathrm{e}^{2t} + C_1^* + C_2^*\mathrm{e}^{-t}.$$

最后得到

$$y(t) = \mathrm{e}^{3t}\left[\int\left(\frac{1}{2}\mathrm{e}^{2t} + C_1^* + C_2^*\mathrm{e}^{-t}\right)\mathrm{e}^{-3t}\mathrm{d}t + C_3\right]$$

$$= \mathrm{e}^{3t}\left[\int\left(\frac{1}{2}\mathrm{e}^{-t} + C_1^*\mathrm{e}^{-3t} + C_2^*\mathrm{e}^{-4t}\right)\mathrm{d}t + C_3\right]$$

$$= -\frac{1}{2}\mathrm{e}^{2t} - \frac{1}{3}C_1^* - \frac{1}{4}C_2^*\mathrm{e}^{-t} + C_3\mathrm{e}^{3t} = -\frac{1}{2}\mathrm{e}^{2t} + C_1 + C_2\mathrm{e}^{-t} + C_3\mathrm{e}^{3t}.$$

代回到原来的变量 x 得

$$y(x) = C_1 + \frac{C_2}{x} + C_3x^3 - \frac{1}{2}x^2.$$

欧拉方程经过变量代换以后, 化为对应的高阶常系数线性微分方程, 可以按照前面给出的方法来求解.

例 5.24　求解方程 $x^2y'' - 2xy' + 2y + x - 2x^3 = 0$.

解　原方程可化为欧拉方程的标准形式

$$x^2y'' - 2xy' + 2y = 2x^3 - x.$$

令 $x = \mathrm{e}^t$ 或者 $t = \ln x$, 则方程变为

$$D(D-1)y - 2Dy + 2y = 2\mathrm{e}^{3t} - \mathrm{e}^t,$$

整理以后可得

$$(D^2 - 3D + 2)y = 2\mathrm{e}^{3t} - \mathrm{e}^t,$$

对应的二阶常系数线性非齐次方程为

$$\frac{\mathrm{d}^2y}{\mathrm{d}t^2} - 3\frac{\mathrm{d}y}{\mathrm{d}t} + 2y = 2\mathrm{e}^{3t} - \mathrm{e}^t. \tag{5.56}$$

对应的线性齐次方程的特征方程为

$$r^2 - 3r + 2 = 0.$$

解得特征根为 $r_1 = 1, r_2 = 2$, 相应的通解为

$$Y = C_1 e^t + C_2 e^{2t}.$$

因为非齐次项 $f(t) = 2e^{3t} - e^t$, 可以考虑解两个对应的线性非齐次方程.

对于第一个方程

$$\frac{d^2 y}{dt^2} - 3\frac{dy}{dt} + 2y = 2e^{3t},$$

$\lambda_1 = 3$ 不是特征根, 可设特解 $y_1^* = Ae^{3t}$, 代入方程可以解出 $A = 1$, 即特解 $y_1^* = e^{3t}$.

对于第二个方程

$$\frac{d^2 y}{dt^2} - 3\frac{dy}{dt} + 2y = -e^{-t}.$$

因为 $\lambda_2 = 1$ 是特征方程的单根, 可以假设特解 $y_2^* = tBe^t$, 代入方程解出 $B = 1$, 即 $y_2^* = te^t$. y_1^* 和 y_2^* 相加的线性非齐次方程(5.56)的特解

$$y^* = y_1^* + y_2^* = e^{3t} + te^t.$$

故而方程(5.56)的通解为

$$y = C_1 e^t + C_2 e^{2t} + e^{3t} + te^t.$$

把变量 t 换回为 $\ln x$, 可得原方程的通解

$$y = C_1 x + C_2 x^2 + x^3 + x\ln x.$$

例 5.25 求解方程 $x^2 \dfrac{d^2 y}{dx^2} - x\dfrac{dy}{dx} + y = 0$.

解 寻求方程的形式解 $y = x^K$, 得到确定 K 的方程 $K(K-1) - K + 1 = 0$ 或者 $(K-1)^2 = 0$, 则 $K_1 = K_2 = 1$. 因此, 方程的通解为

$$y = (c_1 + c_2 \ln|x|)x,$$

其中 c_1, c_2 是任意常数.

例 5.26 求解方程 $x^2 \dfrac{d^2 y}{dx^2} + 3x\dfrac{dy}{dx} + 5y = 0$.

解 假设 $y = x^K$, 得到 K 应该满足的方程 $K(K-1) + 3K + 5 = 0$ 或者 $K^2 + 2K + 5 = 0$, 则 $K_1 = -1 + 2i, K_2 = -1 - 2i$. 因而方程的通解为

$$y = \frac{1}{x}\left[c_1\cos(2\ln|x|) + c_2\sin(2\ln|x|)\right],$$

其中 c_1, c_2 是任意常数.

习　题　6.5

1. 证明：n 阶线性微分方程在自变量的变换 $x = \varphi(t)$ 下，仍为 n 阶线性方程，并且齐次线性微分方程仍变为齐次线性微分方程，其中 $x = \varphi(t)$ 具有 n 阶连续导数，并且 $\varphi'(t) = 0$.

2. 验证 $y_1 = x$ 与 $y_2 = \sin x$ 是微分方程 $(y')^2 - yy'' = 1$ 的两个线性无关解，问 $y = C_1 x + C_2 \sin x$ 是否为该方程的通解？

3. 假设 y_1 和 y_2 线性无关，证明：当 $A_1 B_2 - A_2 B_1 \neq 0$ 时 $A_1 y_1 + A_2 y_2$ 与 $B_1 y_1 + B_2 y_2$ 线性无关.

4. 已知 $y_1 = x, y_2 = x + e^x, y_3 = 1 + x + e^x$ 是微分方程 $y'' + a_1(x)y' + a_2(x)y = Q(x)$ 的解，试求此方程的通解.

5. 求下列各个微分方程的通解：

(1) $x'' + 8x' + 15x = 0$;　　　(2) $x'' - 6x' + 9x = 0$;　　　(3) $x'' + 9x = 0$;

(4) $\dfrac{d^2 y}{dx^2} + y = 0$;　　　(5) $\dfrac{d^2 y}{dx^2} - 5\dfrac{dy}{dx} + 6y = 0$;　　　(6) $y'' + 4y' + 5y = 0$.

6. 求下列微分方程满足所给初值条件的特解：

(1) $x'' + 8x' + 15x = 0, x(0) = 1, x'(0) = -1$;

(2) $4\dfrac{d^2 y}{dx^2} + 4\dfrac{dy}{dx} + y = 0, y(0) = 2, y'(0) = 0$;

(3) $y'' + 4y' + 5y = 0, y(0) = 0, y'(0) = 15$.

7. 写出下列微分方程待定特解的形式：

(1) $x'' - 5x' + 4x = (t^2 + 1)e^t$;

(2) $x'' - 6x' + 9x = (2t + 1)e^t$;

(3) $y'' - 4y' + 8y = 3e^x \sin x$;

(4) $y'' + a_1 y' + a_2 y = A$, 其中 a_1, a_2, A 均为常数.

8. 求下列微分方程的通解或者满足所给初值条件的特解：

(1) $x'' + x' - x = 2e^t$;　　　　　　　　(2) $x'' + a^2 x = e^t$;

(3) $2x'' + 5x' = 5t^2 - 2t - 1$;　　　　　(4) $x'' + 3x' + 2x = 3te^{-t}$;

(5) $y'' - 2y' + 5y = e^x \sin 2x$;　　　　(6) $y'' + 4y = x\cos x$;

(7) $y'' - 3y' + 2y = 5; y(0) = 1, y'(0) = 2$;　　(8) $x'' - 10x' + 9x = e^{2t}, x(0) = \dfrac{6}{7}, x'(0) = \dfrac{33}{7}$.

9. 假设一个物体以初速度 v_0 沿着斜面下滑，斜面的倾斜角度为 θ，而且物体与斜面的摩擦系数为 μ，证明：在 $t(s)$ 内物体下滑的距离为

$$s = \frac{1}{2}g(\sin\theta - \mu\cos\theta)t^2 + v_0 t.$$

10. 一个质量为 m 的质点，由静止开始沉入液体，下沉的时候液体的阻力与下沉的速度成正比，求质点的运动规律.

11. 假设 $f(x) = \sin x - \displaystyle\int_0^x (x - t)f(t)\mathrm{d}t$, 其中 $f(x)$ 为连续函数，求 $f(x)$.

12. 假设曲线 L 的极坐标为 $r=r(\theta)$，$M(r,\theta)$ 为 L 上任意一点，$M_0(2,0)$ 为 L 上一个点. 如果极径为 OM_0，OM 与曲线 L 所围成的扇形面积值等于 L 上 M_0,M 两点之间弧长值的一半，求曲线 L 的方程.

13. 求下列微分方程的解：

(1) $t^2 x'' + 5tx' + 13x = 0$；

(2) $x^3 y''' - x^2 y'' + 2xy' - 2y = x^3 + 3x$；

(3) $x^3 y''' + xy' - y = 3x^4$.

总 习 题 六

1. 填空：

(1) $xy''' + 2x^2 y'^2 + x^3 y = x^4 + 1$ 是_____阶微分方程；

(2) 一阶线性微分方程 $y' + P(x)y = Q(x)$ 的通解为_____；．

(3) 与积分方程 $y = \int_0^x f(x,y)\mathrm{d}x$ 等价的微分方程的初值问题为_____；

(4) 已知 $y=1,y=x,y=x^2$ 是某个二阶非齐次线性微分方程的三个解，则该方程的通解为

_____.

2. 以下两个题目中给出了四个结论，从中选出一个正确的结论：

(1) 假设非齐次线性微分方程 $y' + P(x)y = Q(x)$ 有两个不同的解：$y_1(x)$ 与 $y_2(x)$，C 为任意的常数，则该方程的通解为(　　).

(A) $C\left[y_1(x) - y_2(x)\right]$；　　　　　(B) $y_1(x) + C\left[y_1(x) - y_2(x)\right]$；

(C) $C\left[y_1(x) + y_2(x)\right]$；　　　　　(D) $y_1(x) + C\left[y_1(x) + y_2(x)\right]$.

(2) 具有特解 $y_1(x) = \mathrm{e}^{-x}, y_2(x) = 2x\mathrm{e}^{-x}, y_2(x) = 3\mathrm{e}^x$ 的三阶常系数齐次线性微分方程是(　　).

(A) $y''' - y'' - y' + y = 0$；　　　　　(B) $y''' + y'' - y' - y = 0$；

(C) $y''' - 6y'' + 11y' - 6y = 0$；　　　(D) $y''' - 2y'' - y' + 2y = 0$.

3. 求下列各式所表示的函数为通解的微分方程：

(1) $(x+C)^2 + y^2 = 1$ (其中 C 为任意常数)；

(2) $y = C_1 \mathrm{e}^x + C_2 \mathrm{e}^{2x}$ (其中 C_1,C_2 为任意常数).

4. 求下列微分方程的通解：

(1) $xy' + y = 2\sqrt{xy}$；　　　　　　　(2) $xy'\ln x + y = ax(\ln x + 1)$；

(3) $\dfrac{\mathrm{d}y}{\mathrm{d}x} = \dfrac{y}{2(\ln y - x)}$；　　　　　(4) $\dfrac{\mathrm{d}y}{\mathrm{d}x} + xy - x^3 y^3 = 0$；

(5) $y'' - y'^2 + 1 = 0$；　　　　　　　(6) $yy'' + y'^2 - 1 = 0$；

(7) $y'' + 2y' + 5y = \sin 2x$；　　　　　(8) $y''' + y'' - 2y' = x(\mathrm{e}^x + 4)$；

(9) $\left(y^4 - 3x^2\right)\mathrm{d}y + xy\mathrm{d}x = 0$;　　　　　　(10) $y' + x = \sqrt{x^2 + y}$.

5. 求下列微分方程满足所给的初值条件的特解：

(1) $y^3\mathrm{d}x + 2\left(x^2 - xy^2\right)\mathrm{d}y = 0, x = 0$ 时 $y = 1$;

(2) $y'' - ay'^2 = 0, \quad x = 0$ 时 $y = 0, y' = -1$;

(3) $y'' - 2\sin 2y = 0, \quad x = 0$ 时 $y = \dfrac{\pi}{2}, y' = 1$;

(4) $y'' + 2y' + 5y = \cos 2x, \quad x = 0$ 时 $y = 0, y' = \dfrac{3}{2}$.

6. 已知某曲线经过点 $(1,1)$, 它的切线在纵轴上的截距等于切点的横坐标，求它的方程.

7. 已知某个车间的体积为 $30\mathrm{m} \times 30\mathrm{m} \times 6\mathrm{m}$, 其中的空气含有 0.12% 的 CO_2 (以体积计算). 现在以含有 CO_2 0.04% 的新鲜空气输入，问每一分钟应该输入多少空气，才能够使得 30 分钟以后车间空气中 CO_2 的含量不超过 0.06%？(假定输入的新鲜空气与原有空气很快混合均匀，以相同的流量排出.)

8. 假设可导函数 $\varphi(x)$ 满足 $\varphi(x)\cos x + 2\displaystyle\int_0^x \varphi(t)\sin t\mathrm{d}t = x + 1$, 求 $\varphi(x)$.

9. 假设光滑曲线 $y = \varphi(x)$ 过原点，而且当 $x > 0$ 时，$\varphi(x) > 0$. 对应于 $[0, x]$ 一段曲线的弧长为 $\mathrm{e}^x - 1$, 求 $\varphi(x)$.

10. 假设 $y_1(x), y_2(x)$ 是二阶齐次线性方程 $y'' + p(x)y' + q(x)y = 0$ 的两个解，令

$$W(x) = \begin{vmatrix} y_1(x) & y_2(x) \\ y_1'(x) & y_2'(x) \end{vmatrix} = y_1(x)y_2'(x) - y_1'(x)y_2(x).$$

证明：(1) $W(x)$ 满足方程 $W' + p(x)W = 0$;

(2) $W(x) = W(x)\exp\left\{-\displaystyle\int_{x_0}^x p(t)\mathrm{d}t\right\}$.

11. 求下列欧拉方程的通解：

(1) $x^2y'' + 3xy' + y = 0$;　　　　　　(2) $x^2y'' - 4xy' + 6y = x$.

部分习题答案和提示

习 题 4.1

1. (1) $\dfrac{1}{2}a^2 + b$;　　　(2) 3;　　　(3) $(a-1)/\ln a$.　　　(4) $\dfrac{1}{2}$;　　　(5) $e-1$.

2. $\dfrac{1}{2}ka^2$;

3. $W = \displaystyle\int_a^b k\dfrac{Q \cdot q}{x^2}\mathrm{d}x$.

习 题 4.2

1. (1) 0;　　　(2) 1;　　　(3) $\dfrac{1}{4}\pi a^2$;　　　(4) $\dfrac{9}{4}$.

5. (1) 不可积, 积分区间无限;　　　　　(2) 可以 $f(x)$ 积分, 只有一个第一类间断点;

   (3) 不可积, $f(x)$ 无界;　　　　　　(4) 不可积, $f(x)$ 无界;

   (5) 可以积分, $f(x)$ 只有一个第一类间断点;

   (6) 可积, $f(x)$ 在其定义域 $[0,1]$ 上单调.

6. (1) 不正确, 反例: $\displaystyle\int_{-1}^2 x\mathrm{d}x$;　　　　　(2) 不正确;

   (3) 不正确, 反例: $f(x) = \begin{cases} 1, & x\text{为有理数}, \\ -1, & x\text{为无理数}; \end{cases}$

   (4) 不正确, 反例: $f(x) = \begin{cases} 1, & x\text{为有理数}, \\ -1, & x\text{为无理数}; \end{cases}$

   (5) 不正确, 反例: $f(x) = \begin{cases} 1, & x\text{为有理数}, \\ -1, & x\text{为无理数}. \end{cases}$

8. (1) $\displaystyle\int_0^1 e^x\mathrm{d}x > \int_0^1 e^{x^2}\mathrm{d}x$;　　　　　(2) $\displaystyle\int_1^2 2\sqrt{x}\mathrm{d}x > \int_1^2 \left(3-\dfrac{1}{x}\right)\mathrm{d}x$;

   (3) $\displaystyle\int_0^1 \ln(1+x)\mathrm{d}x > \int_0^1 \dfrac{\arctan x}{1+x}\mathrm{d}x$.

12. (1) 不一定;　　　　　(2) 不一定;　　　　　(3) 相等.

14. 提示：先利用积分学中值定理证明 $\exists \eta \in \left(\dfrac{2}{3}a, a\right)$ 使得 $f(\eta) = f(0)$，再利用罗尔中值定理.

15. 提示：因为 $\displaystyle\int_0^1 \left[\lambda f(x) + g(x)\right]^2 \mathrm{d}x \geqslant 0 \ (\lambda \in \mathbf{R})$，并利用二次三项式判定.

习　题　4.3

3. (1) $\dfrac{4}{3}$;　　　(2) 1;　　　(3) 2;　　　(4) 1;　　　(5) $\dfrac{1}{2}$;

　　(6) $-\dfrac{1}{6}$;　　　(7) $\dfrac{19}{3}$;　　　(8) $1 - \dfrac{1}{4}\pi$.

4. (1) $\arctan x$;　　　(2) $-\dfrac{1}{1+x^2}$;　　　(3) $\dfrac{\mathrm{e}^x}{2\sqrt{x}}$;　　　(4) $-\tan x$;

　　(5) $\dfrac{\ln(1+x^2)}{3\sqrt[3]{x^2}} - \dfrac{\ln(1+x^3)}{2\sqrt{x}}$;　　　(6) $-\sin x \cos(\pi\cos^2 x) - \cos x \cos(\pi \sin^2 x)$;

　　(7) $\displaystyle\int_{x^2}^{x^3} \varphi(t)\mathrm{d}t + 3x^3(1+x^2)\varphi(x^3) - 2x^2(1+x)\varphi(x^2)$.

6. $\dfrac{\mathrm{d}y}{\mathrm{d}x} = 2t\cos t \csc t$.

7. $y' = -2x^3 \mathrm{e}^{x^2 - y^2}$.

9. (1) $\dfrac{1}{3}$;　　　(2) $\dfrac{\pi^2}{4}$.

10. 定义域 $[0, +\infty)$; 单调减少区间 $(0,1)$; 单调增加区间 $(1, +\infty)$; 极小值点为 $x = 1$.

11. (1) $F(x) = \begin{cases} \dfrac{x^3}{3}, & x \leqslant 0, \\ 1 - \cos x, & x > 0; \end{cases}$　　　(2) $F(x)$ 处处可导.

12. (1) 正确; (2) 不正确; (3) 正确; (4) 不正确; (5) 不正确; (6) 不正确.

13. (1) $2x^{\frac{3}{2}} + 10x^{\frac{1}{2}} + C$;　　　(2) $\dfrac{x^2}{2} + x + C$;　　　(3) $3(x - \arctan x) + C$;

　　(4) $\dfrac{2^{x-1}\mathrm{e}^x}{\ln(2\mathrm{e})} + C$;　　　(5) $\tan x - x + C$;　　　(6) $-\cot x - \tan x + C$.

15. 提示：利用可积的必要条件与连续的定义. 积分学中值定理.

16. $a = 1, b = 1$;

17. $\dfrac{1}{6}$.

19. 提示：利用积分学中值定理，再利用罗尔中值定理.

20. 提示：考察 $F(x) = \displaystyle\int_a^x f(t)\mathrm{d}t \int_x^b g(t)\mathrm{d}t \geqslant 0$，再利用罗尔中值定理.

习　题　4.4

1. (1) $-\omega\cos(\omega t + \varphi) + C$;

   (2) $-3(3-5x)^{\frac{2}{3}} + C$;

   (3) $\dfrac{1}{4}\arcsin 4x + C$;

   (4) $\dfrac{1}{7}(3+2x^3)^{\frac{7}{6}} + C$;

   (5) $\dfrac{3}{4}\ln(1+x^4) + \dfrac{1}{2}\arctan x^2 + C$;

   (6) $\dfrac{4}{3}(1+\sqrt{x})^{\frac{3}{2}} + C$;

   (7) $\sin\ln|x| + C$;

   (8) $\dfrac{(\ln\ln x)^2}{2} + C$;

   (9) $-\dfrac{1}{\sin x} - \sin x + C$;

   (10) $\dfrac{1}{32}(12x + 8\sin 2x + \sin 4x) + C$;

   (11) $\dfrac{1}{32}(4x - \sin 4x) + C$;

   (12) $\tan x + \dfrac{1}{3}\tan^3 x + C$;

   (13) $-\dfrac{1}{3}\csc^3 x + C$;

   (14) $-\ln(1+e^{-x}) + C$;

   (15) $\dfrac{1}{\sqrt{2}}\arctan(\sqrt{2}\tan x) + C$;

   (16) $-e^{-\sqrt{1+x^2}} + C$;

   (17) $\dfrac{2}{3}(\arctan x)^{\frac{3}{2}} + C$;

   (18) $-\ln\left(\arccos\dfrac{x}{2}\right) + C$;

   (19) $\dfrac{1}{3}\sec^3 x - \sec x + C$;

   (20) $\dfrac{1}{\sqrt{2}}\arctan\left(\dfrac{x-1}{\sqrt{2}}\right) + C$;

   (21) $\arcsin\left(\dfrac{2x-1}{\sqrt{5}}\right) + C$;

   (22) $\ln\left(\dfrac{1+\sin^2 x}{\cos^2 x}\right) + C$;

   (23) $\dfrac{5}{4}(\sin x - \cos x)^{\frac{4}{5}} + C$;

   (24) $2\ln\left(\dfrac{e^{\frac{x}{2}}+1}{e^{\frac{x}{2}}}\right) - e^{-\frac{x}{2}} + C$.

3. (1) $-\dfrac{1}{5}(3-2x)^{\frac{3}{2}}(1+x) + C$;

   (2) $2\left[\sqrt{1+x} + \ln(1+\sqrt{1+x})\right] + C$;

   (3) $\dfrac{x}{\sqrt{1-x^2}} + C$;

   (4) $\dfrac{a^2}{2}\arcsin\dfrac{x}{a} - \dfrac{x}{2}\sqrt{a^2-x^2} + C$;

   (5) $\dfrac{\sqrt{x^2-9}}{9x} + C$;

   (6) $\sqrt{1+x^2} + \dfrac{1}{\sqrt{1+x^2}} + C$;

   (7) $-2\sqrt{1+\dfrac{2}{x}} + \ln\left|\dfrac{\sqrt{1+\dfrac{2}{x}}+1}{\sqrt{1+\dfrac{2}{x}}-1}\right| + C$;

   (8) $-\dfrac{1}{\sqrt{2}}\ln\left(\dfrac{\sqrt{2}+\sqrt{x^2+2x+3}}{|1+x|}\right) + C$;

   (9) $-2\sqrt{1+\ln x} + \ln\left|\dfrac{\sqrt{1+\ln x}+1}{\sqrt{1+\ln x}-1}\right| + C$;

   (10) $\dfrac{2\sqrt{3e^x-2}}{27}(3e^x+4) + C$;

   (11) $\ln\left|1+\tan\dfrac{x}{2}\right| + C$;

   (12) $-\sqrt{1-x^2} - \dfrac{1}{2}\arcsin x + \dfrac{x}{2}\sqrt{1-x^2} + C$;

   (13) $\sqrt{e^{2x}+5} - \dfrac{\sqrt{5}}{2}\ln\left(\dfrac{\sqrt{e^{2x}+5}+\sqrt{5}}{\sqrt{e^{2x}+5}-\sqrt{5}}\right) + C$;

   (14) $\dfrac{1}{3}\dfrac{x-1}{\sqrt{x^2-2x+4}} + C$.

4. (1) $\dfrac{2}{3}$;

   (2) $\arctan e - \dfrac{\pi}{4}$;

   (3) $\dfrac{7}{2}$;

   (4) $\dfrac{4}{3}$;

   (5) $2(2-\ln 3)$;

   (6) $1-\dfrac{\pi}{4}$;

   (7) $\ln(2+\sqrt{3}) - \dfrac{\sqrt{3}}{2}$;

   (8) $2\sqrt{2}$.

5. (3) $\dfrac{1}{2}$.

7. (1) $\dfrac{1}{9}(\sin 3x - 3x\cos 3x)$;　　　　　　　　(2) $(x^3 + 6x)\mathrm{sh}x - (3x^2 + 6)\mathrm{ch}x + C$;

　　(3) $\dfrac{1}{6}[2x^3\arctan x - x^2 + \ln(1 + x^2)] + C$;　　(4) $\dfrac{1}{2}(1 + x^2)\ln(1 + x^2) - \dfrac{x^2}{2} + C$;

　　(5) $-\dfrac{x}{1 + e^x} - \ln(1 + e^{-x}) + C$;　　　　(6) $4\sqrt{1 + x} - 2\sqrt{1 - x}\arcsin x + C$;

　　(7) $x\tan x + \ln|\cos x| + C$;　　　　　　(8) $(4 - 2x)\cos\sqrt{x} + 4\sqrt{x}\sin\sqrt{x} + C$;

　　(9) 1;　　　　　　　　　　　　　　　　(10) -2π;

　　(11) $\dfrac{1}{8}(\sin 2x - 2x\cos 2x) + C$;　　　　(12) $\dfrac{x}{2}[\sin(\ln x) - \cos(\ln x)] + C$;

　　(13) $e^x \ln x$;　　　　　　(14) $x(\arccos x)^2 - 2\sqrt{1 - x^2}\arccos x - 2x + C$.

9. (1) $-\dfrac{1}{3}\left[\dfrac{1}{x} + \dfrac{1}{\sqrt{3}}\arctan\left(\dfrac{x}{\sqrt{3}}\right)\right] + C$;　　　(2) $\dfrac{1}{16}\ln\left(\dfrac{t^2 + 1}{t^2 + 9}\right) + C$;

　　(3) $-\dfrac{1}{(x - 1)^{99}}\left[\dfrac{1}{97}(x - 1)^2 + \dfrac{1}{49}(x - 1) + \dfrac{1}{99}\right] + C$;　(4) $\ln|x| - \dfrac{2}{7}\ln|1 + x^7|$;

　　(5) $\dfrac{2}{\sqrt{5}}\arctan\left(\dfrac{1}{\sqrt{5}}\tan\dfrac{x}{2}\right) + C$;　　　　(6) $\ln|\cos x + \sin x| + C$;

　　(7) $\dfrac{1}{6a}\ln\left|\dfrac{a + x^3}{a - x^3}\right| + C$;　　　　(8) $\dfrac{1}{4}[x^4 - 2\ln(x^8 + 4x^4 + 5) + 3\arctan(x^4 + 2)] + C$;

　　(9) $\dfrac{1}{2}[\ln(\tan x)]^2 + C$;　　　　　(10) $\ln\left(1 + \dfrac{1}{2}\sin 2x\right) + C$;

　　(11) $x\tan\dfrac{x}{2} + C$;　　　　　　　(12) $\dfrac{1}{\sqrt{2}}\arctan\left(\dfrac{x^2 - 1}{\sqrt{2}x}\right) + C$;

　　(13) $\dfrac{x\ln x}{\sqrt{1 + x^2}} - \ln(x + \sqrt{1 + x^2}) + C$;　　(14) $\dfrac{x}{2} - \dfrac{1}{2}\ln|\cos x + \sin x| + C$;

　　(15) $-\dfrac{1}{x - 1} - \dfrac{1}{(x - 1)^2} - \dfrac{1}{(x - 1)^3} + C$;　　(16) $-2\sqrt{\dfrac{1 + x}{x}} + \ln\left|\dfrac{1 + \sqrt{\dfrac{1 + x}{x}}}{1 - \sqrt{\dfrac{1 + x}{x}}}\right| + C$.

12. $2\sqrt{2}n$.　　　13. 0.　　　14. $n^2\pi$.　　　15. $\dfrac{3}{2}e^{\frac{5}{2}}$.　　　16. $\dfrac{e^x}{1 + x} + C$.

习　题　4.5

1. -6.2832.　　　　2. 0.69315.　　　　3. 17.333.

习 题 4.6

1. (1) $\dfrac{\pi}{2}$;　(2) $\dfrac{1}{15}\ln 4$;　(3) 2;　(4) $\dfrac{\pi}{4}+\dfrac{1}{2}\ln 2$;　(5) π;　(6) 发散.

2. (1) 1;　(2) 发散;　(3) $\dfrac{8}{3}$;　(4) 发散;　(5) π;　(6) -1;

　(7) $\dfrac{\pi}{2}$;　(8) $\ln\pi+1$.

3. (1) $1-\cos\dfrac{4}{\pi}$;　(2) π.

4. $k\leqslant1$ 时发散，$k>1$ 时收敛.

5. (1) 收敛;　(2) 收敛;　(3) 发散;　(4) 收敛.

6. (1) 发散;　(2) 收敛;　(3) 收敛;　(4) 发散;　(5) 收敛.

7. 解法一错.

8. 解法二错.

9. 不能.

总 习 题 四

1. (1) $\dfrac{1}{2}\left(x^2-1\right)\mathrm{e}^{x^2}+C$;　(2) $\dfrac{1}{2}\ln\left(x^2-6x+13\right)+4\arctan\dfrac{x-3}{2}+C$.

2. (1) B;　(2) C.

3. $\dfrac{x\cos x-\sin x}{x^2}$.

4. (1) $\dfrac{1}{2}\ln\left|\dfrac{\mathrm{e}^x-1}{\mathrm{e}^x+1}\right|+C$;　(2) $\dfrac{1}{2(1-x)^2}-\dfrac{1}{1-x}+C$;

(3) $\dfrac{1}{6a^3}\ln\left|\dfrac{a^3+x^3}{a^3-x^3}\right|+C$;　(4) $\ln|x+\sin x|+C$;

(5) $\ln x(\ln\ln x-1)+C$;　(6) $\dfrac{1}{2}\arctan\left(\sin^2 x\right)+C$;

(7) $\dfrac{1}{3}\tan^3 x-\tan x+x+C$;　(8) $\dfrac{1}{8}\left(\dfrac{1}{3}\cos 6x-\dfrac{1}{2}\cos 4x-\cos 2x\right)+C$;

(9) $\dfrac{1}{4}\ln|x|-\dfrac{1}{24}\ln\left(x^6+4\right)+C$;　(10) $a\arctan\dfrac{x}{a}-\sqrt{a^2-x^2}+C$;

(11) $\ln\left|x+\dfrac{1}{2}+\sqrt{x(x+1)}\right|+C$;　(12) $\dfrac{1}{4}x^2+\dfrac{1}{4}x\sin 2x+\dfrac{1}{8}\cos 2x+C$;

(13) $\dfrac{1}{a^2+b^2}\mathrm{e}^{ax}\left(a\cos bx+b\sin bx\right)+C$;　(14) $\ln\left|\dfrac{\sqrt{1+\mathrm{e}^x}-1}{\sqrt{1+\mathrm{e}^x}+1}\right|+C$;

(15) $\dfrac{\sqrt{x^2-1}}{x}+C$;

(16) $\dfrac{1}{3a^4}\left[\dfrac{3x}{\sqrt{a^2-x^2}}+\dfrac{x^3}{\sqrt{(a^2-x^2)^3}}\right]+C$;

(17) $-\dfrac{\sqrt{(1+x^2)^3}}{3x^3}+\dfrac{\sqrt{1+x^2}}{x}+C$;

(18) $(4-2x)\cos\sqrt{x}+\sqrt{x}\sin\sqrt{x}+C$;

(19) $x\ln(1+x^2)-2x+2\arctan x+C$;

(20) $\dfrac{\sin x}{2\cos^2 x}-\dfrac{1}{2}\ln|\sec x+\tan x|+C$;

(21) $\ln x(x+1)\arctan\sqrt{x}-\sqrt{x}+C$;

(22) $\sqrt{2}\ln\left(\left|\csc\dfrac{x}{2}\right|-\left|\cot\dfrac{x}{2}\right|\right)+C$;

(23) $\dfrac{x^4}{8(1+x^8)}+\dfrac{1}{8}\arctan x^4+C$;

(24) $\dfrac{1}{4}x^4+\ln\dfrac{\sqrt[4]{x^4+1}}{x^4+2}+C$;

(25) $\dfrac{1}{32}\ln\left|\dfrac{2+x}{2-x}\right|+\dfrac{1}{16}\arctan\left(\dfrac{x}{2}\right)+C$;

(26) $\dfrac{2}{1+\tan\dfrac{x}{2}}+x+C$ 或者 $\sec x-\tan x+C$;

(27) $x\tan\dfrac{x}{2}+C$;

(28) $\mathrm{e}^{\sin x}(x-\sec x)+C$;

(29) $\ln\dfrac{x}{\left(\sqrt[6]{x^6+1}\right)^6}+C$;

(30) $\dfrac{1}{1+\mathrm{e}^x}\ln\dfrac{\mathrm{e}^x}{1+\mathrm{e}^x}+C$;

(31) $\arctan\left(\mathrm{e}^x-\mathrm{e}^{-x}\right)+C$;

(32) $\dfrac{x\mathrm{e}^x}{1+\mathrm{e}^x}-\ln(1+\mathrm{e}^x)+C$;

(33) $x\ln^2\left(x+\sqrt{1+x^2}\right)-2\sqrt{1+x^2}\ln\left(x+\sqrt{1+x^2}\right)+2x+C$;

(34) $\dfrac{x\ln x}{\sqrt{1+x^2}}-\ln\left(x+\sqrt{1+x^2}\right)+C$;

(35) $\dfrac{1}{4}(\arcsin x)^2+\dfrac{x}{2}\sqrt{1-x^2}\arcsin x-\dfrac{x^2}{4}+C$;

(36) $-\dfrac{1}{3}\sqrt{1-x^2}\left(x^2+2\right)\arccos x-\dfrac{1}{9}x\left(x^2+6\right)+C$;

(37) $-\ln|\csc x+1|+C$;

(38) $\ln|\tan x|-\dfrac{1}{2\sin^2 x}+C$;

(39) $\dfrac{1}{3}\ln(2+\cos x)-\dfrac{1}{2}\ln(1+\cos x)+\dfrac{1}{6}\ln(1-\cos x)2\arctan x+C$;

(40) $\dfrac{1}{2}(\sin x-\cos x)-\dfrac{1}{2\sqrt{2}}\ln\left|\dfrac{\tan\dfrac{x}{2}-1+\sqrt{2}}{\tan\dfrac{x}{2}-1-\sqrt{2}}\right|+C$.

5. (1) $\dfrac{2}{3}\left(2\sqrt{2}-1\right)$;

(2) $\dfrac{1}{p+1}$.

6. (1) $af(a)$;

(2) $\dfrac{\pi^2}{4}$.

9. 提示：$1-x^p<\dfrac{1}{1+x^p}<1$.

10. (1) 对于任意实数 t，$\displaystyle\int_a^b f^2(x)\mathrm{d}x+2t\int_a^b f(x)g(x)\mathrm{d}x+t^2\int_a^b g^2(x)\mathrm{d}x\geqslant 0$;

(2) 利用柯西-施瓦茨不等式.

11. 利用柯西-施瓦茨不等式.

12. (1) $\dfrac{\pi}{2}$;　　(2) $\dfrac{\pi}{8}\ln 2$，提示令$x=\dfrac{\pi}{4}-u$;　　(3) $\dfrac{\pi}{4}$;　　(4) $2(\sqrt{2}-1)$;

(5) $\dfrac{\pi}{2\sqrt{2}}$;　　(6) $\dfrac{\pi}{2}$;　　(7) $\dfrac{\pi^2}{2}+2\pi-4$;　　(8) $\mathrm{e}^{-2}\left(\dfrac{\pi}{2}-\arctan\mathrm{e}^{-1}\right)$;

(9) $\dfrac{\pi}{2}+\ln\left(2+\sqrt{3}\right)$;　　(10) $\begin{cases}\dfrac{1}{3}x^3-\dfrac{2}{3},&x<-1,\\ x,&-1<x<1,\\ \dfrac{1}{4}x^4+\dfrac{3}{4},&x>1.\end{cases}$

15. $1+\ln\left(1+\mathrm{e}^{-1}\right)$.

18. (1) 收敛；(2) 收敛；(3) 收敛，提示：先分部积分，再判断；(4) 收敛.

19. (1) $-\dfrac{\pi}{2}\ln 2$，提示$\displaystyle\int_{\pi/4}^{\pi/2}\ln\sin x\mathrm{d}x=\int_0^{\pi/4}\ln\cos x\mathrm{d}x$;　　(2) $\dfrac{\pi}{4}$，　令$x=\dfrac{1}{t}$.

习 题 5.1

提示：画出图形，利用微元法写出积分微元，找出积分的上下限积分即可.

习 题 5.2

1. (1) $\dfrac{25}{3}$;　(2) $\dfrac{1}{3}$;　(3) $\dfrac{a^2}{6}$;　　(4) $\ln 2-\dfrac{1}{2}$;　　(5) 8;

(6) $\dfrac{4}{3}$;　(7) 4;　(8) $\dfrac{\pi}{3}+2-\sqrt{3}$;　(9) $3\pi a^2$;　　(10) $\dfrac{5}{8}\pi a^2$.

2. (1) $\dfrac{4}{3}\pi ab^2$, $\dfrac{4}{3}\pi a^2 b$;　　(2) $\dfrac{\pi^2}{2}, 2\pi^2, \pi\left(4-\dfrac{\pi}{2}\right)$;　　(3) $2\pi^2 a^2 b$;

(4) 160π;　(5) $6\pi^2 a^3 3\pi a^2$.

3. (1) 2;　　(2) $\dfrac{\sqrt{3}}{2}$;　(3) $\dfrac{\pi}{4}$.

4. (1) $V_A=\dfrac{1}{2}\pi a^2$, $V_B=\pi\left(1-\dfrac{4}{5}a\right)$;　　(2) $a=\dfrac{\sqrt{66}-4}{5}$;　　(3) $a=\dfrac{4}{5}$.

5. $V = 2\pi \int_a^b x f(x)\mathrm{d}x.$

习　题　5.3

1. $kMm\left(\dfrac{1}{a} - \dfrac{1}{a+l}\right).$

2. (1) $g\dfrac{h^2}{3}\sqrt{a^2+b^2}$;　　　　　　　　　　(2) $g\dfrac{h^2}{6}\sqrt{a^2+b^2}.$

3. (1) $\dfrac{2}{3}gab^2;$　　　　　　　　　　　　(2) $\pi gab^2.$

4. (1) $\dfrac{1}{2}\pi gR^2h^2;$　　　　　　　　　　(2) $\dfrac{1}{2}\pi gR^2h^2;$

　　(3) $\dfrac{1}{12}\pi gH^2\,(R^2+2Rr+3r^2);$　　(4) $\dfrac{32}{3}\pi g.$

5. (1) $\dfrac{1}{2}\pi gR^2H^2;$　　　　　　　　　(2) $\dfrac{1}{2}\pi gR^2H^2(2\mu-1).$

6. $\dfrac{2kq\delta}{R}.$

7. $\dfrac{2\pi kq\delta R}{(a^2+R^2)^{3/2}}.$

8. $\dfrac{4}{5\pi}$.

9. $4\pi\ln\dfrac{6}{5}\approx 2.291(万人).$

10. $\left(\dfrac{\pi}{4}+\dfrac{1}{3}\right)g\pi.$

总　习　题　五

1. (1) $\dfrac{37}{12}$;　　　　　　　　　　　(2) $2\sqrt{3}-\dfrac{4}{3}.$

2. (1) A;　　　　　　　　　　　(2) D.

3. $\dfrac{5}{4}\mathrm{m}$.

4. $\dfrac{\pi-1}{4}a^2$.

5. $x=\dfrac{3}{4}\sqrt{\dfrac{y}{2}}$ 或者 $y=\dfrac{32}{9}x^2\ (x>0).$

6. $x = -\dfrac{5}{3}$,　$b = 2$,　$c = 0$.

7. (1) $\dfrac{e}{2} - 1$;

(2) $\dfrac{\pi}{6}\left(5e^2 - 12e + 3\right)$.

8. $\dfrac{512\pi}{7}$.

9. $4\pi^2$

10. $\sqrt{6} + \ln\left(\sqrt{2} + \sqrt{3}\right)$.

11. $\dfrac{4\pi}{3} r^4 g$.

12. $\dfrac{1}{2}\rho g a b (2h + b\sin\alpha)$.

13. $F_x = \dfrac{3}{5} G a^2$,　$F_y = \dfrac{3}{5} G a^2$.

14. (1) $\sqrt{1 + r + r^2}\,\mathrm{m}$;

(2) $\dfrac{a}{\sqrt{1 - r}}\,\mathrm{m}$.

习 题 6.1

1. (1) 2 阶;　　(2) 2 阶;　　(3) 2 阶;　　(4) m 阶;

(5) 1 阶;　　(6) 3 阶;　　(7) 2 阶;　　(8) 1 阶.

习 题 6.2

1. (1) $x^2 + y^2 = C$;

(2) $y = e^{Cx}$;

(3) $\arcsin y = \arcsin x + C$;

(4) $2(x^3 - y^3) + 3(x^2 - y^2) + 5 = 0$;

(5) $1 + y^2 = C(1 - x^2)$;

(6) $x^2 + \arctan^2 y = C$.

2. (1) $y = Ce^{2x} - \dfrac{x}{2} - \dfrac{5}{4}$;

(2) $y = x^3(e^x + C)$;

(3) $y = (x^2 + 1)(x + C)$;

(4) $y = (\tan x - 1) + Ce^{-\tan x}$;

(5) $y = \dfrac{1}{2}\ln x + \dfrac{C}{\ln x}$;

(6) $y = Cx + \ln\ln x$.

3. (1) $(x^2 + y^2)^3 = Cx^2$;

(2) $y = xe^{Cx + 1}$;

(3) $x^3 - y^3 = Cx$;

(4) $y^2 = 2x^2(\ln x + 2)$.

4. (1) $y^{-1} = Ce^{-x} - x^2 + 2x + 2$;

(2) $y = Ce^x - x - 2$;

(3) $x = e^y(y + C)$;

(4) $\cos y - 3x = C$;

(5) $y = \tan(x + C) - x$;

(6) $\tan(x - y + 1) = x + C$;

(7) $y^2 = Ce^{2x} - x^2 - x - \dfrac{1}{2}$;

(8) $y = \dfrac{1}{x}e^{Cx}$;

(9) $x = \cos y(-2\ln|\cos y| + C)$;

(10) $x + \ln(x^2 + y^2) = C$.

5. (3) $\arctan\dfrac{y+5}{x-1} - \dfrac{1}{2}\ln[(x-1)^2 + (y+5)^2] = C$ 与 $2x + (x-y)^2 = C$.

习　题　6.3

(1) $y = Ce^x - \dfrac{1}{2}(\cos x + \sin x)$;

(2) $x = Ce^{-3t} + \dfrac{1}{5}e^{2t}$;

(3) $y = Ce^{-\sin x} + \sin x - 1$;

(4) $y = x^n(C + e^x)$;

(5) $y^3 = x^3(3x + C)$;

(6) $2x = Cy + y^3, y = 0$;

(7) $y = \dfrac{C}{x} + \dfrac{x^3}{4}$;

(8) $y(Cx^2 + 1 + 2\ln x) = 4, y = 0$;

(9) $\dfrac{1}{2}x^2 + x^3e^{-y} = C$;

(10) $y = (1 + x)e^x$.

习　题　6.4

1. (1) $y = x\arctan x - \dfrac{1}{2}\ln[1 + x^2] + C_1x + C_2$;

(2) $y = C_1e^x + C_2 - \dfrac{1}{2}x^2 - x$;

(3) $y = C_1e^x + C_2x + C_3$;

(4) $y = \ln\cos(x + C_1) + C_2$;

(5) 当 $|y'| < 1$ 时，$y = C_1\sin\left(\dfrac{x}{C_1} + C_2\right)$;

当 $y' > 1$ 时，$y = C_1\text{sh}\left(\dfrac{x}{C_1} + C_2\right)$;

当 $y' < -1$ 时，$y = -C_1\text{sh}\left(\dfrac{x}{C_1} + C_2\right)$.

2. $2x^2 + 2y = 1$.

3. $y = 2x^2$ 或者 $y^2 = 32x$.

4. $v = \dfrac{mg}{k} + \left(v_0 - \dfrac{mg}{k}\right)e^{-\frac{kt}{m}}$;

5. $\dfrac{1}{49}$ kg.

6. $p = \dfrac{a+c}{b+d} + Ce^{-k(b+d)t}$.

7. 60 小时约 188 人，72 小时约 385 人.

8. (1) $b = \dfrac{2}{3}$ 时，$V^{\frac{1}{3}} = \dfrac{1}{3}kt + V_0^{\frac{1}{3}}$；$b = 1$ 时，$V = V_0 e^{kt}$．倍增时间 $t_d = \dfrac{\ln 2}{k}$．

(2) $V = V_0 e^{\frac{A}{a}}(1 - e^{-at})$，（其中 a, A, V_0 均为常数，而且 V_0 为 $t = 0$ 时的 V 值，A 为 $t = 0$ 时的 k 值．

9. 死亡时间大约在下午 5:23，因此张某不能被排除在嫌疑犯之外．

10. $y = \dfrac{C}{x^3} e^{\frac{1}{x}}$．

11. $f'(x) = 3[1 + f^2(x)], f(0) = 0; f(x) = \tan 3x$．

习 题 6.5

5. (1) $x = C_1 e^{-5t} + C_2 e^{-3t}$；

(2) $y = (C_1 + C_2 t)e^{3t}$；

(3) $x = C_1 \cos 3t + C_2 \sin 3t$；

(4) $y = C_1 \cos x + C_2 \sin x$；

(5) $y = C_1 e^{2x} + C_2 e^{3x}$；

(6) $y = e^{-2x}(C_1 \cos x + C_2 \sin x)$．

6. (1) $x = e^{-t} \cos t$；

(2) $y = (2 + x)e^{\frac{x}{2}}$；

(3) $y = 3e^{-2x} \sin 5x$．

8. (1) $x = C_1 e^{\frac{t}{2}} + C_2 e^{-t} + C_3 e^t$；

(2) $x = C_1 \cos at + C_2 \sin at + \dfrac{e^t}{1 + a^2}$；

(3) $x = C_1 + C_2 e^{-\frac{5t}{2}} + \dfrac{1}{3}t^3 - \dfrac{3}{5}t^2 + \dfrac{7t}{25}$；

(4) $x = C_1 e^{-t} + C_2 e^{-2t} + \left(\dfrac{3}{2}t^2 - 3t\right)e^{-t}$；

(5) $y = e^x(C_1 \cos 2x + C_2 \sin 2x) - \dfrac{1}{4}xe^x \cos 2x$；

(6) $y = C_1 \cos 2x + C_2 \sin 2x + \dfrac{1}{3}x \cos x + \dfrac{2}{9} \sin x$；

(7) $y = -5e^x + \dfrac{7}{2}e^{2x} + \dfrac{5}{2}$；

(8) $x = \dfrac{1}{2}(e^{9t} + e^t) - \dfrac{1}{7}e^{2t}$．

11. $f(x) = \dfrac{1}{2}\sin x + \dfrac{x}{2}\cos x$．

12. $r = \csc\left(\dfrac{\pi}{6} \mp \theta\right)$ 或者 $x \mp \sqrt{3}y = 2$．

13. (1) $x = \dfrac{1}{t^2}[C_1 \sin(3\ln t) + C_2 \cos(3\ln t)]$；

(2) $y = x(C_1 + C_2 \ln x) + C_3 x^2 + \dfrac{1}{4}x^3 - \dfrac{3}{2}x(\ln x)^2$；

(3) $y = C_1 x + C_2 x \ln x + C_3 x \ln^2 x + \dfrac{4}{9}x^4$．

总 习 题 六

1. (1) 3;

(2) $y = \exp\left\{-\int P(x)dx\right\}\left(\int Q(x)\exp\left\{\int P(x)dx\right\}dx + C\right)$;

(3) $y' = f(x,y)$, $y\big|_{x=0} = 0$;

(4) $y = C_1(x-1) + C_2(x^2-1) + 1$.

2. (1) B;

(2) B.

3. (1) $y^2(y'^2 + 1) = 1$;

(2) $y'' - 3y' + 2y = 0$.

4. (1) $x - \sqrt{xy} = C$;

(2) $y = ax + \dfrac{C}{\ln x}$;

(3) $x = Cy^{-2} + \ln y - \dfrac{1}{2}$;

(4) $y^{-2} = Ce^x + x^2 + 1$;

(5) $y = \ln\left|\cos(x + C_1)\right| + C_2$;

(6) $y = \dfrac{1}{2C_1}\left(e^{C_1 x + C_2} + e^{-C_1 x - C_2}\right)$;

(7) $y = e^{-x}\left(C_1\cos 2x + C_2\sin 2x\right) - \dfrac{4}{17}\cos 2x + \dfrac{1}{17}\sin 2x$;

(8) $y = C_1 + C_2 e^x + C_3 e^{-2x} + \left(\dfrac{1}{6}x^2 - \dfrac{4}{9}x\right)e^x - x^2 - x$;

(9) $x^2 = Cy^6 + y^4$;

(10) $\sqrt{(x^2 + y)^3} = x^3 + \dfrac{3}{2}xy + C$.

5. (1) $x(1 + 2\ln y) - y^2 = 0$;

(2) $y = -\dfrac{1}{a}\ln(ax + 1)$;

(3) $x = 2\arctan\left(e^x\right)$;

(4) $y = xe^{-x} + \dfrac{1}{2}\sin x$;

6. $y = x - x\ln x$.

7. 250m^3.

8. $\varphi(x) = \cos x + \sin x$.

9. $\varphi(x) = \sqrt{e^{2x} - 1} - \arctan\sqrt{e^{2x} - 1}$.

11. (1) $y = \dfrac{1}{x}\left(C_1 + C_2\ln|x|\right)$;

(2) $y = C_1 x^2 + C_2 x^3 + \dfrac{1}{2}x$.